化学工业出版社“十四五”普通高等教育规划教材

环境分子生物学

Environmental Molecular Biology

张海涵　主　编
朱　峰　副主编

化学工业出版社
·北京·

内容简介

编者结合自身多年教学和科研经验，参考环境分子生物学其他教材、专著、文献资料等编写了本书。全书共包括分子生物学导论以及主要研究内容、环境微生物的分子分类、环境样品核酸的提取、环境组学、环境分子生物学技术及其在环境中的应用、微生物组数据的统计分析和可视化等八章内容。在每章后附有课后习题，便于学生自学和总结。

本书可作为高等学校环境科学、环境工程、生态学等相关专业的本科或研究生教材，也可以作为环境相关从业者的参考资料。

图书在版编目（CIP）数据

环境分子生物学 / 张海涵主编；朱峰副主编．北京：化学工业出版社，2025．3．--（化学工业出版社“十四五”普通高等教育规划教材）．-- ISBN 978-7-122-47489-6

Ⅰ．X17

中国国家版本馆CIP数据核字第202521NX37号

责任编辑：傅四周　刘丽菲　　文字编辑：李　蕾　刘洋洋

责任校对：王　静　　装帧设计：韩　飞

出版发行：化学工业出版社（北京市东城区青年湖南街13号　邮政编码100011）

印　　装：三河市双峰印刷装订有限公司

787mm×1092mm　1/16　印张$13\frac{1}{2}$　字数308千字　2026年3月北京第1版第1次印刷

购书咨询：010-64518888　　售后服务：010-64518899

网　　址：http://www.cip.com.cn

凡购买本书，如有缺损质量问题，本社销售中心负责调换。

定　　价：49.00元

前言

环境问题日益受到全球范围的广泛关注，对人类和生态系统产生重要影响。分子生物学的迅速发展为环境污染治理提出了新的思路和方法，使得环境污染治理的研究由宏观向微观发展。分子生物学技术在清洁可再生能源开发、环境友好材料合成、生物探针开发及生态修复等领域也发挥着极为重要的作用。环境分子生物学是在这种大背景下迅速发展起来的环境科学与分子生物学的交叉学科。该学科的快速发展为环境相关领域的基础科学研究和新技术开发提供了新的思路和基础。通过研究我们可以了解环境中的微生物种类、微生物之间的关系以及微生物与生境的相互作用，从而对环境做出评价，预测环境的变化趋势。此外，通过研究环境微生物的群落结构，可以发现对人类有价值的新的基因资源，开发其潜在的应用价值。

环境分子生物学作为一门新兴的交叉学科，许多基础理论知识和专业操作技能来源于分子生物学学科。为了让学生以及其他有关读者能够更扎实地掌握环境分子生物学相关研究技术，我们综合了分子生物学、环境微生物学论文资料及相关教材和专著，结合编者的科学研究和教学实践，在广泛查阅国内外有关资料的基础上编写了本教材。全书共分为八章，其中，第 1 章阐述了分子生物学的定义以及发展历程，总结了分子生物学领域的诺贝尔奖获得者以及他们在推动该领域发展中所做的贡献；第 2 章重点阐述了分子生物学的四大研究内容，主要包括 DNA 重组技术、基因表达调控、生物大分子的结构与功能以及基因组、功能基因组与生物信息学研究；第 3 章回顾了环境微生物分子分类的基本原理，并且对 DNA 分子杂交技术、16S rRNA 序列分析技术、rDNA 转录间隔区序列分析技术等进行了系统描述；第 4 章重点探讨了环境样品核酸的提取方式，分别对不同环境样本 DNA 和 RNA 提取的技术背景以及常用方法进行了阐述，并且针对不同环境样本的提取方式进行了案例分析；第 5 章重点描述了四种环境组学的发展历程、研究策略、研究方法，以及现有研究方案的不足，并且提出了发展过程中所面临的挑战以及未来的展望；第 6 章对常用的环境分子生物学技术进行了系统阐述，主要针对 PCR 技术、分子标记技术、荧光标记技术、基因差异表达研究技术、高通量测序技术的基本原理以及常规操作流程进行了回顾，并且对上述技术在环境科学领域的重要贡献进行了详细介绍；第 7 章主要介绍了分子生物学技术在环境中的应用，重点阐述了分子生物学技术在土壤、水、大气、固废等中的微生物群落结构的监测以及污染修复方面的突出作用；第 8 章主要对微生物组数据的统计分析及其相关可视化方法进行了重点阐述，并且结合相关数据进行可视化案例分析。总之，本书遵循由基础理论到研究技术的原则，带领读者从理论到技术、从基础到应用循序渐进地获取环境分子生物学的相关知识。

本书由西安建筑科技大学环境与市政工程学院联合西安交通大学第一附属医院共同编写。具体分工如下：第 1、2、3、5、7、8 章由西安建筑科技大学环境与市政工程学院刘涛编写；第 4、6 章由西安交通大学第一附属医院朱峰教授编写。全书由西安建筑科技大学环境与市政工程学院张海涵教授负责修改和统稿。

环境分子生物学是一门随着科学技术进步而不断发展和完善的学科，加之编者水平有限，书中难免存在不妥及疏漏之处，恳请读者批评指正，促使我们不断修改完善并且再版，加快推进我国环境微生物学科专业建设和人才培养。

编　者

目录

第 1 章 分子生物学导论

分子生物学是在多门学科相互交叉渗透的基础上、在分子水平阐明各种生命现象与规律的新兴学科。它的形成、发展与生物学、化学和物理学相关，并且与生物化学、微生物学、遗传学和细胞生物学关系更为紧密。分子生物学的快速发展以及多种基因组计划的实施，为人类了解生命规律和改造生物提供了基础知识，揭开了生物遗传的谜底。

1.1 分子生物学概论

分子生物学的广义定义是在分子水平解释生物学，主要研究蛋白质及核酸等生物大分子。严格意义来讲，分子生物学主要研究的是核酸及基因编码产物蛋白质的结构和功能，是一门阐明生命现象本质的学科，主要包括遗传信息的传递（复制）、保持（损伤和修复）、基因的表达（转录和翻译）与调控。分子生物学是基于生物化学、微生物学、细胞生物学、遗传学等建立起来的新兴学科，其新理论与技术的发展，为生物规律的研究夯实了基础。

自生命起源以来，人类便开始描述与记载生命现象，并且对大自然、生命等均有了观察与思考。分子生物学起源于遗传学和生物化学，随后经历了长期的历史发展并且不断深化、成熟。早期的遗传学家对基因的分子本质尚不清楚，因此依据定义无法将早期的基因研究纳入分子生物学和遗传学范畴，其被称为传递遗传学（transmission genetics），主要对亲本向子代遗传性状的传递进行研究。1944 年艾弗里（Avery）等人的肺炎双球菌转化实验证明了 DNA 是遗传物质，使人们对基因的化学组成有了更深入的认识，为分子生物学的发展奠定了基础。1953 年沃森（Watson）和克里克（Crick）提出 DNA 双螺旋结构模型，标志着分子生物学的诞生。

分子生物学涉及的范围非常广泛。从目前分子生物学发展的研究方向和潮流来看，其研究内容主要包括生物遗传信息的携带者核酸的化学与信息属性、执行生命功能的蛋白质的化学、生物遗传信息的传递规律、生物基因的突变与修复、生物基因的重组与转移、生物遗传信息表达与调控的功能单位和调控规律、生物性状遗传过程与生物进化原动力的分子基础等。从打破细胞，研究细胞大分子的结构和生物学功能开始，研究者逐渐从分子水平研究生物的遗传、变异和进化等，直到掌握高等动植物以及人类基因组和蛋白质组学。至此，分子生物学的发展又回归于整体生物学，而生物学的各个学科将会以分子生物学为基础，统一为整体生物学或总体生物学。

1.2 分子生物学简史

20世纪初，孟德尔遗传定律被人们重新发现且证实，因而生物学研究能按照正确的原理与法则快速发展。同时，与其相关的各个基础理论学科和各项研究成果开始向生命科学渗透，促进了人们对生物大分子结构和功能的研究。此外，生物大分子的物质结构、理化性质和生理功能等方面均有详细的文献报道和重大技术突破。人们把分子生物学的发展过程大致分为三个阶段：①19世纪后期到20世纪50年代初的准备和酝酿阶段，该阶段对生命本质的认识有了重大突破，肯定了生命的主要基础物质是蛋白质、DNA是遗传的基础物质；②20世纪50年代初到70年代初，该阶段为现代分子生物学的形成和发展阶段，主要建立了遗传信息传递法则，进一步认识了蛋白质的结构和功能；③20世纪70年代后，由认识生命本质深入发展到改造生命，基因工程技术的出现意味着改造生命的新起点，在此期间获得了一系列的成就，主要包括重组DNA技术的建立和发展、基因组研究的发展、单克隆抗体及基因工程抗体的开发和发展等。

1938年，Warren Weaver在写给洛克菲勒基金会的报告中首次提到分子生物学（molecular biology）。1950年，William Astbury正式使用“分子生物学”术语，并将其定义为生物大分子的物理结构和化学的研究。随后，一些研究机构以及期刊相继以分子生物学命名。分子生物学历经一个多世纪以来的形成和发展，成为生命科学发展最为快速的一个新兴学科，也促进了生命科学的发展。生命科学在此期间也经历了许多重大事件，这些事件也见证了分子生物学的发展历程。

1865年，孟德尔发表了《植物杂交试验》一文，首次阐述了生物界的遗传规律；1900年，孟德尔遗传定律被证实，成为近代遗传学的基础。1910年，Morgan提出的染色体-基因遗传理论，证实基因存在于染色体上，进一步将“性状”与“基因”相偶联，成为现代遗传学的奠基石。1944年，美国微生物学家Avery证明基因就是DNA分子，提出DNA是遗传信息的载体。在此期间分子生物学的发展也被称为孕育阶段。

1959年，Kornberg和Ochoa共享了诺贝尔生理学或医学奖。Ochoa研究了细菌的多核苷酸磷酸化酶，并且成功合成核糖核酸，重建了遗传信息通过RNA中间体翻译为蛋白质的过程。Kornberg的主要贡献是完成了DNA在细菌细胞和试管内的复制。

1962年，Watson、Crick与Wilkins共享了诺贝尔生理学或医学奖，Watson和Crick的主要贡献是提出DNA的双螺旋模型，而Wilkins通过DNA的X射线衍射成功验证了该结构。

1965年，Jacob和Monod因发现并证实了调节细菌细胞代谢的分子机制为操纵子，与Lwoff共享了诺贝尔生理学或医学奖。

1969年，Nirenberg、Holley和Khorana共享了诺贝尔生理学或医学奖。Nirenberg在破译遗传密码方面做出了重大的贡献，而Holley的主要成果是探明了酵母丙氨酸tRNA的核苷酸序列，并发现所有tRNA的结构具有相似性，Khorana成为合成核酸分子第一人，并且人工复制了酵母基因。在此期间分子生物学的发展也被称为创立阶段。

1970年以后，分子生物学的发展被称为发展阶段。1975年，Temin、Dulbecco和

Baltimore 因在 RNA 肿瘤病毒中发现逆转录酶，获得诺贝尔生理学或医学奖。

1977 年，Sanger 等人发明了一种测定 DNA 分子内核苷酸序列的方法，与 Gilbert 和 Berg 共享了 1980 年诺贝尔化学奖。Sanger 因发现了牛胰岛素的一级结构而获得 1958 年诺贝尔化学奖。

1982 年，美国科学家 Cech 和 Altman 发现了核酶，证明 RNA 既可以是一种遗传物质，也可以是具有生物催化活性的酶。1989 年，两人一起获得诺贝尔化学奖。

1983 年，美国遗传学家 Barbara McClintock 因发现可移动的遗传因子而获得诺贝尔生理学或医学奖。她是遗传学研究领域第一位独立获得诺贝尔奖的女科学家。

1984 年，德国科学家 Köhler、英国科学家 Milstein 和丹麦科学家 Jerne 因研究了单克隆抗体技术，完善了极微量蛋白质的检测技术而共享了诺贝尔生理学或医学奖。

1989 年，美国科学家 Bishop 与 Varmus 共享了诺贝尔生理学或医学奖，他们最大的发现是揭示了正常细胞基因在功能失常时同样能致癌。

1993 年，美国科学家 Mullis 和英国科学家 Smith 分别因发明了高效复制 DNA 片段的“聚合酶链式反应（PCR）”以及开发了对 DNA 特定位置进行定点诱变法而获得诺贝尔化学奖。

1993 年，美国科学家 Sharp 和 Roberts 因发现断裂基因而获得诺贝尔生理学或医学奖。

1994 年，美国科学家 Gilman 和 Rodbell 因发现 G 蛋白及其在细胞信号转导中的作用而共同获得诺贝尔生理学或医学奖。

1995 年，美国遗传学家 Lewis、Wieschaus 和德国遗传学家 Volhard 因发现早期胚胎发育中的遗传调控机理而获得诺贝尔生理学或医学奖。

1996 年，瑞士科学家 Zinkernagel 和澳大利亚学者 Doherty 发现了免疫系统如何识别病毒感染细胞的过程，共同获得了诺贝尔生理学或医学奖。

1997 年，美国科学家 Prusiner 因在引起人类脑神经退化的古兹菲德 - 雅各氏病（Creutzfeldt-Jakob disease, CJD）的病原体和朊蛋白致病机理的研究方面做出了重大贡献，获得了诺贝尔生理学或医学奖。

1999 年，德国科学家 Blobel 因发现蛋白质在体内传输和导向的机理，即蛋白质带有控制其在细胞中传输和定位的信号，获得了诺贝尔生理学或医学奖。

2001 年，诺贝尔生理学或医学奖授予美国科学家 Hartwell 与英国科学家 Hunt 和 Nurse，以表彰他们发现了细胞周期的关键分子调节机制。

2002 年，诺贝尔生理学或医学奖授予了南非生物学家 Brenner、美国科学家 Horvitz 和英国科学家 Sulston，以表彰他们发现了器官发育和“程序性细胞死亡”过程中的基因规则。2002 年诺贝尔化学奖授予了三位在生物大分子研究领域做出突出贡献的科学家——美国科学家 John B. Fenn、日本科学家 Koichi Tanaka 以及瑞士科学家 Kurt Wüthrich，以表彰他们创造性地应用物理化学分析法对生物大分子进行结构分析。

2003 年，诺贝尔化学奖授予了两位美国生物学家 Agre 和 MacKinnon，以表彰他们在细胞膜水通道（water channel）和离子通道（ion channel）结构与机理研究方面的开创性贡献。

2004 年，诺贝尔化学奖授予了以色列科学家 Aaron Ciechanover、Avram Hershko 和美国科学家 Irwin Rose，以表彰他们发现了细胞是如何摧毁有害蛋白质的过程（泛素调节的蛋白质降解）。

2006 年，诺贝尔生理学或医学奖授予了两位美国科学家 Fire 和 Mello，以表彰他们发现了 RNA（核糖核酸）干扰机制。2006 年诺贝尔化学奖授予了美国科学家 Kornberg，以表彰他对真核细胞转录分子基础的研究所做的贡献。

2007 年，诺贝尔生理学或医学奖授予了美国科学家 Capecchi、Smithies 和英国科学家 Evans，以表彰他们在基因靶向技术方面的突出贡献。

2008 年，诺贝尔化学奖授予了三位在绿色荧光蛋白（GFP）方面做出突出贡献的科学家，分别为日本科学家 Osamu Shimomura、美国科学家 Martin Chalfie 和美籍华裔科学家钱永健。

2009 年，诺贝尔化学奖授予了三位科学家，美国的 Venkatraman Ramakrishnan、Thomas Steitz 和以色列的 Ada Yonath，以表彰他们在核糖体结构和功能研究方面做出的突出贡献。2009 年诺贝尔生理学或医学奖授予了拥有美国和澳大利亚双国籍的科学家 Blackburn、美国科学家 Greider 和 Szostak，以表彰他们发现了端粒和端粒酶保护染色体的机理。

2010 年，诺贝尔生理学或医学奖授予了英国生理学家 Edwards，以表彰他在体外受精技术领域做出的开创性贡献。

2012 年，诺贝尔生理学或医学奖授予了英国科学家 John B. Gurdon 和日本科学家 Shinya Yamanaka，以表彰他们在体细胞重编程技术领域做出的革命性贡献。

2014 年，诺贝尔化学奖授予了美国科学家 Eric Betzig、William E. Moerner 以及德国科学家 Stefan W. Hell，以表彰他们在超高分辨率荧光显微技术方面做出的贡献。

2015 年，诺贝尔化学奖授予瑞典科学家 Lindahl、美国科学家 Modrich 以及拥有美国及土耳其双国籍的科学家 Sancar，以表彰他们在 DNA 修复机理研究方面所做的贡献。

2017 年，瑞士科学家 Jacques Dubochet、德国科学家 Joachim Frank 和苏格兰科学家 Richard Henderson 因研发了冷冻电镜技术，使得生物细胞成像过程得到简化，并且提高了成像质量，荣获当年诺贝尔化学奖。2017 年诺贝尔生理学或医学奖授予美国科学家 Hall、Rosbash 和 Young，以表彰他们在发现控制昼夜节律的分子机制方面做出的突出贡献。

2021 年，诺贝尔生理学或医学奖授予美国加州大学旧金山分校 David Julius 和 Ardem Patapoutian，因为他们发现了人体热传感器和机械传感器，应用这些传感器所确定的离子通道对研究许多生理过程和疾病状况都很重要。

据统计，1901 ～ 2021 年，在生化与分子生物学领域，共有 150 位科学家被授予诺贝尔化学奖，占据该奖项获奖人数的一半。除以上诺贝尔生理学或医学奖和化学奖获得者在分子生物学领域所做的贡献外，还有许多科学家致力于此工作，共同推动分子生物学的发展。Avery 通过实验发现 DNA 是转化的关键，证实有活性的遗传物质是 DNA；Meselson 和 Stahl 的 DNA 半保留复制试验；Crick 在 1958 年提出的“中心法则”（遗传信息传递规律如图 1-1 所示）；Yanofsky 和 Brener 在 1961 年提出的遗传密码三联子设想都在分子生物学的发展过程中起着重要的作用。

20 世纪 20 年代初，我国生物学家吴宪在北京协和医院生物化学系完成了蛋白质变性理论等重大研究，因此成为我国生物化学界的奠基者。同时，中国科学院上海生物化学研究所、中国科学院上海有机化学研究所和北京大学共同完成了结晶牛胰岛素的人工全合成。截止到 2003 年 4 月 14 日，由美国、英国、法国、德国、日本和我国科学家共同参与

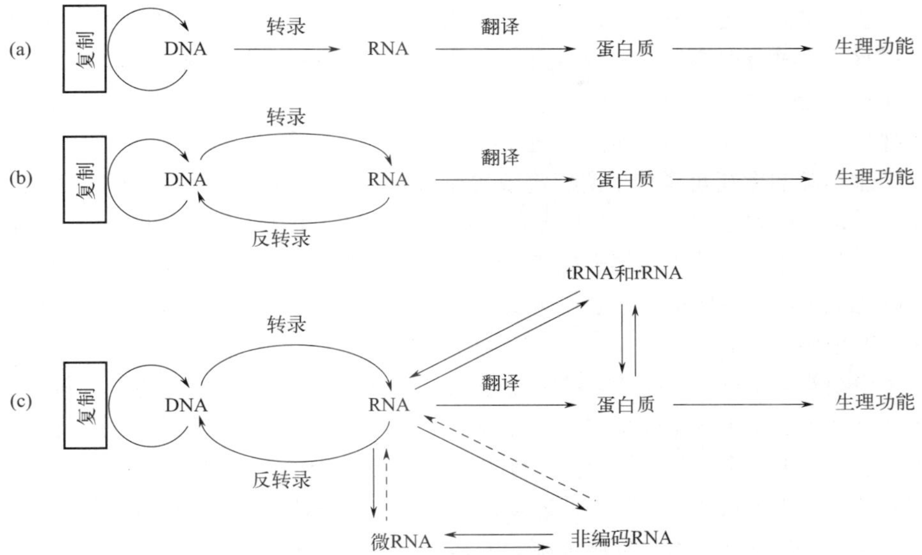

图 1-1　遗传信息“中心法则”

（a）Crick 提出的“中心法则”；（b）20 世纪 70 至 80 年代流传的“中心法则”；（c）20 世纪后经过修正的“中心法则”

的“人类基因组计划”顺利完成。

分子生物学作为生命科学领域发展最为快速的前沿领域，拥有令人振奋的现状与瞩目的成果。20 世纪 90 年代后，分子生物学的理论和技术均有着前所未有的发展，科学家进一步阐明了 DNA 复制、转录、翻译、调控等分子机理，如核糖体结构和拓扑异构酶的研究加深了我们对分子机理的认知。2003 年，人类基因组计划的完成标志着人们已经开始从最初被动地认识自然界发展到主动地改造自然界。结构分子生物学作为分子生物学发展过程中最重要的一个分支，实际也是现代分子生物学的重要部分之一。X 射线衍射和其他高分子分析技术的出现，逐步实现了构建生物大分子三维构象库的目标。依据 2001 年统计的数据，约有 20000 余套蛋白质构象入库。DNA 重组技术的大规模应用，促使基因克隆技术逐渐成为全世界大多数科学家最重要的“常规武器”，每年列入人类基因文库的序列大约有 1000 种。

分子生物学已经渗透到生物学的各个领域，生物学研究也迎来了蓬勃发展。人们从宏观和微观的角度去认识生命，也从分子水平、细胞水平、个体水平以及群体水平等不同角度对各种生命规律进行探索，从而揭示生命的奥秘。生物学的革命为基础学科和应用学科的发展注入了新的血液，进一步推动这些学科在理论和方法上提出各种新的概念、问题和思路。分子细胞生物学是在分子生物学和细胞生物学的基础上发展起来的一门新兴学科，目前许多关于细胞的研究均进入了分子水平，如细胞分裂、细胞骨架和细胞因子。分子免疫学则是分子生物学与免疫学相结合的产物。分子病理学是分子生物学与病理学的结合。此外，分子生物学与病毒学的结合则形成了分子病毒学。生物科学的各个领域均与分子生物学有着密切的联系，甚至年代久远的植物和动物的分类学中，也运用分子生物学探究物种的进化关系，于是出现了分子系统学。

20 世纪 90 年代以后，结构分子生物学出现，成为当时的一门新兴学科，它主要关注生物大分子的空间结构。生物大分子三维结构的快速发展，促使在全世界范围内达到平均每天可以解析 3 种蛋白质晶体结构的速度。在高分辨率的条件下，我们可以更加深入地探索蛋白质多肽链折叠结构和功能的相关性。结构分子生物学的另一个研究热点为蛋白质和 DNA 的相互作用，其对分子生物学的基础理论研究至关重要。

分子生物学的发展对遗传学的影响较为深远。近 20 年内，相继在分子水平上解释了孟德尔豌豆杂交试验过程中所提出的分离定律和自由组合定律以及摩尔根所发现的连锁与互换定律。分子水平试验正在越来越多地证实或纠正遗传学原理，较多经典的遗传学无法解释的问题或无法破译的奥秘相继得到攻克。目前，分子遗传学已经成为了解、探明和改造自然界的重要“武器”。

分子生物学与蛋白质工程的紧密结合是推动分子生物学发展的另一种重要策略，利用定点突变方法促使基因发生改变，从而使得基因表达产物中氨基酸残基发生改变，这将有可能破译蛋白质中每个氨基酸以及每个化学基团所发挥的作用。

随着核酸技术的快速发展，人们逐渐打破了依靠形态等表面特征研究生物亲缘关系的局限，现代分子生物学技术对种质资源的鉴定、遗传多样性的分析、优良基因的跟踪和转移等直接造成分子系统学的出现。

人类基因组计划作为人类历史上宏大的三大成就之一，标志着改造自然界的开始。当前，研究工作者最迫切需要解决的问题为蛋白质组计划，也被称为后基因组计划。分子生物学和蛋白质工程技术的结合是推动其发展的一种途径。定点突变技术可以使得基因组发生改变，从而对产物的功能做出定向改变，这有可能推动人类了解蛋白质中每个氨基酸甚至核酸中某一核苷酸的作用。

纵深求索和横向交叉是分子生物学的发展趋势，分子生物学凭借“大学科”态势协同攻关生命深层奥秘，在整体水平上揭开生命的复杂规律。纵深求索就意味着逐渐将本学科的理论和技术向深挖掘，在一段相当长的时间内，对基因研究、基因表达调控、结构分子生物学、生物信号传递等四大前沿领域开展深入持久的工作，并以此为基础拓展新的前沿领域和生长点。横向交叉是生命和非生命学科之间不断相互融合。综合基础学科的理论与技术形成学科群，以“大学科”的模式对生命本质进行积极研究。各种相互交错的生命现象与生命本质之间的联系在分子、细胞以及整体水平上的和谐统一，使得表现型和基因型的相互关系得到了客观准确的剖析。

21 世纪，分子生物学正在以飞速的态势向前发展，基础理论和规律的新发现、新方法和新思维的不断涌出以及知识与成果的不断积累，都推动了人类了解自身和自然界的进程。分子生物学已经逐渐成为现代生命科学的通用语言。许多物理和化学工作者受到分子生物学、生物化学和物理学的影响，逐渐进入生物学领域，因此分子生物学成为自然科学中发展迅速和很具活力的领域。今后，分子生物学在实践方面的应用也是令人鼓舞的。分子生物学技术中关于基因治疗以及转基因动植物的培育均已被列入重点研究领域。随着社会的不断发展，分子生物学、生物技术在医学和农业领域将发挥重大的作用，对人类的身体健康具有深远的影响。

课后习题：

1. 简述分子生物学的发展基础是什么以及与其他学科之间的关系是怎样的。

2. 谈谈你对分子生物学这门学科的理解。
3. 分子生物学目前的主流研究方向是什么？
4. 分子生物学在环境领域发展过程中具有哪些作用？
5. 我国科学家在分子生物学领域有哪些贡献？

参考文献

[1] 高乐 . 分子生物学方法在环境微生物生态学中的应用研究进展 [J]. 化工设计通讯，2020，46（12）：85-86.

[2] 刘宁，金保伟，胡景辉，等 . 真菌分类中分子生物学方法的原理及其应用 [J]. 华北农学报，2017，32（S1）：76-80.

[3] 刘迪一，尼尔斯 · 斯滕塞，利夫 · 安德森，等 . 孟德尔与现代进化生物学的发展 [J]. 世界科学，2022（10）：4-10.

[4] 许志茹，那冬晨，李永峰，等 . 环境分子生物学研究技术与方法 [M]. 哈尔滨：哈尔滨工业大学出版社，2012.

[5] 熊文 . 近代生物学与现代中国的知识启蒙——《中国近代生物学的发展》读札 [J]. 中国图书评论，2015（12）：93-99.

[6] 朱玉贤，李毅，郑晓峰，等 . 现代分子生物学 [M]. 北京：高等教育出版社，2019.

[7] Forero D A, Chand V. Methods in molecular biology and genetics: looking to the future[J]. BMC Research Notes, 2023, 16(1): 26.

[8] Ho S S, Urban A E, Mills R E. Structural variation in the sequencing era[J]. Nature Reviews Genetics, 2020, 21 (3): 171-189.

[9] Logsdon G A, Vollger M R, Eichler E E. Long-read human genome sequencing and its applications[J]. Nature Reviews Genetics, 2020, 21(10): 597-614.

[10] Markel H. The secret of life: Rosalind Franklin, James Watson, Francis Crick, and the discovery of DNA’s double helix[M]. W W Norton &Company, 2021.

[11] Warburton P E, Sebra R P. Long-read DNA sequencing: Recent advances and remaining challenges[J]. Annual Review of Genomics and Human Genetics, 2023, 24: 109-132.

[12] Xiao T T, Zhou W H. The third generation sequencing: the advanced approach to genetic diseases[J]. Translational Pediatrics, 2020, 9(2): 163-173.

[13] Zevenhuizen E. Recognizing mendel: rediscovery, discovery, or neither?[J]. The American Biology Teacher, 2022, 84(1): 14-15.

第 2 章 分子生物学研究内容

现代分子生物学研究发现，所有生物体中的有机大分子都是以碳原子为核心，并以共价键的形式与氮、氢、磷、氧等以多种形式构成。除此之外，所有生物体中各种有机大分子的单体都是完全相同的，如蛋白质中的 20 种氨基酸。因此，分子生物学的 3 条基本原理诞生，分别为：①不同生物中构成生物体的各类有机大分子的单体物质相同；②生物体中所有大分子的结构组成都具有相同的规则；③特定生物体内所独有的蛋白质分子和核酸起着决定属性的作用。

2.1 DNA 重组技术

20 世纪 70 年代初，随着人们对分子生物学的研究更加深入，一种新兴的科学技术诞生，可以按照人们的设计将不同 DNA 片段定向连接，在特定的受体细胞中与载体同时复制并得到表达，产生影响受体细胞的新的遗传性状。从严格意义分析，DNA 重组技术与基因工程并不完全相同，主要是因为基因工程还包括一些其他生物细胞基因组结构改造的功能。DNA 重组技术是以蛋白质化学、核酸化学、酶工程、生物学、细胞学和遗传学为基础发展起来的，是长期深入研究的结晶，同时 DNA 连接酶、限制性内切酶等其他酶工具的出现和应用是该技术能够建立的关键基础。

DNA 重组技术具有广阔的发展前景。首先，一些正常的细胞代谢过程中产量较低的物质，如酶、激素、抗体和抗生素等通过该技术可以大量生产以提高产量，并且能够降低生产成本，还能促使许多价值较高的多肽类物质得到大范围应用。目前，人们利用转基因模式对农作物的抗虫性、抗病性和抗逆性进行了大规模的改良。世界农业发展的新格局将转变为使用传统农作方式生产高产量、高品质的特种资源。

其次，DNA 重组技术可以对某些生物基因进行定向改造，能够成百上千倍地放大它们所具备的独特经济价值或功能。如利用 DNA 重组技术合成的超级细菌可以分解石油的各种成分并且分解效率较高，因此该菌可以用于修复受石油污染的土壤或海域。美国科研工作者利用该技术建立了“工程沙门菌”，在避孕疫苗研制方面取得了较大的进展。他们首先去除沙门菌可以致病的基因，随后引入一些来自精子的遗传信息，再把经过改造后的细菌注射入雌鼠体内，发现产生了排斥精细胞的抗体，精子从而不能与卵子结合，达到了避孕的效果。蜘蛛丝基因是由美国陆军研究发展和工程中心从自然界蛛网中分离的，并且成功在实验室合成了蜘蛛丝。他们还将该基因注入细菌内，生产出可溶性丝蛋白，经过后续加工处理形成了一种强度超过钢的特殊纤维。今后研究人员可以继续修饰该基因，以生产出高性能纤维运用到防弹背心、降落伞绳等高强度的轻型装备中。

最后，许多基础研究领域也应用到了 DNA 重组技术。如果遗传信息的传递和控制是分子生物学研究的核心，那么依据“中心法则”，研究者需要研究的就是 DNA 到 RNA，再到蛋白质的整个过程，也就是基因的表达与调控。DNA 重组技术的研究已经渗透到启动子研究和转录因子的克隆分析中。

2.1.1　基因转录的理论基础

DNA 作为主要的遗传物质，是由于生物体中的遗传信息大部分储存在 DNA 的核苷酸序列中。DNA 核苷酸序列对生命活动所需的全部信息进行编码。“中心法则”高度概括了生物体内遗传信息的传递过程（图 2-1）。遗传信息是按 DNA → RNA →蛋白质传递的，RNA 作为中心环节起着至关重要的作用。

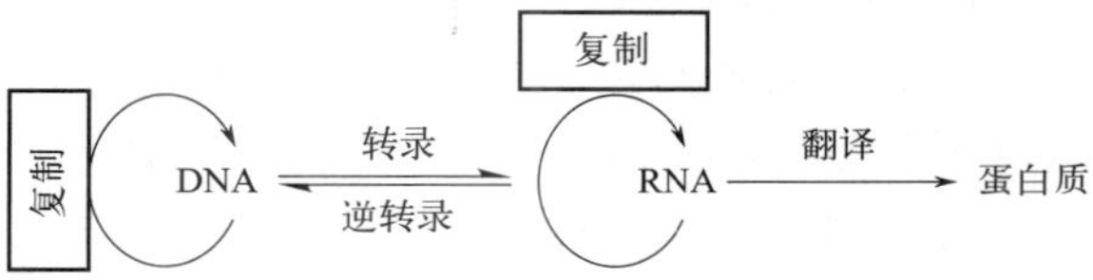

图 2-1　“中心法则”

转录是 RNA 的合成过程，即 DNA 将遗传信息传递给 RNA。双链 DNA 分子中的一条链为模板，经过 RNA 聚合酶的作用合成 RNA。编码链是 DNA 分子中与转录模板链互补的链。

DNA 的复制和转录过程类似，但是存在着差异：

① 四种核苷三磷酸（ATP、UTP、CTP 和 GTP）是 RNA 的合成前体；

② 转录以 DNA 双链中的一条链为模板；

③ DNA 聚合酶与 RNA 聚合酶存在差异，主要是 RNA 聚合酶能够起始合成新链，起始的核苷酸一般是嘌呤核苷三磷酸。

2.1.1.1　RNA 聚合酶

（1）原核生物 RNA 聚合酶

RNA 聚合酶大多为多亚基蛋白复合物，具有转录催化活性。转录开始时，RNA 聚合酶被牵引至基因启动子的特定位置并与其结合，开始转录。

RNA 聚合酶是一种金属酶，包含 Zn^{2+}。转录过程中，RNA 聚合酶是核心部分，还需要其他辅助因子。转录开始时的第一个核苷酸通常是 ATP 或 GTP，其中三磷酸基团一直处于转录产物的 5′ 端。大肠杆菌 RNA 聚合酶不具备 DNA 聚合酶的一些功能，如具有 3′ → 5′ 的外切酶活性，因此合成的 RNA 错误率较高。而较高的突变率则有益于病毒的存活，容易造成病毒蛋白序列的替换，从而使病毒逃过宿主免疫系统的攻击。

（2）真核生物 RNA 聚合酶

真核生物的 RNA 聚合酶包括三种：RNA 聚合酶Ⅰ（RNA Pol Ⅰ）、RNA 聚合酶Ⅱ

（RNA Pol Ⅱ）、RNA 聚合酶Ⅲ（RNA Pol Ⅲ）。以上 RNA 聚合酶均为多亚基蛋白复合物，存在于细胞核的不同部位，承担着不同基因的转录功能（表 2-1）。

表 2-1 真核生物 RNA 聚合酶的种类及基本特征

种类	存在部位	分子质量 /kDa	相对活性	转录产物	对 α- 鹅膏蕈碱的敏感性
RNA 聚合酶Ⅰ	核仁	约 500	50% ～ 70%	rRNA 前体	不敏感
RNA 聚合酶Ⅱ	核质	约 500	20% ～ 40%	mRNA 前体	敏感
RNA 聚合酶Ⅲ	核质	约 500	约 10%	tRNA, 5S rRNA, snRNA 前体	介于以上两者之间

三种 RNA 聚合酶的主要差异是对 α-鹅膏蕈碱（α-amanitin）的敏感性不同，RNA 聚合酶Ⅰ基本不受 α-鹅膏蕈碱影响，RNA 聚合酶Ⅱ对 α-鹅膏蕈碱的敏感程度最高，而 RNA 聚合酶Ⅲ处于中间状态。每种 RNA 聚合酶分子包括两个大亚基和若干个小亚基。对 RNA 聚合酶Ⅱ的研究较为深入。RNA 聚合酶Ⅱ至少包含 10 ～ 12 个亚基，其中第一个大亚基分子质量约 240kDa，并且具有独特的 C 末端结构域。RNA 聚合酶Ⅱ的第二个大亚基分子质量约 140kDa，试验表明该亚基可能参与了染色质水平的转录调控。RNA 聚合酶常常无法单独发挥转录作用，需要其他转录因子的协助。TF Ⅰ、TF Ⅱ和 TF Ⅲ分别是三种 RNA 聚合酶的转录因子，其中对 TF Ⅱ的研究较深入。

2.1.1.2 基因启动子结构

启动子是指 RNA 聚合酶特异识别、结合和开始转录的一段 DNA 序列，处于结构基因转录起始点的上端，长度大约 100 ～ 200bp。转录单位是启动子和终止子之间的距离。起始转录的第一个核苷酸通常被定义为 +1，其右侧称为下游，核苷酸依次向右分别编号为 +2、+3……，左侧为上游，核苷酸依次向左分别为 −1、−2……。

（1）原核生物基因启动子结构

大肠杆菌乳糖操纵子的启动子包含两部分，即 cAMP-CRP 结合位点和 RNA 聚合酶结合位点。cAMP-CRP 结合位点包含位点Ⅰ和位点Ⅱ，RNA 聚合酶位点主要包括结合位点和识别位点。

（2）真核生物基因启动子结构

真核生物的 RNA 聚合酶均有自己的启动子，即 RNA 聚合酶Ⅰ启动子、RNA 聚合酶Ⅱ启动子和 RNA 聚合酶Ⅲ启动子。下面主要介绍 RNA 聚合酶Ⅱ启动子和 RNA 聚合酶Ⅲ启动子。

① RNA 聚合酶Ⅱ启动子 RNA 聚合酶Ⅱ为多部位结构，其主要负责结构基因和部分 snRNA 基因转录，并且启动子的结构较为复杂，主要包含 5 个部位。

a. 帽子位点（cap site）。转录的起始位点是帽子位点，其中，帽子位点处的模板链碱基大多为 T（转录起点），因此，转录时 mRNA 链的第一个碱基大多是 A。

b. Hogness box。Hogness box 又称为 Goldberg-Hogness box 或 TATA box，$T_{82}A_{97}T_{93}A_{85}A_{63}/T_{37}A_{83}A_{50}/T_{37}$ 为保守序列，存在于 −25 区域附近，与原核生物的 Pribnow box 具有类似的结构和功能。

c. CAAT box 和 GC box。CAAT box 的保守序列为 GGC/TCAATCT，位于 −70 ～ −80

区域附近。GC box 的保守序列为 GGGCGG，处于 −80 ～ −110 区域附近。CAAT box 和 GC box 均不参与起始位点的确定，主要控制着转录的起始频率，其中 CAAT box 较为普遍。

d. 增强子（enhancer）。增强子又被称为远上游序列（far upstream sequence），位于 −100 以上区域。增强子由多个独立的、具有特征性的核苷酸序列构成。

e. 沉默子（silencer）。沉默子作为负调控作用的顺式元件，能够结合反式作用因子，可以关闭基因，对真核生物细胞中成簇基因的选择性表达起着重要作用。

② RNA 聚合酶Ⅲ启动子　RNA 聚合酶Ⅲ主要对 5S rRNA 基因、tRNA 基因、部分 snRNA 基因和腺病毒（VA）RNA 基因的转录起着决定作用，上述基因均为内部启动子。图 2-2 为 RNA 聚合酶Ⅲ启动子结构示意图。

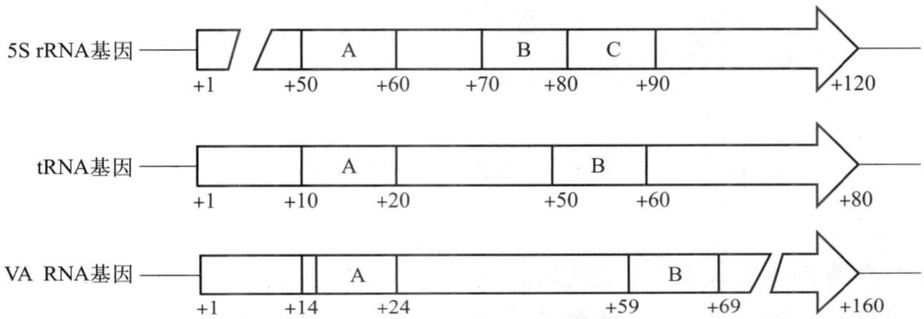

图 2-2　RNA 聚合酶Ⅲ启动子结构示意图

RNA 聚合酶Ⅲ启动子需要共同的转录因子 TFⅢB 和 TFⅢC。而 5S rRNA 基因的启动子不仅需要转录因子 TFⅢB 和 TFⅢC，还需要转录因子 TFⅢA。tRNA 基因序列中，TFⅢC 主要结合在 B 区，其次是 A 区。

2.1.2　转录过程

2.1.2.1　原核生物基因转录过程

（1）转录起始

原核生物基因在转录过程中，σ 亚基与核心酶组成全酶，随之 RNA 聚合酶全酶与非特异性 DNA 序列的结合能力降低，RNA 聚合酶全酶能够沿着 DNA 链滑动，当滑动到 −35 区时，σ 亚基对该位点进行识别，RNA 聚合酶全酶与该位点结合形成一个封闭的启动子复合物，该复合物向 −10 区移动，在阻遏蛋白不存在的情况下，封闭的启动子复合物移动至 −10 区与之紧密结合。因为 −10 区包含大量 AT 碱基对，AT 碱基对之间的氢键较弱，易造成 DNA 双链的局部解旋（12 ～ 17bp），模板中的转录起始点（+1）显露出来，启动子 DNA 和 RNA 聚合酶全酶组成开放性的启动子复合物，形成活性转录单元。RNA 聚合酶包含两个核苷酸位点，分别为起始核苷酸位点和延长核苷酸位点。开放性启动子的复合物中，嘌呤核苷三磷酸仅填充 RNA 聚合酶的起始位点，相应的核苷酸前体则填充延长位点，它们在与模板互补时，RNA 的第一个磷酸二酯键在 β 亚基的催化下合成，形成 RNA 聚合酶、DNA 模板以及新生 RNA 链的三元复合物（图 2-3）。在 RNA 聚合酶不移动的条件下可以连续添加 9 个核苷酸，如果加入的碱基没有错误，那么酶释放出新合成的寡聚核苷酸片段（2 ～ 9bp），被称为“流产起始”。随后酶再次从第一个核苷酸开始发生催化反应，重复以上工作。每次的“流产起始”能够生成 2 ～ 9bp 的寡聚核苷酸并且释放，从而延长起始期。在酶催化连接超过这一长度后，转录的起始阶段便停止进入延伸阶段。

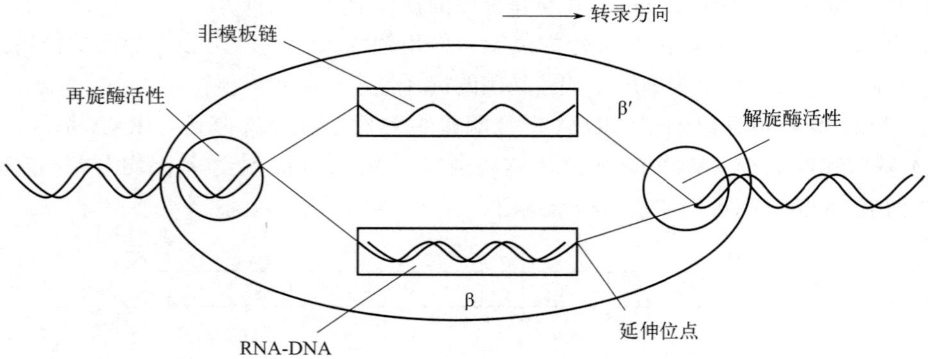

图 2-3　三元复合物示意图

（2）延伸

RNA 聚合酶释放出 σ 亚基，随后转录进入 RNA 链的延伸阶段。RNA 聚合酶在 DNA 链上移动。DNA 双螺旋在 RNA 链合成的“生长点”部位发生局部解旋，显露出模板链，下一个核苷三磷酸进入 RNA 聚合酶的延伸位点，RNA 聚合酶对其进行验证后，才能够正确地与DNA 模板链上相应的核苷酸配对，生成氢键，位于延伸的RNA 链3′末端位点的3′-羟基在 β 亚基的催化下，对处于延伸位点上的核苷三磷酸的 α-磷酸进行亲核攻击，磷酸二酯键由此形成，释放出焦磷酸，然后水解为无机磷酸并且释放能量，催化反应得以顺利进行。RNA-DNA 杂交链形成于 DNA 链的解旋区，并且与 DNA 非模板链共同构成一个转录“泡”，其能够随 RNA 聚合酶向前移动。当合成的 RNA 链随着 RNA 链的延伸离开 DNA 模板后，DNA 链又恢复了双螺旋结构。

（3）转录终止

大肠杆菌中的基因包含两种转录终止机制，分别为蛋白质非依赖性终止和蛋白质依赖性终止。蛋白质非依赖性终止机制的核心元件包含一个发夹结构，以及其下游 DNA 模板链上的多腺苷酸，当延伸复合物在发夹环处停止时，下游的多聚 AU 碱基对使 RNA-DNA 杂交链不稳定，致使延伸复合物解体，转录终止。蛋白依赖性终止机制是 RNA 聚合酶复合物与蛋白质辅因子相互作用导致转录在一个发夹环处终止，而新转录合成的 RNA 链形成两个发夹环。ρ 是一种 ATP 依赖性的 RNA-DNA 解旋酶，能够破坏 RNA-DNA 的杂合体，造成延伸的复合物解离，释放出 RNA 链。

2.1.2.2　真核生物基因转录过程

（1）转录起始

真核生物基因转录需要多种转录因子的参与，并且起始复合物的形成过程极其复杂。

首先，转录起始复合物是由各种转录因子在一定的时空顺序下装配而成。小沟中，TFⅡD-启动子复合物是由基础转录因子 TFⅡD 特异结合启动子中的 Hogness box（TATA box）形成。TFⅡA 进入复合物，对 TFⅡD-启动子复合物起着稳定作用，激活 TATA 结合蛋白质（TBP）。TFⅡB 结合 Hogness box 的下游序列，并且 C 端连接 TBP，大约覆盖 20bp，对该区域的模板链起到保护作用，同时对 RNA 聚合酶Ⅱ提供识别表面。TFⅡF 携带 RNA 聚合酶Ⅱ，对起始复合物进行装配，其大亚基（RAP74）拥有依赖于 ATP 的 DNA 解旋酶功能，促进位于起始位点的 DNA 双螺旋局部解链，小亚基紧密结合 RNA 聚合酶Ⅱ，而原核生物 RNA 聚合酶的 σ 亚基与小亚基具有部分同源性。TFⅡD-启动子复合物与 RNA 聚合酶Ⅱ的 C 端结构域（CTD）在 TFⅡF 的作用下连接。TFⅡE 在 +30 区结合，对下游的延伸区段起到保护作用。最终 TFⅡH 和 TFⅡF 进入复合物，组成完整的转录起始复合物。

真核生物基因的转录起始与原核生物较为类似，首先是形成封闭的启动子复合物，然后转化为开放性的启动子复合物，两者的不同之处在于真核生物基因转录在完成起始阶段以后，DNA 的模板还需要进一步解旋。

（2）延伸

转录起始阶段结束后，RNA 聚合酶Ⅱ的尾部磷酸化促使大部分转录因子释放，RNA 聚合酶Ⅱ成为延伸结构，便于在 DNA 链上移动。TFⅡH 在转录的延伸阶段具有重要作用。TFⅡH 与 TFⅡE 相互结合促使下游区域延伸的 DNA 链发生局部解旋，RNA 聚合酶Ⅱ在 5′→3′ 方向移动，完成转录合成，从而延伸新生的 RNA 链。

（3）转录终止

GC 序列中的寡聚 U（4 个以上）富集于 RNA 3′ 末端，是真核生物 RNA 聚合酶Ⅲ转录的终止信号。该序列具有高度的保守性，任何改变该序列特征的突变均会造成通读。一段多聚 A（23 个）是小鼠 5S rRNA 基因的终止信号，而一段寡聚 A（9 个）是人类 80%Alu 序列的转录终止信号。RNA 聚合酶Ⅲ本身具有识别 DNA 上二级结构松弛区域或新生 RNA 链与 DNA 模板结合力较弱区域的能力，并且能够准确地终止转录，无需蛋白质辅因子参与。

2.1.3 初始转录本的加工与转录后调节

初始转录本是基因转录的初始产物，必须经过加工才能够称为成熟的 RNA，才具有特定的生物学功能。

2.1.3.1 真核生物 mRNA 前体的加工

大多数原核生物的 mRNA 可以转录后直接翻译，不需要加工，并且转录和翻译过程互相耦联，仅有少部分多顺反子 mRNA 需要加工，然后切成小单位再执行翻译。真核生物与之不同，真核基因是在细胞核中生成 mRNA，而蛋白质是在细胞质中合成，mRNA 合成后需要经过一系列的加工过程，随即被转运到细胞质，作为模板对蛋白质的合成进行指导。mRNA 前体的加工一般包括：5′ 加帽、3′ 加尾和剪接（图 2-4）。

（1）5′ 加帽

嘌呤核苷三磷酸是真核基因转录的第一个核苷酸。“帽子”结构是 mRNA 5′ 端的结构，基因转录过程中，通过酶促反应生成 5′ 帽子结构。通过三步酶催化反应完成真核生物的 mRNA 5′ 帽子，反应过程如下。

第一步：pppRNA $\xrightarrow{\text{RNA 三磷酸酶}}$ ppRNA+pi；

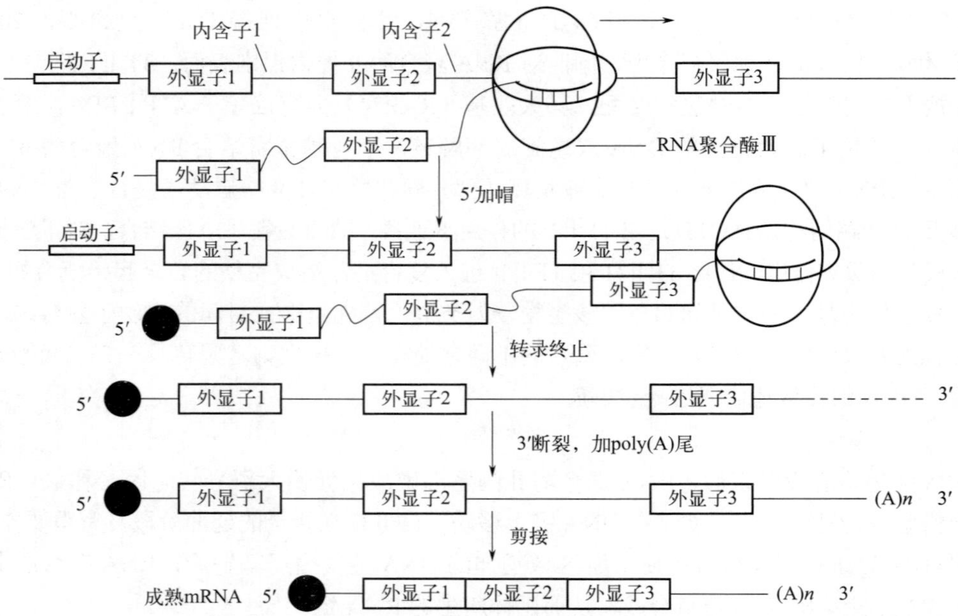

图 2-4　mRNA 前体的加工过程

第二步：pppRNA+GTP $\xrightarrow{\text{RNA 三磷酸酶}}$ GpppRNA+ppi；

第三步：GppRNA+AdoMet $\xrightarrow{\text{鸟苷 7-甲基转移酶}}$ m^7GpppRNA+AdoHcy。

mRNA　5′ 帽子结构可以作为核糖体的识别部位，并且在蛋白质的合成中起着重要作用。5′ 帽子结构可以阻止 5′-核酸外切酶降解 mRNA。5′ 加帽的 RNA 更容易转移到细胞质中。

（2）3′ 加尾

大多数真核生物 mRNA 的 3′ 末端均有多聚 A 尾巴，记为 poly(A)$^+$，长约 200bp，若不存在多聚 A 尾巴则表示为 poly(A)$^-$。

真核生物 mRNA 的 3′ 加尾过程分为两步：第一步为切割反应，首先对多聚腺苷酸化特异因子（CPSF）进行切割，随之识别加尾信号序列 AAUAAA，并且与之结合，随后切割刺激因子（CSTF）与 CPSF 相互作用，对加尾信号序列下游 10 ～ 30bp 处进行切割，保留 3′-OH；第二步是聚合反应，poly(A) 聚合酶与断裂部位的 3′ 末端进行结合，ATP 中的 AMP 残基以 ATP 为前体，通过 3′, 5′-磷酸二酯键连接至断裂部位的 3′-OH，连续聚合大约 20 个腺苷酸，随后较短的 poly(A) 尾通过 poly(A) 聚合酶结合蛋白（PABP）对 poly(A) 聚合酶进行刺激，进一步对腺苷酸聚合至大约 200 个左右（图 2-5）。mRNA 的稳定性和翻译效率通过 poly(A) 尾的长度进行调节。

（3）剪接

大多数高等真核生物都是断裂基因，其中断裂基因包括了内含子和外显子，并且外显子和内含子呈现相间排列，而初始转录本中包含了转录后的这两部分，该转录产物称为核内不均一 RNA（hnRNA）或信使 RNA 前体。真核基因一般含有 8 个内含子，而成熟的 mRNA 是 hnRNA 的 1/10 ～ 1/4，所以真核生物 mRNA 前体的加工一般包括外显子的连接过程以及内含子的切除过程。

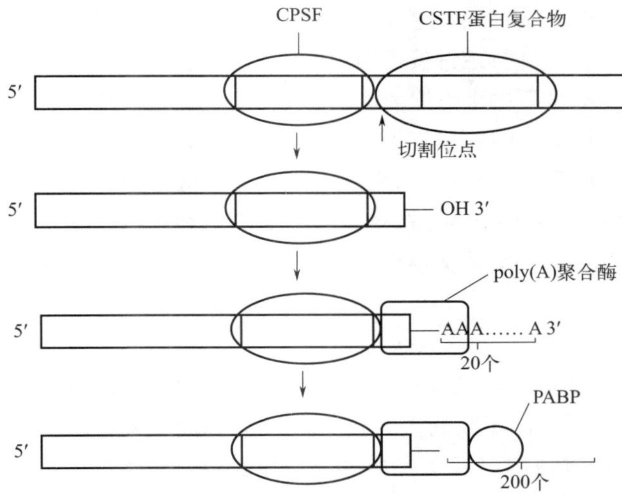

图 2-5　真核生物 mRNA 3′ 加尾过程示意图

2.1.3.2　rRNA 前体的加工

（1）原核生物 rRNA 前体的加工

大肠杆菌主要包括三种 rRNA，分别为 5S rRNA、16S rRNA 和 23S rRNA。tRNA 与 rRNA 的基因共存于一个操纵子（rm 操纵子）中，每个操纵子的 tRNA 位置、种类和数量均不相同，但是三个 rRNA 基因的相对位置是保持不变的，5′ → 3′ 分别是 16S rDNA、tDNA、23S rDNA、5S rDNA、tDNA。

（2）真核生物 rRNA 前体的加工

真核生物 rRNA 包括 5S rRNA、5.8S rRNA、18S rRNA 和 28S rRNA，并且 5.8S rRNA、18S rRNA 和 28S rRNA 能够形成一个转录单元，形成 45S 的前体 RNA。47S 是哺乳动物 rRNA 的最原始转录本，经过处理后能够变成 45S rRNA。

人类 45S 前体 RNA 上的 110 个甲基化位点几乎均位于核糖上，这些甲基化核苷酸序列全部进入成熟的 rRNA 中，18S rRNA 中有 39 个甲基化位点，28S rRNA 中存在 74 个甲基化位点。以上甲基化位点可能是核酸酶的识别标志，能够指导 rRNA 进行前体加工。

2.1.3.3　tRNA 前体的加工

tRNA 的初始转录本通常包含一些相同的拷贝，并且多余的核苷酸均在 3′ 和 5′ 端，有的 tRNA 存在内含子。转录后首先在核酸酶的作用下对 3′ 和 5′ 端多余的核苷酸和内含子序列进行剪切，随后核苷酸转移酶将 CAA 序列加在 tRNA 的 3′ 端，最后对 tRNA 中一些特殊部位的碱基进行修饰。

2.1.3.4　转录后调节

（1）可变剪接与反式剪接

① 可变剪接　高等真核生物基因中通常含有多个内含子，在拼接的过程中，一个内含子的 5′ 拼接点在特殊情况下会连接另一个内含子的 3′ 拼接点，以达到删除这两个内含

子之间所有外显子和内含子的目的，这种拼接方式被称为可变剪接。可变剪接是在一定的生理条件下或细胞类型中改变特定拼接点的剪接，主要包括以下 3 种：拼接点的活化或弱化；拼接点碱基的突变造成原拼接点的消除；加尾信号序列的消除以及拼接点的活化。

② 反式剪接　反式剪接主要是依赖不同来源的 mRNA 前体分子的底物，经过剪接，在成熟 mRNA 的 5′ 非编译区拼接上一段剪接前导序列（SL）或小外显子片段，该片段是由其他的基因进行编码。不同 mRNA 前体分子之间的剪切和拼接对新蛋白质的进化起到加速作用，该现象仅存在于少数种类细胞中，说明其可能是一种古老细胞进化所遗留的修饰方式。

（2）RNA 编辑

mRNA 转录后发生的插入、缺失或核苷酸替换被称为 RNA 编辑，从而改变了 DNA 模板的原始遗传信息，翻译出不同的蛋白质。RNA 编辑的结果可以扩大遗传信息，这可能是生物适应不同环境采取的自我保护措施。向导 RNA（gRNA）是线粒体内转录的短 RNA，5′ 末端以正常碱基配对或以 G-U 方式和 mRNA 上的互补序列组成双链，可为去除或插入 U 提供模板，gRNA 的 3′ 端存在 5 ～ 25 个寡聚 U，主要是为 mRNA 提供 U 或接纳 mRNA 去除的 U。

（3）RNA 的输出调节

细胞核中可降解大约 50% 的 RNA，能够转运到细胞质中的 RNA 大约占 RNA 合成总量的 1/12，其余大部分滞留在细胞核中。只有细胞质中的 mRNA 才能与核糖体结合，发挥功能，指挥蛋白质的合成。真核基因的 mRNA 经过加工、剪接及修饰变为成熟分子，才能被转运出细胞核。细胞核的输出与剪接体的形成之间存在竞争关系，以防止没有加工完全的 mRNA 输出错误。核输出的特定信号存在于 mRNA 5′ 的帽子结构中，该信号可以被帽子结合蛋白识别，在载体蛋白的协助下，以核糖核蛋白（RNP）的形式通过核孔复合体输出。

2.2　基因表达调控

基因表达的本质是遗传信息的转录和翻译，主要是因为细胞的一切代谢活动都是由蛋白质分子参与并控制完成的，而核酸分子编码决定蛋白质结构和合成时序的信息，表现为核苷酸的特定序列。生物遗传信息的表达在个体生长发育过程中按照一定的时序发生变化（时序调节），并随着环境的变化而不断地修正（环境调控）。基因的表达调控主要发生在翻译水平或转录水平。原核生物的染色体和基因组结构较真核生物简单，主要体现在转录和翻译过程可以发生在同一时间和空间，基因的表达调控主要发生在转录水平上。而真核生物拥有细胞核结构，因此转录和翻译在时间和空间上被隔开，并且在完成转录和翻译后均有复杂的信息加工过程，而各个水平上均可以发生基因表达调控。

2.2.1　原核生物基因表达调控

原核生物细胞结构简单，其为单细胞生物，没有明显的细胞核结构。原核生物的生长发育主要受到周围环境的影响。它们能够在各种复杂的环境条件下生存，主要是因为在长期进化中培养了高度适应性和高度应变能力。原核生物能够不断地依据周围环境变化而调节各种基因表达，快速合成自身所需的生物大分子或立即停止合成和降解不需要的成分，以此来适应环境的变化，如物理、化学以及营养条件的改变。基因表达的调控也就是在不同时期和条件下对基因表达进行开启或关闭。基因表达的调控是多方位的，主要是因为其表达需要经过较多的步骤而每一过程都可以进行调控。通常，转录调控是较为常见的调控类型，该调控对于生物体最有效，转录后调控出现在基因转录为 mRNA 以后的所有调控中，其中，最基本的是翻译调控。

2.2.1.1 转录调控

（1）概论

① 操纵子　DNA 上的一段区域被称为操纵子，包含一个或几个结构基因以及转录所需的顺式作用元件。

② 激活物与阻遏物　调节基因产物（调节蛋白）控制操纵子。一些调节基因产物结合在启动子的 −35 区，相互作用于启动子的 RNA 聚合酶，推动操纵子的转录，该类物质被称为激活物。操纵子的操纵基因也会结合相应调节蛋白，阻碍 RNA 聚合酶的通过，随即关闭操纵子的转录，该物质被称为阻遏物。

DNA 与激活物或阻遏物能够直接结合，均具有 DNA 结合蛋白的统一结构——螺旋-转角-螺旋（H-T-H）结构，以此识别 DNA 的特定区域。

③ 效应物　阻遏物和激活物的活性有时取决于某一小分子物质，该小分子物质被称为效应物。此外，效应物可以结合激活物和阻遏物，使得其具有生物活性，从而阻遏或激活操纵子的转录。效应物包括两种，其中一种为诱导物，可以结合激活物或阻遏物启动操纵子的转录，另一种是辅阻遏物，可以结合阻遏物从而阻断操纵子转录。

④ 正调控与负调控　正调控是指调节蛋白不存在时基因关闭，而加入这种调节蛋白后能够开启基因的表达活性。与此相反，负调控也就是调节蛋白不存在时基因开启，而加入这种调节蛋白后关闭基因的表达活性。正调控是激活物对操纵子的作用，负调控是阻遏物对操纵子的作用。随着环境条件的改变，一些调节蛋白的作用也会随之改变，一种环境下为阻遏物，另一种环境条件下可能会成为激活物。若调节蛋白的激活物变为阻遏物，DNA 的结合位点也会随之发生改变。

（2）衰减子调控系统

色氨酸操纵子中，去阻遏条件下的转录起始频率是阻遏状态下基因转录的 70 倍，而在去阻遏条件下色氨酸酶系统的酶浓度是阻遏状态下的 700 倍，说明另一个控制基因表达的系统存在于色氨酸操纵子中，该调控系统称为衰减子系统。在色氨酸不存在的情况下，所有转录色氨酸操纵子系统的 RNA 聚合酶都可以通过衰减子，进行正常转录；当色氨酸存在时，大部分 RNA 聚合酶（90%）无法通过衰减子而被“扣留”，会有一部分 RNA 聚合酶（10%）能够通过阻遏蛋白而起始转录。

除色氨酸以外，其他负责氨基酸合成的操纵子也都受到衰减子系统的调控，特别是组氨酸操纵子，衰减子是其唯一的调控系统。由于这些操纵子中能引起核糖体停顿的密码子较多，所以需要一个以上的核糖体停顿在这一连串的密码子上才能实现有效地去阻遏。当前导肽翻译作用不存在时，转录必定在衰减子处终止。

（3）环磷酸腺苷（cAMP）调控

细菌为了生存和繁衍，必须适应环境的变化，如温度、水分、养分和 pH 等。细菌的生存环境能够为细菌的生长和繁殖提供所需的碳源和能源，但是构建细胞组分所需的能量和物质必须通过自身的各种生化反应获得。细菌必须具备可以有效关闭和开启某些特定生化反应途径的调控系统，以适应生存环境的改变，而且调控系统还能同时调节大量的操纵子，这一过程被称为细胞的全局性调节机制。截至目前，科学研究工作者仅对 cAMP 的调控机制较为清楚。

2.2.1.2 转录后调控

（1）反义 RNA 调控

反义 RNA（antisense RNA）按照作用机制可以分为三类：第一类反义 RNA 直接作用于靶 mRNA 的 SD 序列以及部分编码区，可以直接抑制翻译或者与靶 mRNA 结合形成双链 RNA，较易被 RNA 酶Ⅲ降解；第二类反义 RNA 直接作用于靶 mRNA 并且与非编码区结合，能够引起 mRNA 构象的变化并且抑制翻译；第三类反义 RNA 对靶 mRNA 的转录起到抑制作用。这里提及的翻译水平的反义 RNA 主要是第一类和第二类反义 RNA。核糖体无法翻译双链 RNA，因此反义 RNA 与 mRNA 能够特异性互补结合，从而抑制 mRNA 翻译。原核生物基因表达调控的一种方式是利用反义 RNA 控制 mRNA 的翻译。

在大肠杆菌外膜蛋白基因表达变化与渗透压关系的试验中，Mizuno 等人发现渗透压可以调节大肠杆菌的外膜蛋白（outer membrane protein, Omp）OmpF 和 OmpC。当渗透压较高时，OmpF 合成受到抑制而 OmpC 合成增多；当渗透压较低时，OmpF 和 OmpC 的总量保持不变，但是 OmpF 的合成增多而 OmpC 合成受到抑制。反义 RNA 具有专一性且对基因表达的抑制作用比较完全。

（2）mRNA 二级结构对翻译的调控

mRNA 的二级结构影响 mRNA 与核糖体相互结合的过程，因此其在翻译水平上实现了对基因表达的调控。以大肠杆菌单链 RNA 噬菌体为例进行说明。

大肠杆菌单链 RNA 噬菌体 R17 包括四个基因，分别为 *A* 基因（编码附着蛋白）、*CP* 基因（编码衣壳蛋白）和 *rep* 基因（编码 RNA 复制酶）三个基因序列以及一个编码裂解蛋白的基因。其中，*A*、*CP* 和 *rep* 三个基因序列极为相似，顺序从 5′ → 3′ 分别为 *A*、*CP* 和 *rep*。第四个编码裂解蛋白的基因序列与 *CP* 和 *rep* 基因重叠。当 R17 噬菌体的 RNA 进入寄主细胞后，逐渐形成了局部的双链二级结构，这时 *A* 和 *rep* 基因核糖体的结合位点处于二级结构中，仅有 *CP* 基因核糖体的结合位点处于二级结构之外，因此能够被核糖体识别合成衣壳蛋白（CP）。*rep* 基因核糖体结合位点处的二级结构被 *CP* 基因的翻译过程打开，*CP* 基因开始翻译的同时 *rep* 基因也开始翻译，由此合成 RNA 复制酶。若 CP 蛋白浓度超过一定范畴后，CP 蛋白和 *rep* 基因的核糖体结合位点结合，关闭 *rep* 基因的翻译过程。当 RNA 复制酶合成以后，与寄主的延伸因子 Tu、Ts 和核糖体蛋白（S1）相互结合而形成 RNA 复制酶复合体，随后噬菌体 RNA（正链）作为模板进行复制，形成负链 RNA，然后以负链 RNA 为模板合成大量的正链 RNA。在合成正链 RNA 初期，与 *A* 基因核糖体结合位点互补的序列还没有被复制，而 *A* 基因的核糖体结合位点此时处于游离状态，与核糖体结合后，*A* 基因才得以翻译。当与 *A* 基因核糖体结合位点互补的序列复制出后，局部互补的双链结构得以形成，阻止核糖体的结合，关闭 *A* 基因的翻译。通常，复制一个正链 RNA 就可以合成 1 ～ 2 个 A 蛋白，而每一个成熟的噬菌体仅含一个 A 蛋白分子，由此可见这种调控是非常经济有效的。

（3）mRNA 半衰期对翻译的调控

一般情况下，大多数原核生物 mRNA 的半衰期仅有 2 ～ 3min，但细菌中不同 mRNA 的半衰期存在很大差异，不同 mRNA 的降解速度也不同，并且降解不是随机发生的，而是核糖核酸酶 RNase Ⅲ和 3′-外切核酸酶共同作用的结果。3′-外切核酸酶的降解均受到 mRNA 中终止子结构及其类似发夹结构不同程度的阻碍。mRNA 半衰期的影响因素同样影响基因的表达。

相关研究发现，不依赖于 ρ 因子的终止子可以增强 mRNA 的稳定性。通过进一步的基因融合试验发现，这一类终止子结构也可以增强融合基因 mRNA 的稳定性，由此可见终止子结构具有双重生物学意义，一是决定转录是否终止，二是可以决定 mRNA 的寿命，但是也有一些不依赖于 ρ 因子的终止子结构并且具有不稳定的 mRNA，表明影响 mRNA 稳定性的因素较为复杂。

（4）核糖体、rRNA 和 tRNA 合成的调控

① 核糖体蛋白合成自体调控　核糖体蛋白的合成过程可以在翻译水平实现自体调控。一般情况下，当 rRNA 充足时，核糖体蛋白操纵子所合成的核糖体蛋白首先结合游离的 rRNA，组装为核糖体颗粒；当 rRNA 缺乏时，核糖体蛋白操纵子中的基因产物可以结合自身 mRNA 翻译初始区（TIR），该操纵子的翻译将受到抑制（图 2-6）。

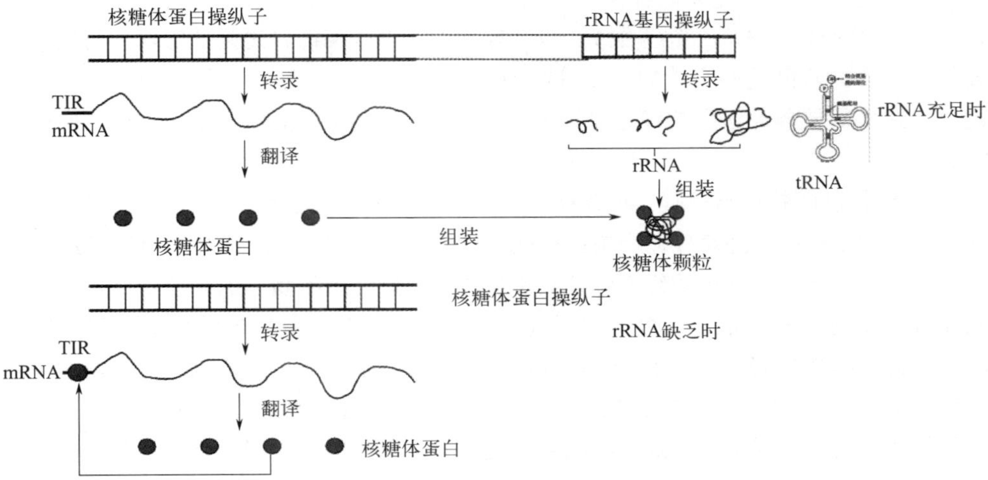

图 2-6　核糖体蛋白翻译水平的自体调控示意图

② rRNA 和 tRNA 合成的调节　大肠杆菌中 tRNA 和 rRNA 的合成调控至少需要两种类型，一种是生长速率调节型，另一种是严紧控制型。生长速率调节型发生于细胞在丰富的介质中快速生长时，因此具有较多的 tRNA 和核糖体，然而该调控的机制尚不清楚。当环境中缺乏某一种氨基酸，并且细胞也无法合成时，就会造成细胞对这种氨基酸的“饥饿”，当翻译过程中的核糖体移到该氨基酸密码子时，核糖体的翻译将会停止。严紧控制型就是 tRNA 和 rRNA 与蛋白质的合成相互耦联，也就是当一种氨基酸缺乏时就会造成

tRNA 和 rRNA 的合成停止。

以下内容为严紧控制型的机制。某种氨基酸的缺乏会造成细胞对该氨基酸产生“饥饿”，就会造成运输氨基酸的 tRNA 发生空载现象，无法与延伸因子 EF-Tu 结合并且进入核糖体的 A 位点，若核糖体能够停留较长的时间，空载 tRNA 也能够进入核糖体 A 位点发生空转反应，即 GTP 被不断消耗而无法形成新肽键。核糖体上的 RelA 蛋白被 A 位点的 tRNA 激活，因此合成鸟苷四磷酸（ppGpp）。细胞中含有一种 SpoT 蛋白，其生物功能是对 ppGpp 进行降解。当细胞因某种氨基酸缺乏造成“饥饿”时，SpoT 蛋白的活性受到抑制，导致 ppGpp 在细胞中累积，关闭 tRNA 和 rRNA 的合成。目前，ppGpp 对 tRNA 和 rRNA 的合成调节机制尚不清楚。

2.2.1.3 其他调控机制

（1）反馈机制

① 反馈抑制　反馈抑制（feedback inhibition）是指某一生物合成途径的终产物与该途径的第一个酶结合，对该酶的活性产生抑制，从而使这一生物合成途径被阻断。有机体内终产物的反馈抑制影响其生物合成的过程，对环境条件变化所引起的生物体反应而言，该调节方式比转录调控更灵敏有效。

色氨酸合成的过程中，当终产物色氨酸的浓度达到某一水平时，即可与该途径的第一个酶邻氨基苯甲酸合成酶相结合，对该酶产生抑制作用，阻断色氨酸的合成。当该氨基酸浓度降至一定水平，色氨酸与邻氨基苯甲酸合成酶脱离，酶活性得以恢复，色氨酸的生物合成继续进行。在研究大肠杆菌细胞过程中发现，存在缬氨酸-异亮氨酸的反馈抑制，缬氨酸与异亮氨酸均由同一途径合成。当缬氨酸的浓度较高时，过量的缬氨酸可以结合该途径的第一个酶乙酰乳酸合成酶（ALS），酶活性被抑制，阻断其生物合成，使得异亮氨酸缺乏，造成需要异亮氨酸的细胞“饥饿”，当培养基中无法提供充足的异亮氨酸时，细胞将会死亡。

② 反馈抑制的特征与机制　反馈抑制具有三个特征：生物代谢途径的终产物和其类似物具有反馈抑制作用；通常代谢合成途径的第一个酶受到抑制；反馈抑制具有可逆特性。

反馈抑制物（代谢途径的终产物及其类似物）可以结合酶蛋白的调节中心，促使酶蛋白发生构象变化，丧失催化活性，阻断代谢途径。当反馈抑制物的浓度降低到一定水平时，反馈抑制物将与酶蛋白分子分离，恢复酶蛋白具有催化活性时的构象，代谢途径才得以继续。这种在催化活性中心以外结合小分子物质而发生活性改变的蛋白质称为变构蛋白，变构酶则为具有反馈抑制效应的酶类，变构效应物是能够与变构蛋白相互结合的小分子物质。

（2）基因表达的时序调控

时序调控是指原核生物在生长发育的每个阶段，其基因表达都是按照一定顺序完成的。基因表达可以促进生物有机体更加充分地利用能源，防止浪费，还可以防止某些基因不恰当表达所造成的危害。

一般情况下，基因表达的时序调控是在转录水平上发生的，在蛋白因子与 RNA 聚合酶相互作用的条件下实现。主要包括以下 4 种途径。

① 调节蛋白取代 RNA 聚合酶 σ 亚基，对核心酶进行协助以识别特定的启动子；

② 调节蛋白替代 σ 亚基，并对 RNA 聚合酶的核心酶进行修饰；

③ 调节蛋白使现存的 RNA 聚合酶失活，代替新的 RNA 聚合酶；

④ 影响 RNA 聚合酶与转录因子的相互作用，调节基因的时序表达。

2.2.2 真核生物基因表达调控

2.2.2.1 染色质水平调控

有无细胞核为真核生物与原核生物最主要的区别。真核生物拥有细胞核结构，且占到真核细胞的 10% 左右，核内的基因组 DNA 以线性分子形式存在。核内 DNA 与组蛋白结合形成的染色质结构是真核生物的另一个重要特征，其基本单位为核小体。染色质包括异染色质和常染色质，其中异染色质是高度密集的状态，而常染色质拥有较为松散的结构，此外，大约 10% 是更为开放的疏松状态（活性染色质）。真核生物在染色质水平上存在基因表达的独特调控，且决定因子是异染色质和常染色质在结构水平上的差异。

（1）活性染色质

当染色体是活性状态时无法进行基因转录，主要是因为染色质此时被高度压缩，缩小为原来的 1/40 ～ 1/50，呈螺线管状态。当染色质纤维仅被压缩为原来的 1/6 并处于疏松状态时，则参与形成核小体结构，染色质呈活化状态，才可以结合转录因子形成转录起始复合物，有利于 RNA 聚合酶沿着模板运动。染色质由活化状态向非活化状态转变是可逆的，并且具有过渡状态。

① 活性染色质的结构特征　活性染色质具有以下结构特征：组蛋白 H1 的含量略低；核心组蛋白 H2A、H2B、H3 以及 H4 的含量不变，但均处于高度乙酰化态；H2B 很少被磷酸化；处于组蛋白 H3 第 110 位的半胱氨酸（Cys）巯基暴露出来并且保持相对稳定。脱氧核糖核酸酶（DNase Ⅰ）的超敏感位点存在于活性染色质中，其具有组织特异性。相关研究表明，每个能够活跃表达的基因或者具有转录潜能而没有转录的基因都至少拥有一个类似的超敏感位点，并且大部分位于 5′ 启动子区域，有可能是转录因子、调节蛋白和 RNA 聚合酶的结合位点。实际上，超敏感位点是一段 100 ～ 200bp 的开放染色质区域。核心组蛋白八聚体的解离在超敏感位点上完成，此时 DNA 序列得以暴露，容易遭到核酸酶的攻击。超敏感位点可以作为基因转录的必要条件。

② 组蛋白的修饰　组蛋白 H1 具有以下三种功能：稳定核小体的结构；确定核小体的方向；将单个核小体组装成染色质纤维。H1 通过保持染色质的高级结构进行基因转录抑制。当活性染色质对 H1 的亲和力下降时，H1 的含量随之降低。在细胞有丝分裂过程中，H1 组蛋白高度磷酸化，而每个分子中有 5 ～ 6 个丝氨酸（Ser）磷酸化，并且分裂后的磷酸化程度大幅降低，直至下次分裂间期或早前期可以再次达到高峰。H1 的磷酸化造成与 DNA 之间的亲和力下降，随之染色质疏松，染色质达到活化状态。

活性染色质处于高度的乙酰化状态，并且乙酰化位点不是随机的，主要是核心组蛋白中赖氨酸（Lys）残基上 ε-氨基乙酰化。修饰底物的主要成分是组蛋白 H3 和 H4，其乙酰化具有类似于 DNA 旋转酶的活性。乙酰辅酶 A 作为供体，在组蛋白乙酰转移酶的作用下，可以将乙酰基转移到 Lys 残基上，使得核心组蛋白与 DNA 之间的亲和力下降，核小体间的 DNA 能够产生较多的负超螺旋，从而较容易与核小体分离，这更有利于与转录因子的结合。同时，乙酰化也可以使得相邻核小体间的聚集程度降低，促使染色质处于疏松状态。核小体的乙酰化是可逆的，并且乙酰化和去乙酰化作用十分活跃，而乙酰化的平均时间大约仅有 10min。

③ 活性染色质与基因表达　染色质 DNA 作为真核基因转录的模板，以其是否处于活化状态决定 RNA 聚合酶能否进行有效的转录。

相关研究表明，核小体连接区 DNA 电荷的中和可以加速核小体的螺旋化，从而形成压缩状态。染色质中核小体的结构处于两种动态平衡中：一是核小体聚集，二是解聚为 H2A-H2B 二聚体和 H3-H4 四聚体。这一动态平衡受到外界诸多因素的影响，如连接区组蛋白、装配蛋白和转录因子。

缠绕在核小体中的 DNA 具有某个基因的增强子和启动子时，核小体的相位将会对基因的调控产生重要的局部反馈。核小体的定位可以促进顺式作用元件结合某一特定的反式作用因子。此外，DNA 在组蛋白八聚体表面的旋转定位也可以促使组装在核小体上的 DNA 顺式作用元件与反式作用因子有效结合。反式作用因子的主要作用就是对阻遏性染色质结构进行破坏，并且对转录起始复合物的 TATA 框利用效率造成影响。序列特异的核小体相位对远距离调控元件之间的联系能够起到促进作用，主要是利用 DNA 的缠绕功能促使较远的顺式作用元件互相接近，产生特殊的空间结构，从而增强基因转录的活性。

（2）核基质

真核生物的细胞核由核膜、核仁、染色质、核纤丝和核基质组成。核基质是以蛋白质为主的网架体系，主要包括结合蛋白、核基质蛋白、DNA 拓扑异构酶Ⅱ和 RNA 等。基因组 DNA 通过富含 AT 的附着区附着于核基质上。果蝇基因组 DNA 的不同位置都存在着可以与核基质特异连接的附着区，而成簇的 DNA拓扑异构酶Ⅱ的酶切位点位于附着区附近。拓扑异构酶Ⅱ可以促进 DNA 双螺旋结构的解旋以及形成 DNA-RNA 杂交体。其他研究表明，附着区不仅存在于富含 AT 的基因间隔区，而且存在于转录区，有时一个或数个基因位于两个相邻的附着点之间。核基质可能拥有募集多种转录因子的功能，促使 RNA 聚合酶沿着游离 DNA 环转录，直到被下游的另一个附着区所捕获，转录又一次重新开始。

Blobel 提出了核基质调控基因表达的模型，主要是基因启动子定位于核孔复合物中，在核基质的协调下可以使得转录因子识别特异基因的启动子，启动与核孔复合物相连基因的转录。相关研究发现，在核基质上固定的基因调控区拥有组织特异性，其可以促进特定基因的表达。启动子区处于连接点的附近，可以缩短 RNA 聚合酶与游离 DNA 的距离，并移动至启动子区，起始转录。

（3）DNA 的甲基化

① 基因组 DNA 的甲基化　在基因转录调控过程中，DNA 甲基化在真核生物中所起的作用要比在原核生物中所起的作用重要得多。实际上，真核生物基因组的甲基化是一个动态修饰过程，甲基化的程度由甲基化酶和去甲基化酶一同调控。

研究发现，动物基因组中大约有 2% ～ 7% 的胞嘧啶（C）能够进行甲基化修饰，大部分的甲基化发生在 CpG 二核苷酸对中。完全甲基化是 CpG 二核苷酸对中的两个 C 都被甲基化，若该核苷酸对中仅有一个 C 被甲基化，则被称为半甲基化。通过维持性甲基化酶以实现甲基化的特征遗传，其以甲基化的 DNA 链为模板，在与互补链对应的位置（CpG）进行甲基化修饰，促使子代细胞恢复其亲代细胞的甲基化状态。DNA 甲基化的状态主要包括三种：高度甲基化的非活化状态；去甲基化酶在特定发育时期或特定组织中发生去甲基化；一直处于低水平的甲基化状态，并且具有一定的转录活性。大量研究发现，基因是否处于活跃状态直接影响着甲基化的程度。通常甲基化的基因一般处于非活跃状态，而未甲基化的基因一般表现出活跃状态，基因活跃状态被人们称为甲基化不足。活跃基因的甲基化不足可能出现在转录区，也有可能出现在基因的间隔区。

同一组织细胞的 DNA 甲基化处于同一位置，并且甲基化 CpG 二核苷酸对在 DNA 复制多代后还能保持 DNA 的甲基化状态，而初始没有被甲基化的 CpG 二核苷酸对不能被甲基化，表明半甲基化的 CpG 二核苷酸对可以作为甲基化酶的作用位点。

② 基因组印记与异染色质化 试验发现哺乳动物一些等位基因的性状表达由于基因来源不同而展现出差异。某些情况下，基因表达仅限于一种亲系来源，即父本或母本基因，这种方式被称为基因组印记。DNA 的甲基化也是基因组印记产生的主要原因。基因组印记是可逆的，带有亲代基因组印记的子代个体在形成配子时，偶尔会进行重新修饰而消除了原有的印记，形成新的印记。

异染色质化可以造成异染色质区域的基因丧失转录活性，是在更大范围内调节基因表达的一种方式。异染色质化包含两个重要的特征：一是组蛋白 H3、H4 N 末端区域的乙酰化水平较低；二是 CpG 二核苷酸对的高度甲基化。这是抑制异染色质区域基因转录活性的重要原因。

③ DNA 甲基化与基因表达调控 与基因特异表达的一些组织相比，非表达组织中的甲基化 CpG 程度相较于活化基因附近的明显要高，表明 CpG 的甲基化程度与基因的表达呈负相关。甲基化 CpG（mCpG）中的甲基延伸至 DNA 双螺旋结构的大沟中，会影响 DNA 与结合蛋白之间的相互作用，可能加强阻遏物与 DNA 的结合能力，也可能降低激活物与 DNA 的结合能力。mCpG 上的甲基改变了 DNA 构象，影响了 DNA 结合蛋白与 DNA 特定序列之间的结合。

通过抑制转录来实现 DNA 甲基化对基因表达的调控。转录的抑制程度受到 mCpG 密度和启动子强度的影响，并且这两个因素之间的平衡对某一基因转录的状态起着决定性作用。

2.2.2.2 转录调控

（1）真核基因转录调控的复杂性

真核生物基因转录调控要比原核生物复杂得多，主要有以下 5 个原因：①染色质结构是由核 DNA 与组蛋白相互结合而成，而基因转录是发生在活性染色质中，这就增加了基因转录调控的复杂性；②由于真核基因为单顺反子结构，因此每个基因表达都具有独特的调控模式；③通常多亚基复合物由真核细胞的反式作用因子形成并参与转录调控，不同的 DNA 序列可以结合同一反式作用因子，同一 DNA 序列也可以与不同的反式作用因子结合；④复合物通常是由多个反式作用因子结合而成，达到互相促进和干扰的目的，形成了基因转录调控的多样性；⑤真核基因的表达一般存在多重调控。

（2）基础转录调控

核心启动子与基础转录因子结合后启动的转录过程称为基础转录。该过程依靠各种基础转录因子之间的相互作用，按照一定的空间顺序组装转录起始复合物，从而启动基因的转录。其中，TFⅡD 是基础转录的重要因子，TFⅡD 是由 TBP 和至少 8 种 TBP 相关因子（TAF）组成。TBP 和 TATA 框的相互结合作为基因转录的开端。调节蛋白对转录起始复合物的组装有一定的影响，但是调节蛋白对基因转录的调控依靠 TFⅡD 复合物。仅有少数调节蛋白可以与 RNA 聚合酶Ⅱ直接产生作用，而大多数调节蛋白必须通过特异的 TAF 实现基因转录水平的调控。TAF 主要是基础转录复合物结合介导反式作用因子的调节区。转录的不同时期和阶段，激活因子-TAF-基础转录因子参与转录初始复合物的组装和转录的动态进程。一些负调控因子可与 TAFⅡ-150 等作用进行转录负调控。由此可见，TAF 作为真核基因转录调控的辅助因子，分别参与了转录的正调控和负调控。

（3）真核基因转录调控机制

① 顺式作用元件和反式作用因子　真核基因的顺式作用元件按照功能不同可以分为启动子、增强子和沉默子，按照转录起始位点距离远近可以分为近端顺式元件和远端顺式元件。相比于增强子，启动子可以作为近端顺式元件，但启动子本身又包含近端核心启动子元件和远端上游启动子元件。

反式作用因子可以直接或间接结合顺式作用元件的核心序列，从而影响调控基因转录效率，如阻遏蛋白和转录因子等。反式作用因子的基本结构包括 DNA 结合结构域、转录激活域以及其他蛋白结合结构域，DNA 结合结构域包括 4 种基本结构：①螺旋-转角-螺旋（helix-turn-helix, H-T-H）结构，具有该结构的蛋白质因子通常以二聚体形式在 DNA 双螺旋相邻的两个大沟中结合；②锌指（zinc finger）结构，其中锌为活性结构的一部分，锌指结构家族的蛋白一般通过 α 螺旋结合 DNA 的双螺旋大沟；③亮氨酸拉链（leucine zipper, ZIP）结构，该结构的蛋白质因子也是以二聚体的形式结合 DNA；④螺旋-环-螺旋（helix-loop-helix, H-L-H）结构，其具有与 ZIP 类似的 DNA 结合结构，ZIP 或者 H-L-H 结构都至少包含一个 α 螺旋，而两性 α 螺旋结构域包含以亲水性氨基酸残基组成的亲水面和以亮氨酸为主体组成的疏水面。

转录激活域主要包含 3 种特征性结构，即带负电荷的 α 螺旋结构（酸性激活区）、富含谷氨酰胺的结构和富含脯氨酸的结构。

② 顺式作用元件和反式作用因子的相互作用　转录的起始调节在基因表达调控的各个环节中最为重要。首先，反式作用因子凭借其两性 α 螺旋结构（ZIP 和 H-L-H）生成同源或异源二聚体，然后以特异二聚体的形式辨别并结合核心启动子，通过各因子间的协同促进或干扰抑制作用实现对基因转录的调控。

研究发现，调控元件中回文序列和串联重复序列说明反式作用因子的二聚体形式可能是作用于 DNA 序列的重要方式。

③ 可诱导的顺式作用元件　可诱导基因的顺式作用元件对基因转录的激活主要有 3 种方式，分别为激活物的激活、阻遏物的失活以及激活与失活同时作用，见图 2-7。

④ 组织特异性的顺式作用元件　不同细胞中转录因子的有效浓度与顺式作用元件的亲和力均不相同。一些蛋白质因子的氨基酸序列不同，但是在不同的条件下可以结合相同的顺式作用元件，主要是因为它们含有某种保守结构域。这些蛋白质因子可以借助不同部位或不同阶段细胞中各自相对浓度不同以及对 DNA 序列的亲和力不同，适时调节发育阶段或组织的特异性基因表达。

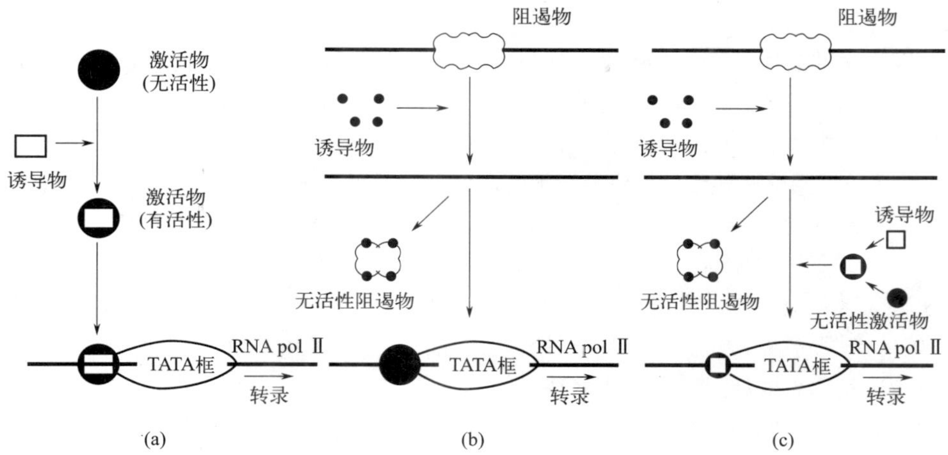

图 2-7 可诱导基因的转录激活示意图

（a）激活物的激活；（b）阻遏物的失活；（c）激活与失活同时作用

免疫球蛋白（Ig）基因只有在 B 细胞中表达，并且在类淋巴细胞分化的特定阶段被激活，其表达具有高度的组织特异性。Ig 基因表达过程中通常需要 3 个 DNA 序列，即 Ig 启动子、B 细胞特异的增强子和特异的转录后调控信号序列。Ig 八核苷酸序列（ATTTGCAT）分别存在于增强子和启动子中，可以与两个相同的非组织特异性蛋白质因子相互结合。B 细胞特异的增强子不仅包含 Ig 八核苷酸序列，而且包括 4 个与 CAGGTGGC 有关的核心序列，它们能够与不同的蛋白质因子结合。其中，增强子的核心序列决定着 Ig 基因表达的组织特异性。细胞中普遍存在着可以与 Ig 基因增强子和启动子结合的蛋白质因子，但是只有在 B 细胞中这些蛋白质因子才可以被修饰成活性形式，结合 DNA 序列，激活 Ig 基因的转录。

2.2.2.3 转录后调控

转录作为基因表达的第一步，其产物需要经过一系列的加工和处理才能成为成熟的 mRNA，然后在载体蛋白的协助下，以核糖核蛋白颗粒的形式输出细胞核，执行下一步遗传信息的传递过程——翻译。发生在转录过程以后的基因表达被称为转录后调控。

基因转录产生的RNA可以与细胞核内的蛋白质立即结合以形成核糖核蛋白颗粒。其中，mRNA 的 5′ 加帽、3′ 加尾、剪接、编辑等过程均是以核糖核蛋白颗粒的形式实现。各种不同的遗传信息和蛋白质均是 mRNA 在可变剪接和反式剪接的条件下形成的。RNA 编辑也是在一定程度上修改了原本 DNA 的遗传信息，通过指导下一步的翻译过程来形成不同的蛋白质。因此，RNA 不同形式的剪接和编辑是基因表达的一种重要调控机制。

2.2.2.4 有关基因的表达调控机制

（1）细胞分化基因的表达调控

① 胚胎细胞分化 细胞分化是指来源相同的细胞通过分裂逐渐形成形态、结构和功能上稳定性差异的过程。多细胞生物的细胞分化由时间分化和空间分化组成。时间分化是指不同发育阶段细胞所处的不同状态，空间分化是指不同部位细胞之间的差异。细胞分化

在胚胎发生期最为明显并且能够贯穿于高等生物的整个生活史。

在发育早期阶段，每个胚胎细胞均有发育成各种类型组织细胞的潜力，该细胞被称为全能细胞。随着发育的进行，细胞的发育潜力逐渐受到限制，具体的表现形式为每种胚层细胞只能发育为本胚层的组织器官，但这种细胞仍拥有发育成不同表型的功能，该细胞被称为多能细胞。最终多能细胞逐渐分化为专能稳定型细胞。细胞分化的普遍规律是全能性→多能性→专能性的发展趋势。当细胞形成三个胚层后，该细胞便具有了向某一特定方向分化的功能，该变化过程称为细胞决定。细胞决定后，细胞便继续沿着决定后的方向进行分化，细胞的这种分化能力是具有遗传稳定性的。细胞在某一特定的条件下也是可以发生改变的，这一过程被称为转决定。从一种特定的遗传状态转变到另外一种遗传状态的具体表现称为转决定的突变结果。在发生转决定过程的组织中，突变细胞和正常细胞均存在，由突变细胞构成并和原组织具有不同结构的，被称为同源异型突变，则相应的突变体为同源异型突变体。

② 胚胎发生期的基因表达　卵受精后开始快速卵裂，该阶段 DNA 的合成较为旺盛，并且组蛋白 H1 的 mRNA 被大量合成。分裂卵细胞核过程涉及大量合成的 DNA 和组蛋白。胚囊在初期开始形成合子 mRNA，中期合成 4S rRNA 和 5S rRNA，并且 4S rRNA 的数量快速增多。4S rRNA 和 5S rRNA 的合成水平在原肠时期较为接近，此外 rRNA 的合成也逐渐增多。上述表明胚胎发生期的基因转录表达是有序可循的。个体发育的复杂性和细胞分化的复杂性表明多种基因的有序进行受到层次系统的控制。

③ 分化细胞基因表达的基本状态　成体组织的分化细胞的合成有 2 种方式，一种是已经分化的细胞分裂形成两个相同的子细胞，另一种是由未分化的干细胞形成。生物有机体内的干细胞有 2 种发育方式，一是继续作为干细胞，二是最终分化成不同功能的细胞。

基因差异表达的结果是细胞分化。特异性产物是由特异性基因表达产生的，促使来源相同的细胞产生形态结构和功能的差异。基因表达在细胞分化的过程中存在 3 种基本状态：a. 管家基因的持续表达；b. 一些染色体上部分基因的持续失活；c. 基因的特异性表达，主要包括发育阶段的特异性表达和组织特异性表达。

④ 细胞分化的基因调控机制　细胞分化基因表达主要由两个水平调控来实现：一是转录和转录后加工，二是翻译和翻译后加工。

a. 转录和转录后加工。细胞分化过程中基因的表达状态与DNA甲基化紧密相连。然而，持续表达的管家基因中 DNA 的甲基化水平较低，持续失活基因的 DNA 甲基化水平较高，特异性表达基因的 5′ 端区域甲基化水平较低。管家基因和特异性表达基因均含有 DNA 酶Ⅰ（DNase Ⅰ）超敏感位点，而该位点区域 DNA 甲基化水平较低。研究发现，具有特异 DNA 序列的甲基化对基因转录过程具有抑制作用。

基因转录调节的顺式作用元件存在于基因的启动子中，如 TATA 框和 CAAT 框等。如果 TATA 框缺失，那么转录的起始位点就无法确定，因此 TATA 框是最为重要的调控元件。增强子作为一种顺式作用元件可以大大提高基因的转录效率。某些组织的特异性表达基因和同类基因串联成簇，并且在基因簇 5′ 上游端拥有决定组织特异性的增强子，具有活性染色质结构。特异蛋白和沉默子相互结合可以起到抑制基因转录的效果。上述调控元件和反式作用因子是参与基因表达调控的重要因子，并且活性结构域都拥有特定的结构，如 H-T-H、亮氨酸拉链和锌指结构等。

基因种类和所处状态的差异也会影响细胞分化基因转录的调控机制。核小体在 DNA 甲基化程度较低的区域能够发生构象改变，可以结合高迁移率的组蛋白。DNA 序列与反式作用因子结合可以抑制 H1 的聚集，其他一些反式作用因子可以与核小体结合除去组蛋白，该进程有利于 DNA 进一步结合其他反式作用因子。DNA 拓扑异构酶首先与之结合，随后形成转录起始复合物起始转录。

外显子不同的剪接或者利用不同多腺苷酸的位点可以使得基因转录后形成两种以上的 mRNA，该成熟 mRNA 被选择性地输出细胞核，指导相关蛋白质合成。这些处于不同时间和空间的细胞将会产生不同的蛋白质，表现出发育阶段和基因组织的特异性表达。

b. 翻译和翻译后加工。血红素分子可以调节珠蛋白的合成。翻译起始因子 eIF-2 磷酸化后可以紧密结合 GTP 再循环因子，该结合会造成 eIF-2 失活，抑制翻译的起始过程。在血红素充足的条件下，过量的血红素可以与蛋白激酶结合使之失活，eIF-2 的磷酸化受阻，翻译能够正常运转。

选择性地对 mRNA 进行降解是翻译水平基因调控的一种机制。细胞中 3′ 非翻译区（3′-UTR）的结构差异可能会造成不同 mRNA 的稳定性不同。一些 mRNA 可以存储在卵母细胞中，受精后对胚胎的早期发育起到调节作用。铁蛋白和转铁蛋白均含有铁调节蛋白的识别区域，在铁缺乏的情况下，铁蛋白 mRNA 的翻译由于该蛋白与 mRNA 的结合而受到抑制，并且可以稳定转铁蛋白 mRNA 以防降解。

翻译后调控是指对翻译出来的不具有活性的前体蛋白进行加工处理和运输定位，生成拥有一定生物功能的活性蛋白质，随即被送至指定位置发挥功能。

（2）程序性细胞死亡相关基因的表达调控

① 程序性细胞死亡　程序性细胞死亡（programmed cell death, PCD）是多细胞生物发育过程中，细胞受到内在基因控制，从而通过主动生化过程发生自杀死亡的现象。

研究人员通常认为程序性细胞死亡和凋亡是同等概念，可以相互使用，但在严格意义上来说它们具有不同的现象。程序性细胞死亡作为功能上的概念，描述了一个多细胞生物体中某些细胞的死亡是该个体发育过程中预定的、受严格程序控制的组成部分。细胞凋亡是形态学的概念，主要是指有着一整套形态学特征并且与坏死完全不同的细胞死亡形式。

② 程序性细胞死亡与个体发育　每一种生物体都是有生命的。构成生物组织的细胞在新陈代谢和生死存亡过程中都具有有规律的程序化过程。动物发育过程中，程序性细胞死亡是动物存活的需要，是生命活动过程中不可或缺的组成内容，并且贯穿于整个生命过程。若程序性细胞死亡的规律被打破，生物体的正常发育可能会受到影响，甚至无法存活。

③ 程序性细胞死亡相关基因的表达调控　多细胞生物中程序性细胞死亡存在一定的规律，并且受死亡信号的调节，该死亡信号存在于细胞中，也就是说程序性细胞死亡是受基因控制的。

2.3　生物大分子

一个生物大分子，无论是蛋白质、核酸还是多糖，在发挥生物功能时需要具备两个前提：一是具有特定的空间结构，即三维结构；二是结构和构象在其发挥生物学功能的过程中必定发生变化。结构分子生物学主要是研究大分子特定空间结构和结构运动变化及其生物学功能关系的学科，主要包括以下三个主要研究方向：①结构的测定；②结构运动变化规律的探索；③结构与功能的相互关系。传统上研究三维结构和运动规律的方法主要有X射线晶体学（又称蛋白质晶体学）和二维或多维核磁共振。目前，更多的研究人员利用冷冻电子显微术探究生物大分子的空间结构。

2.3.1 核酸的组成与结构

核酸（nucleic acid）作为生物细胞中重要的大分子化合物之一，其上附带着大量的遗传信息，主要在生物个体生长发育、繁殖、遗传和变异等生命活动中扮演着重要的角色，并且是分子生物学的研究对象之一。随着分子生物学的迅速发展，核酸是生物科学研究的核心，因此作为揭示生命过程的重要切入点。

核糖核酸（ribonucleic acid, RNA）和脱氧核糖核酸（deoxyribonucleic acid, DNA）是存在于自然界中的两种核酸。DNA 携带的大量遗传信息是主要的遗传物质，在一些不含 DNA 的病毒中，RNA 就作为主要的遗传物质。此外，DNA 与 RNA 存在的位置不同，前者主要存在于细胞核中，后者主要存在于细胞质中。核苷酸是核酸的基本组成单位，核苷酸是由核苷和磷酸组成，而戊糖和碱基共同组成核苷（图 2-8）。

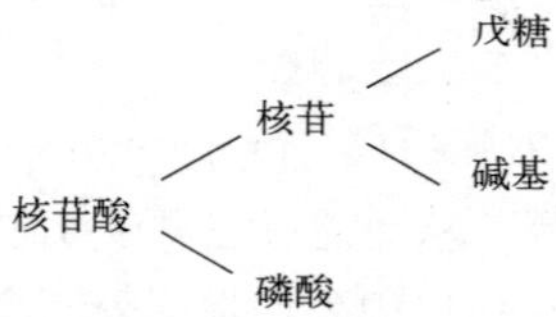

图 2-8　核苷酸的组成

2.3.1.1 戊糖

戊糖为呋喃糖，呈环状结构，主要有呋喃核糖和脱氧呋喃核糖两种（图 2-9）。

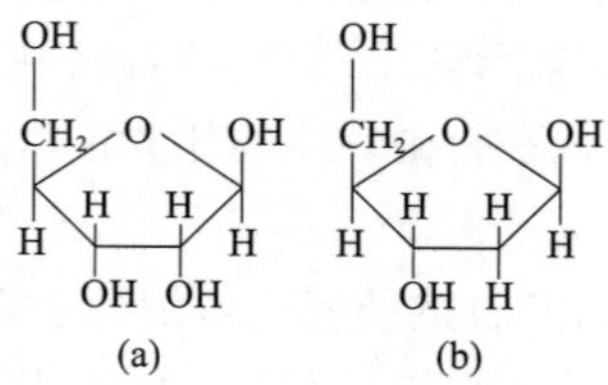

图 2-9　戊糖示意图

（a）呋喃核糖；（b）脱氧呋喃核糖

2.3.1.2 碱基

核酸的碱基主要分为两大类，嘌呤类碱基和嘧啶类碱基。嘌呤类碱基包括腺嘌呤和鸟嘌呤两种，并且为双环结构。嘧啶类碱基主要包括胸腺嘧啶、胞嘧啶以及尿嘧啶三种，并且为单环结构。其中，胸腺嘧啶存在于 DNA 中，而尿嘧啶存在于 RNA 中。五种碱基的结构如图 2-10 所示。

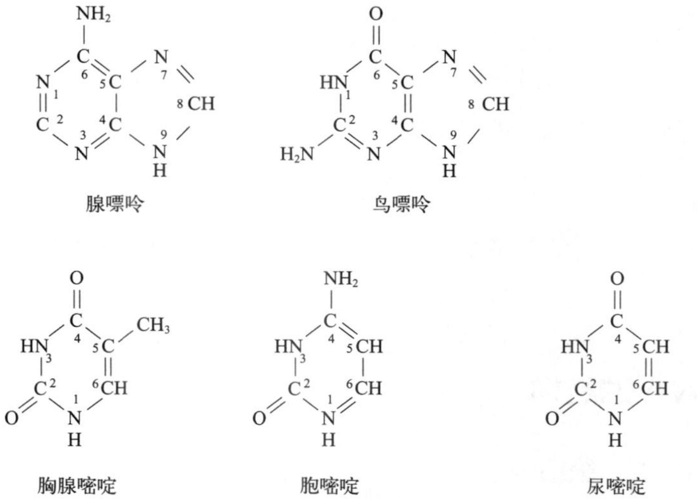

图 2-10　碱基结构示意图

2.3.1.3　核苷

核苷是戊糖的第一个碳原子与碱基通过糖苷键（N-C 键）连接而成。如图 2-11 所示，戊糖的第 1 位碳原子连接嘌呤碱基的第 9 位氮原子，或者与嘧啶碱基的第 1 位氮原子相连。

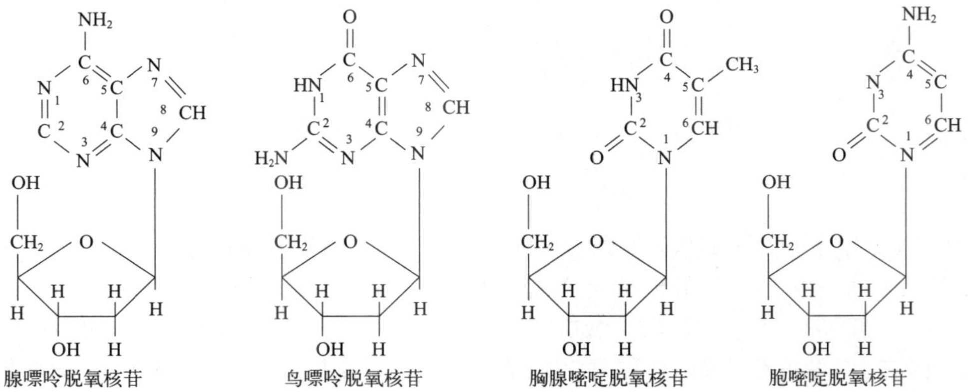

图 2-11　四种脱氧核苷结构示意图

2.3.1.4　核苷酸

核苷酸（nucleotide）是由核糖上的羟基和磷酸基团发生酯化反应而生成，包括脱氧核糖核苷酸和核糖核苷酸。生物有机体内游离的核苷酸为 5′-核苷酸，5′-磷酸基团进一步磷酸化，生成 5′-二磷酸核苷酸和 5′-三磷酸核苷酸（图 2-12）。

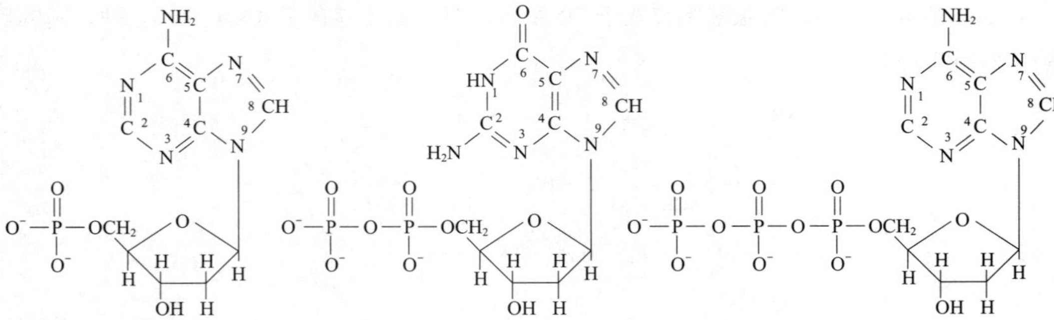

脱氧腺苷一磷酸(dAMP)　脱氧鸟苷二磷酸(dGDP)　脱氧腺苷三磷酸(dATP)

图 2-12　三种核苷酸结构示意图

2.3.2 DNA 的结构

2.3.2.1　DNA 的一级结构

DNA 的一级结构是指 DNA 分子中核苷酸的排列顺序，也称为碱基顺序（图 2-13）。核苷酸序列包含了生物体绝大部分遗传信息，同时具有基因表达和调控等功能，还对生物体的三维形态发育和整个生命周期中复杂的动态过程起着控制作用。核苷酸序列的差异造成遗传信息和遗传效应不同，因此 DNA 一级结构是生物遗传特征和结构基因组的基础。

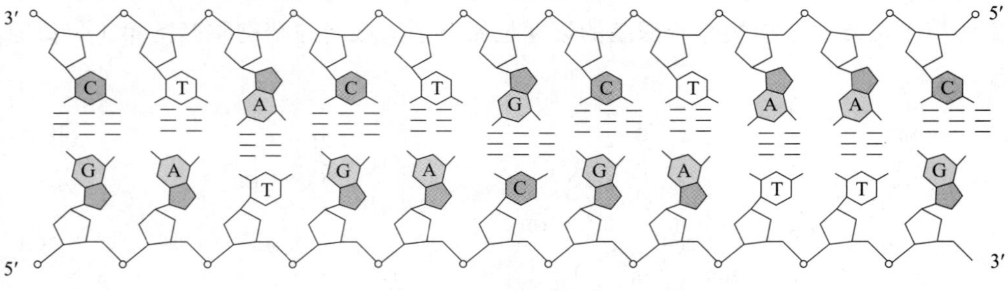

图 2-13　DNA 一级结构示意图

DNA 分子是四种脱氧核苷酸通过磷酸二酯键连接形成的长链高分子多聚体。相邻脱氧核苷酸之间是由 3′-羟基和 5′-磷酸基团经过脱水合成的 3′, 5′-磷酸二酯键相连，而 DNA 分子两端核苷酸的 3′-羟基或者 5′-磷酸基团没有参与形成 3′, 5′-磷酸二酯键，而是游离出 3′-羟基或者 5′-磷酸基团，分别被称为 3′-羟基端（3′ 端）或者 5′-磷酸端（5′ 端）。一条核苷酸通常由 5′ 端到 3′ 端，从左向右表示为 5′pApGpC…pTpC3′，一般简化为 5′pAGC…TC3′。

2.3.2.2　DNA 的二级结构

（1）Watson-Crick 右手双螺旋结构

1953 年 4 月，Watson 和 Crick 提出了 DNA 的右手双螺旋结构模型，标志着分子遗传学和以之为核心的分子生物学的建立。这一发现并不是偶然的，而是许多科研工作者长期艰苦细致工作的结晶。DNA 双螺旋结构模型的基本特征如图 2-14 所示。

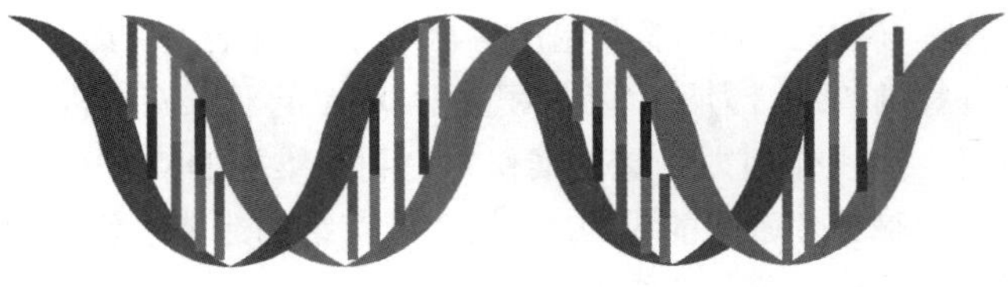

图 2-14　DNA 双螺旋结构示意图

① 右手双螺旋结构是 DNA 分子中两条脱氧核糖核苷酸以反向平行的方式绕一公共轴组成，并且螺旋直径为 2.0nm；

② 螺旋骨架由脱氧核糖和磷酸基团构成，位于双螺旋结构的外侧；

③ 双螺旋的内侧为碱基，并且碱基平面与螺旋轴呈垂直状态，两条链中处于对应位置的嘧啶和嘌呤碱基以其疏水并且近于平面的环形结构密切接近，依靠氢键连接，称为碱基互补配对（base pairing），而互补配对规律为 A∶T、G⋮C；

a. 相邻碱基对之间的距离为 0.34nm，每一个螺旋内包含 10 个碱基对，螺距 3.4nm；

b. 双螺旋的表面形成两条凹槽，一条为宽而深的大沟，一条为窄而浅的小沟，其中大沟对功能蛋白识别 DNA 双螺旋结构上的特定信息起着重要的作用。

（2）双螺旋结构的决定因素

维持 DNA 双螺旋结构的因素主要包括氢键、碱基堆积力和磷酸基团的静电斥力等。

① 氢键　互补链上对应碱基之间能够形成氢键是 DNA 双螺旋结构的重要特征之一，A 和 T 之间形成两个氢键，G 和 C 之间形成三个氢键，其中互补碱基之间的氢键合成与 DNA 的许多性质有着密切的联系。

一般情况下，DNA 双螺旋结构中的氢键处于不断断裂和复合的热平衡状态。氢键的一个突出特点是有方向性，若供体原子、受体原子和氢原子在同一条直线上，此时氢键最强。DNA 分子中，相邻碱基之间的堆积力恰好为互补碱基间形成最强氢键提供了有利条件。

② 碱基堆积力　碱基堆积力是 DNA 分子中各个碱基对之间的纵向作用力，它是由芳香族碱基 π 电子之间的相互作用造成的。目前，研究者们一致认为碱基堆积力是稳定 DNA 二级结构最重要的影响因素。事实上，氢键、疏水作用力和碱基堆积力是相辅相成的，其中氢键维持着 DNA 两条链的连接，疏水作用力能够使得碱基成簇，促使碱基芳香环的环面相互靠近，形成碱基堆积，从而稳定 DNA 的双螺旋结构。碱基堆积过程中，中间的碱基比两端的更加稳定，并且两端的碱基越多，中间的碱基也就越稳定。

③ 疏水作用力　多种取代基的杂环芳香化合物位于核酸分子中的碱基上，因此具有很强的疏水性。由于碱基有规则地排列，DNA 分子在水溶液中产生了较强的疏水作用，从而对 DNA 双螺旋结构起到了稳定作用。若在 DNA 溶液中加入甲醇等极性调节剂，甲醇的亲水性较强，DNA 的熔解温度也会大大降低，因此疏水作用也是促使 DNA 双螺旋结构稳定的重要因素之一。

④ 磷酸基团的静电斥力　每个核苷酸中均存在一个带负电荷的磷酸基团。若这些电子没有被中和，DNA 双链之间强有力的静电斥力将促使两条链分开，当有盐类加入时，呈负电荷的磷酸基团将会被正电离子中和，此时正电离子围绕在磷酸基团周围产生“离子云”，这可以对磷酸基团之间的静电斥力产生屏蔽作用，这就是有名的“Debye-Hückel 离子屏蔽理论”。

⑤ 碱基分子内能 碱基分子内能在温度等因素增加时增大，碱基的定向排列会受到破坏，从而削弱碱基氢键的结合力和碱基堆积力，DNA 的双螺旋结构也会受到破坏。

综上所述，氢键、疏水作用力和碱基堆积力有利于维持 DNA 分子的双螺旋结构，而磷酸基团的静电斥力和碱基分子内能对 DNA 的双螺旋结构造成了负面影响。DNA 分子结构状态就是这些因素之间相互竞争的结果。

（3）双螺旋结构的“呼吸作用”

DNA 链的“呼吸作用”是指 DNA 分子中互补碱基对之间的氢键处于不断断裂和再生的动态平衡过程。

DNA 分子中位于碱基上的氨基是能够形成氢键的一个基团，当甲醛存在时，甲醛可以与 DNA 碱基上处于自由状态的氨基发生反应，DNA 将会发生不可逆的变性，这种反应只会在互补碱基之间氢键断裂形成自由氨基时发生。因此，通过甲醛的变性试验可以证明 DNA 双螺旋结构的“呼吸作用”。DNA 分子中有充足的 A∶T 节段时，双螺旋结构的“呼吸作用”更为明显，常形成瞬间的单链泡状结构，该现象对一些转录因子结合 DNA 链并且阅读附在其上的遗传信息起着重要的作用。

（4）双螺旋结构的多态性

Watson 和 Crick 发现 DNA 双螺旋结构是 B 型双螺旋，B 型双螺旋是 DNA 分子在水性环境和生理条件下最稳定的结构，其是在生理盐溶液中抽出的 DNA 纤维在 92% 相对湿度环境中通过 X 射线衍射图谱推测而来。后来研究发现，DNA 的结构呈动态变化。当相对湿度为 75% 并且以钠、钾或者铯为反离子时，DNA 的 X 射线衍射图谱是 A 构象。DNA-RNA 杂交和 RNA-RNA 双链结构也都为 A 构象。在 A-DNA 的构象中，每个螺旋拥有 11 个碱基对，并且大沟会变窄变深，小沟会变宽变浅，蛋白质对 DNA 分子的识别也会发生改变。C 构象是在相对湿度 66% 的环境条件下，以锂为反离子进行测定，但目前无法说明生物有机体内 C-DNA 构象的存在。D 和 E 构象仅仅适用于缺少 G≡C 碱基对的 DNA 分子。

1979 年，Wang 和 Rich 等人对六聚体 d（CpGpCpGpCpG）单晶的结构进行了研究，发现了一种全新的左手双螺旋结构，这种构象被称为 Z 构象，主要是因为其脱氧核糖 -磷酸骨架按照“之”字形由一端伸向另一端。不同 DNA 双螺旋构象的特征如表 2-2 所示。

表 2-2 不同 DNA 双螺旋构象的特征

结构特征	构象				
	A-DNA	B-DNA	C-DNA	D-DNA	Z-DNA
螺旋手型	右手螺旋	右手螺旋	右手螺旋	右手螺旋	左手螺旋
碱基间距 /nm	0.29	0.34	0.33	0.30	0.35（G∶C） 0.41（C∶G）
螺距 /nm	3.2	3.4	3.1	—	4.6
每轮碱基数 / 个	11	10	9	—	12
碱基倾角 /（°）	13	−2	6	—	9
碱基夹角 /（°）	32.7	36.0	38.0	45.0	−51（G∶C） −9（C∶G）
小沟 /nm×nm	1.10×0.28	0.57×0.75	0.48×0.79	0.13×0.58	窄而深
大沟 /nm×nm	0.27×1.35	1.17×0.85	1.05×0.75	—	不存在

核苷键在 A-DNA 和 B-DNA 等右手螺旋构型中呈反式构象。嘧啶和嘌呤的核苷键在 Z-DNA 中分别为反式构象和顺式构象。Z-DNA 中位于嘧啶上的核苷键离开小沟向外挑出，而处于嘌呤上的核苷键向小沟一边弯转，该链中嘌呤和嘧啶的交错排列造成核苷键的顺式构象和反式构象的交替排列，从而 Z-DNA 的主链呈“之”字形（图 2-15）。

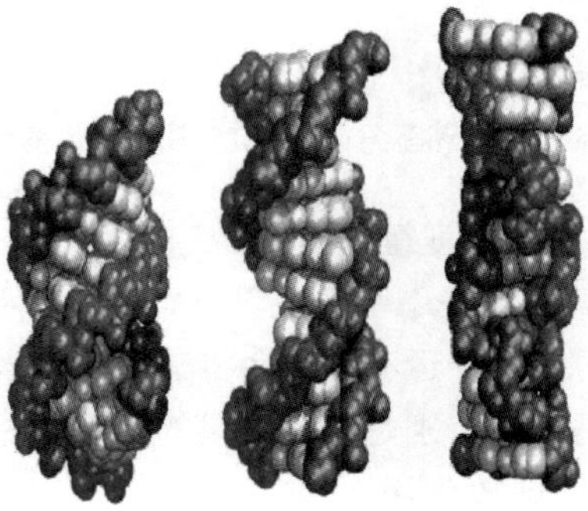

图 2-15　A-DNA、B-DNA 和 Z-DNA 构象示意图

20 世纪 80 年代，研究人员发现了由 A∶T 碱基对形成的 P-DNA、碱基取反式构象和 $C_{2'}$-内式折叠。随后，人们又发现 dA、dU、d（GA）和 d（GGA）都可以形成平行双螺旋。近年来研究发现，果蝇基因组中某些平行互补的序列在体外能够形成 P-DNA。若真核细胞中拥有大量的 d（GGA）序列，那么多聚的 d（GGA）就能够形成平行的双螺旋结构。有人推测这种结构可能参与基因重组过程。

在不同条件下以及具有特殊序列结构时 DNA 构象的多态性才呈现出来，表明 DNA 是一个可以变化的动态分子，多变构象为其丰富的生物学功能奠定了基础。

（5）DNA 的变性与复性

① DNA 变性　多数情况下，天然状态的 DNA 都是拥有规则的双螺旋结构，但是当它们受到外界环境的影响时，如加热或在某些试剂的作用下，处于互补碱基对之间的氢键和邻近碱基间的碱基堆积力遭到破坏，此时 DNA 分子也将逐渐转变为无规则的线团状构型，即变性状态，DNA 链为单链结构。变性是指从天然状态到变性状态之间的转变，也叫熔解。使 DNA 变性的常见方法有热变性和碱变性。

热变性应用非常广泛，尤其是关于变性动力学的研究，其变性机制是天然 DNA 或者双链 DNA 在加热过程中，两条链之间的氢键断裂导致两条链分离，从而形成无规则的线团构型。但是在加热过程中，磷酸二酯键的断裂破坏了整条链的完整性，得到的 DNA 单链长度可能不一样。碱变性不存在这一缺点，其变性机制是在高 pH 的环境条件下，嘌呤的分子结构从酮式转变为烯醇式（图 2-16）。

在其他化学试剂如尿素和甲酰胺存在的情况下，可以使得水溶液中的氢键遭到破坏，DNA 二级结构的稳定性被削弱，DNA 和 RNA 可在中性 pH 条件下变性。

② DNA 复性　变性 DNA 能够在适当的条件下使得两条分离的单链重新发生碱基配对，使得 DNA 的双螺旋结构恢复，该过程被称为复性或退火。

复性受许多因素的影响，并不是简单的将两条单链进行缠绕的过程。首先是从 DNA 单链分子无规则的碰撞运动开始，该过程是随机发生的，单链 DNA 分子间的碰撞概率和

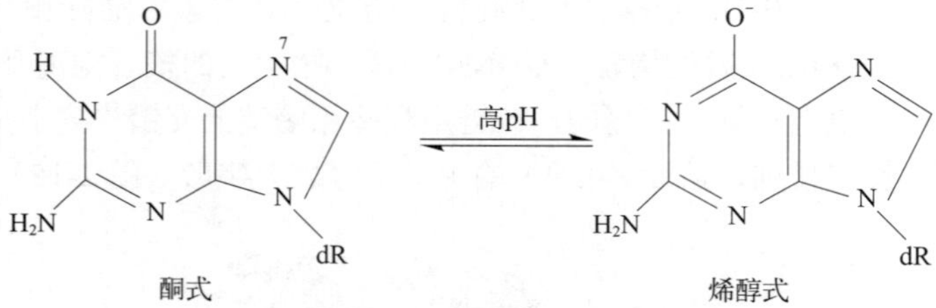

图 2-16 嘌呤碱基分子结构的烯醇式转变示意图

DNA 的浓度、离子强度以及溶液温度等因素有着密切联系。碰撞运动是随机发生的，可能导致两条单链间非对应的某一小段碱基形成氢键，但由于链上大部分碱基均不能互补，因此这样形成的氢键都是暂时的，热运动很快会将其瓦解。当发生配对的部分碱基相互靠近时，一般是 10 ～ 20 个碱基对，特别是具有充足的 G∶C 的节段可以首先形成氢键，合成一个或几个双螺旋核心，即成核作用（nucleation），随之两条单链的其余部分也会快速形成氢键成为双螺旋结构，即拉链作用（zippering）。分子碰撞过程是复性的主要影响因素。研究人员发现，一般情况下，没有完全变性的 DNA 分子的复性较快，主要是因为复性过程中不需要碰撞过程，一个完全变性的 DNA 分子经过几个小时才能复性。复性的 DNA 分子可能不是原有的互补链，其中大多数复性的 DNA 分子都是杂合双链。

DNA 链发生复性时必须有 2 个基础条件：①高盐条件，在离子强度较高的情况下，两条链中磷酸基团所带的负电荷可以被中和，消除静电斥力，一般采用 0.15 ～ 0.50mol/L 的氯化钠；②适当的高温，适宜的温度条件将会破坏随机形成的链内氢键，但温度不宜过高，否则将会无法形成和维持稳定的链间碱基配对，通常复性过程中使用的温度比 DNA 的熔解温度低 20 ～ 25℃。

在分子生物学研究过程中，DNA 复性的应用非常广泛，如聚合酶链式反应中引物与模板的退火、核酸的分子杂交等。

2.3.2.3 DNA 的三级结构

在一、二级结构的基础上进一步卷曲折叠而成的另一种复杂空间立体结构称为 DNA 的三级结构，主要包括连环体和超螺旋等拓扑构型。其中，超螺旋是 DNA 三级结构中的一种主要形式，并且负超螺旋在自然界中具有普遍性。

（1）DNA 的超螺旋结构

DNA 超螺旋结构是 DNA 三级结构中最为常见的形态。DNA 双螺旋在解旋或者增旋过程中产生的张力促使 DNA 分子的内部原子位置发生重新排列，造成 DNA 分子本身发生卷曲，这种卷曲被称为超螺旋（supercoil）。存在缺口的双链 DNA，两端会再增加或减少几个螺旋后封闭，形成的张力无法随着链的转动而去除，仅能驱使环状分子旋转扭曲，造成原子的位置重新排列，通过形成超螺旋结构进行补偿。通过解旋形成的是右手超螺旋，被称为负超螺旋（negative supercoil）。通过增旋形成的是左手超螺旋，被称为正超螺旋（positive supercoil）。

DNA 超螺旋包括双链闭合环状 DNA 形成的超螺旋和螺线管式超螺旋两种形式。虽然线状 DNA 和环状 DNA 在体内均可以形成超螺旋，但由于条件的限制，在 DNA 分子的分离制备过程中，无法固定线性 DNA 的两端，得到的 DNA 内部张力已经被释放，因此天然状态的线状 DNA 分子超螺旋结构就无法合成。由于环状 DNA 分子在体外容易保留超螺旋状态，因此一般用来研究 DNA 超螺旋结构的性质。

真核生物的 DNA 和组蛋白八聚体组成核小体结构，同样存在负超螺旋，但该负超螺旋和在溶液中的负超螺旋形式之间存在差异，手性也不同。

（2）DNA 拓扑异构酶

DNA 拓扑异构酶（DNA topoisomerase）是指每个细胞内都存在使得 DNA 产生超螺旋的酶，因此细胞内 DNA 的超螺旋结构是被精确调节的。DNA 超螺旋的产生均是 DNA 拓扑异构酶作用的结果。原核生物中，负超螺旋主要是由 DNA 促旋酶（DNA gyrase）引至双链闭合环状的 DNA 分子中，该过程需要水解 ATP 提供能量。真核生物中，染色质的结构造成了 DNA 的负超螺旋，因为组蛋白八聚体外部缠绕的 DNA 分子方向较利于 DNA 向着松弛的方向转变。同时，DNA 拓扑异构酶也参与了核小体的组装过程。

DNA 拓扑异构酶分为Ⅰ型拓扑异构酶和Ⅱ型拓扑异构酶两大类。Ⅰ型拓扑异构酶对单链 DNA 的亲和力比双链高，因此Ⅰ型拓扑异构酶能够识别负超螺旋 DNA 分子，因为一些单链区通常存在负超螺旋 DNA，负超螺旋与Ⅰ型拓扑异构酶的作用呈正相关。DNA 链的断裂和重新连接是通过Ⅰ型拓扑异构酶的催化来完成的，每次只作用于单链，催化瞬间该链断裂，切口一端围绕未切割的链旋转一周，再对切口进行重新连接。该类 DNA 拓扑异构酶每次发挥作用可以改变的 DNA 分子拓扑连环数为 1，并且不需要能量辅因子（ATP 或 NAD）。Ⅱ型拓扑异构酶能够同时断裂并且连接双股 DNA 链，并且需要 ATP 的存在，该类 DNA 拓扑异构酶每次发挥作用可以改变的 DNA 分子拓扑连环数为 2。Ⅱ型拓扑异构酶又包括 2 个亚类，其中一个为 DNA 促旋酶，主要是引入负超螺旋，在 DNA 复制过程中起着重要作用。另一个是对超螺旋 DNA 进行转变使其成为没有超螺旋的松弛形式。

催化反应中，DNA 拓扑异构酶同时具有脱氧核糖核酸内切酶和 DNA 连接酶的功能，但是它们无法对已经存在切口的断裂 DNA 进行连接，它们催化的断裂和连接反应存在耦联关系。

2.3.2.4 DNA 的三链结构和四链结构

（1）DNA 的三链结构

1987 年，Mirkin 等通过酸性溶液中的质粒发现了 DNA 的三链结构，也被称为 H-DNA（hinged DNA）。在 pH 为 4.3 的条件下，通过超螺旋结构的诱导，均聚嘌呤核苷酸 -均聚嘧啶核苷酸片段发生结构的变化，形成新的 DNA 构型——H 构型。H-回文序列（H-palindrome sequence）存在于双链 DNA 中，分子内的三股螺旋结构是由任意一条完整的回文序列与另一回文序列的 5′ 部分或 3′ 部分形成。因此，生物体内存在着 DNA 的三链结构（tsDNA）这一结论被证实。

1990 年，Sklenar 等研究了通过合成的单链 DNA 形成 tsDNA。通过二维核磁共振对合成的 28bp DNA（HD28）在液相中的变化进行了检测，结果发现，pH 为 5.5 时，氢键、亚氨基和未成氢键的 T 亚氨基分别存在 13 个共振峰，pH 为 8.0 时，存在 4 个 A∶T 和 3 个 G∶C 亚氨基共振峰。研究表明 HD28 随着溶液 pH 的变化，单链、双链和三链结构发生变化。HD28 分子的 1 ～ 7 位是均聚嘌呤段，12 ～ 18 位是均聚嘧啶段，这两段的碱基通过互补配对形成发夹结构，8 ～ 11 位的 4 个 C 形成 C 环，22 ～ 28 位的均聚嘧啶段借助自身的回折镶嵌到发夹状双螺旋 DNA 大沟中，同 1 ～ 7 位的均聚嘌呤段同向平行并且形成碱基配对，19 ～ 21 位的三个 T 形成 T 环（图 2-17）。因此，三链 DNA 是通过氢键维持的。

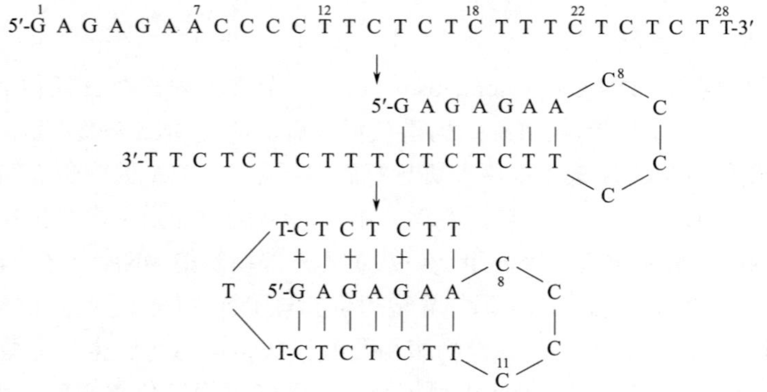

图 2-17 HD28 形成 tsDNA 的示意图

近年来，研究发现真核生物染色质中的 H-回文序列存在于基因的调控区和染色质的重组部位，这些部位对 S1 核酸酶的敏感度较高，因此这些区域有可能含有 H-DNA 构型。相关试验证明，真核细胞的染色体能够与 tsDNA 的单克隆抗体结合，表明 H-DNA 依旧存在于真核细胞染色体中。

此外，同型聚嘌呤（Hpu）和同型聚嘧啶（Hpy）序列存在于三链结构的形成区域。三链 DNA 结构包含 Py-Pu-Py 和 Pu-Pu-Py 两种类型。三链区域碱基配对的方式符合 Hoogsteen 模型，即第三链碱基以 G∶C$^+$ 和 A∶T 配对，且 C 必须质子化，可以与 G 形成两对氢键（图 2-18）。第三条链顺着双螺旋卧在大沟中。一般情况下认为三螺旋结构为 A-DNA 构象，主要是因为 A-DNA 构象的大沟较大，有利于第三条链的结合。

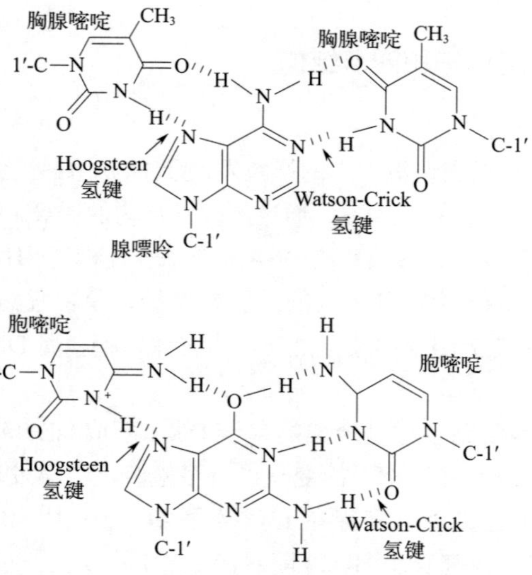

图 2-18 tsDNA 中 T∶A∶T 和 C$^+$∶G∶C 三联碱基对

三链 DNA 结构具有以下 3 种作用。

① 控制基因转录　通过引入寡聚核苷酸合成三链结构并且作用于启动子和转录子，达到调节基因转录的目的。近年来，已经有实验室利用这一手段针对癌症和艾滋病等疑难病症展开治疗。

② 防止酶切　一些位点形成三链结构后具有防止酶切的作用，但是这种防护作用具有可逆性，若调节溶液条件使得寡聚脱氧核苷酸和靶序列解离，则酶切的特异性位点重新恢复。

③ 分子“剪刀”作用　引入的寡聚核苷酸末端与化学试剂连接，形成三链结构。三链可以通过氧化作用断裂产生特异性片段。寡聚核苷酸拥有更高的精确性和专一性，因为其通常在 10bp 以上，比限制性内切酶的识别位点更长。

（2）DNA 的四链结构

通常，5 ～ 8bp 的短核苷酸序列串联可以重复构成染色体端粒 DNA 的 3′ 末端，并且富含鸟嘌呤残基。通过 X 射线衍射和核磁共振分析发现，包含（T/A）$_m$G$_n$（m=1 ～ 4，n=1 ～ 8）序列的单链 DNA 能够形成分子间或分子内的四螺旋结构，因为端粒的这种结构是由鸟嘌呤（G）间的氢键组成，所以称为 G-四联体（G-quadruplex）。

Hoogsteen 的氢键环接使得四个鸟嘌呤形成一个正方形平面，组成 G-四联体。每个鸟嘌呤都可以作为氢键的供体和受体。如图 2-19，G-四联体的中心存在由 4 个带负电的羰基氧原子围成的“口袋”，其是为了与阳离子的位点进行配位结合。G-四联体连续堆积如图 2-20 所示，经过折叠可以形成双分子间四联体螺旋、分子内四联体螺旋和四分子间四联体螺旋以及更高级的结构。

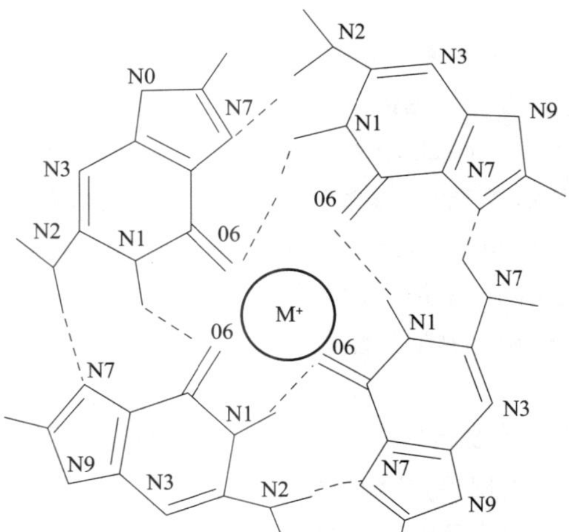

图 2-19　G-四联体结构（M$^+$ 为金属阳离子）

G-四联体 DNA 在动力学和热力学上都非常稳定，主要是依赖于配位阳离子的类型，与“口袋”内径相互匹配的离子才能够较好地与 G-四联体相互作用，其中，单价离子稳定作用大小的顺序依次为 $K^+>Na^+>Cs^+>Li^+$。然而，G-四联体结构的生物学功能目前处于推测阶段。结合蛋白质与端粒 DNA 形成的复合物，不仅可以保护染色体防止核酸酶被破坏，而且能够防止 DNA 黏性末端裸露发生染色体融合。

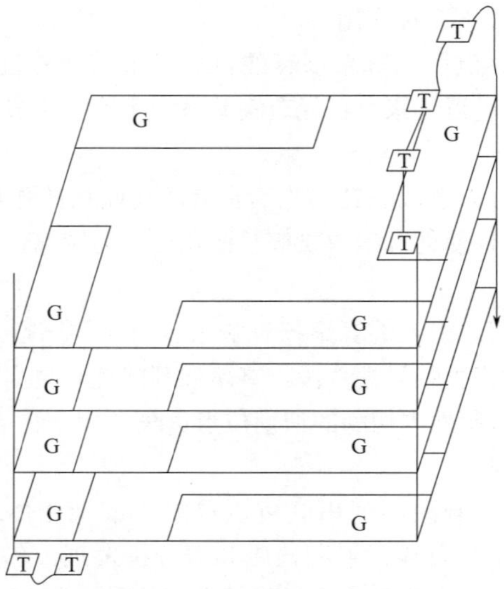

图 2-20 G-四联体结构示意图

2.3.3 RNA 的种类及结构

2.3.3.1 RNA 的种类

RNA 是拥有重要生物学功能的另一种核酸，原核生物中其含量大约为 6%，真核生物中大约为 1.1%。

RNA 种类繁多，并且每种都拥有独特的生物学功能。传统的 RNA 分类依据是其在蛋白质生物合成中的作用，主要有核糖体 RNA（ribosomal RNA, rRNA）、信使 RNA（messenger RNA, mRNA）和转运 RNA（transfer RNA, tRNA）三种类型。随着科学的不断进步，人们又发现了其他种类的 RNA，主要有核酶（ribozyme，具有催化作用的 RNA）、反义 RNA（antisense RNA）、核仁小 RNA（small nucleolar RNA, snoRNA）、核小 RNA（small nuclear RNA, snRNA）等，以上 RNA 在生物学功能上均有着重要且广阔的应用前景。截至目前，在 RNA 的研究中，其结构和生物学功能最明确的仍然是 rRNA、tRNA 和 mRNA。

（1）rRNA

rRNA 分子是核糖体的重要组成部分，具有极其稳定的代谢能力，是生物有机体内蛋白质合成的“机器”。原核生物有 5S rRNA、16S rRNA 和 23S rRNA 三种类型；真核生物有 5S rRNA、5.8S rRNA、18S rRNA 和 28S rRNA 四种类型。rRNA 的大小与含量如表 2-3 所示。

表 2-3 rRNA 的大小与含量

生物种类	rRNA 种类	长度 /bp	分子量	占总 RNA 的比例 /%
原核生物	5S rRNA	120	3.5×10^4	82.0
	16S rRNA	1540	5.5×10^5	
	23S rRNA	2900	1.1×10^6	

续表

生物种类	rRNA 种类	长度 /bp	分子量	占总 RNA 的比例 /%
真核生物	5S rRNA	120	3.5×10^4	50.0
	5.8S rRNA	160	5.0×10^4	
	18S rRNA	1900	6.5×10^5	
	28S rRNA	4700	1.7×10^6	

（2）tRNA

tRNA 的含量仅次于 rRNA，为最小的一种 RNA，并且种类繁多，代谢稳定。主要是在蛋白质生物合成过程中起搬运氨基酸的作用。tRNA 是蛋白质合成过程中的“适配器分子”，一端共价连接着一个氨基酸，依靠反密码子环与 mRNA 上的密码子互补，促使氨基酸能够以正确的顺序连接。

（3）mRNA

mRNA 以 DNA 为模板转录合成，负责将遗传信息携带至核糖体并指导蛋白质的生物合成。不同基因转录的 mRNA 长度存在较大差异。例如大肠杆菌中最长的 mRNA 为 7149nt，最短的是 381nt。酵母Ⅲ号染色体 DNA 转录的最长 mRNA 为 6500nt，而平均为 350nt。mRNA 分子在代谢上极其不稳定，真核生物中半衰期可达几个小时，而原核生物中仅有几分钟，主要是因为真核生物中存在 5′ 帽子结构和 3′poly(A) 尾。

2.3.3.2　RNA 的结构

RNA 均为单链核苷酸多聚体，但是长度存在较大差异。RNA 碱基是由腺嘌呤、鸟嘌呤、尿嘧啶和胞嘧啶以及多种稀有碱基（甲基化碱基）等共同组成。其中，rRNA 中稀有碱基含量约为 0.6% ～ 1.7%，而 mRNA 中稀有碱基含量最少或可能不含稀有碱基，tRNA 中稀有碱基的含量最高，大约占到总核苷酸数的 5% ～ 20%。

一部分螺旋和茎环相间排列的二级结构可以通过自身回折形成，其他分子与 RNA 结合的功能性位点基本位于游离端区或茎环结构环区。三级结构则为二级结构进一步折叠所形成。

（1）mRNA 的结构特征

大多数原核生物基因转录的 mRNA 为多顺反子（polycistron）结构。原核生物 mRNA 上存在着一个非常短的保守序列，即核糖体结合位点（ribosome binding site, RBS），5′-AACAGGAGG-3′，处于起始密码子 AUG 上游，也被称为 SD 序列（Shine-Dalgarno sequence），并且与核糖体小亚基 16S rRNA 3′ 端的 5′-CCUCCU-3′ 序列互补，下游的起始密码子 AUG 定位在核糖体小亚基的 P 位点。

真核生物基因是由内含子和外显子构成，并且大多数为单顺反子（monocistron）结构，为断裂基因。初始转录经过剪切、拼接和处理才能合成成熟的 mRNA。真核生物成熟的 mRNA 5′ 帽子（cap）结构位于编码区开放阅读框（ORF）上游的 5′ 非翻译区（untranslated region, 5′UTR）（也称前导序列），如图 2-21 所示，N^7-甲基鸟苷三磷酸加在了 mRNA 5′ 端的第一个核苷酸处。$m^7GpppXm$ 是 5′ 帽子结构的通式。mRNA 5′ 帽子结构可以提高 RNA 对核糖核酸酶（RNase）的抵抗性，并且是核糖体的识别部位以及翻译所必需的结构，称为“翻译启动子”，加帽 RNA 更易被转移至细胞质中。

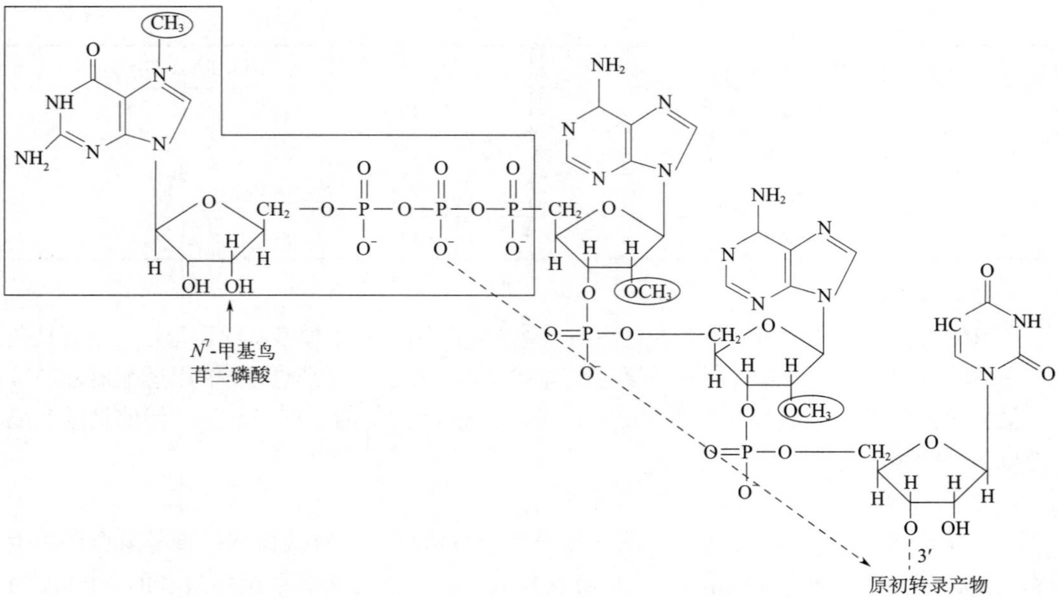

图 2-21　真核生物 mRNA 5′ 端帽子结构示意图

一般情况下，大部分真核生物 mRNA（组蛋白 mRNA 除外）的 3′ 端均包含 100 ～ 200 个腺苷酸残基，组成 poly(A) 尾结构并且处于编码区 ORF 下游的 3′ 非翻译区（3′untranslated region, 3′UTR）。转录结束后，mRNA 还没有离开细胞核时加 poly(A) 尾。通常人们认为 mRNA 3′ 端包含非常保守的 AAUAAA 加尾信号序列。相关研究表明，该序列除第二位 A 保守性较差外，其余碱基具有很强的保守性，出现频率超过 95%。RNA 的稳定性和可转移性受到 3′ 端的多腺苷酸尾影响较大，并且在蛋白质翻译中也起到重要的作用，被称为“翻译加强子”。

（2）tRNA 的结构特征

① tRNA 的一级结构　tRNA 大约占到总 RNA 的 15%，长度约为 54 ～ 96nt，通常情况下为 74 ～ 93nt。

tRNA 在某一位置上主要被一种碱基占据，因此具有一定的恒定特性，而 3′ 端的 CCA（氨基酸臂）为绝对恒定。tRNA 中还包括大量的修饰碱基，数目为 2 ～ 19 个，tRNA 反密码子 3′ 端相邻位置上大部分为甲基化的嘌呤核苷酸，而修饰碱基通常占据反密码子中的第一个核苷酸，出现较为频繁的是次黄嘌呤核苷酸，其可以和 U、C、A 互补。

② tRNA 的二级结构　几乎所有的 tRNA 二级结构都为三叶草型（如图 2-22）。tRNA 主要包含 D 臂（二氢尿嘧啶臂）、反密码子臂、TψC 臂、氨基酸臂和附加臂，其中前四个臂的序列保守性较强，但是附加臂大小不一，可以反映整个 tRNA 分子的大小。

③ tRNA 的三级结构　研究发现，tRNA 分子的三叶草型并不是真实的空间构型，其实际结构非常紧密。利用 X 射线衍射对 tRNA 结晶进行研究，分析发现所有的 tRNA 分子均为倒 L 形（图 2-23）。通过碱基之间的氢键和相邻碱基间的堆积力维持 tRNA 的三维结构，而三级结构中形成氢键的碱基在二级结构中基本没有形成氢键。大多数半保守或保守的碱基参与了三级结构的形成，可能造成 tRNA 分子的空间结构相同。tRNA 的三级结

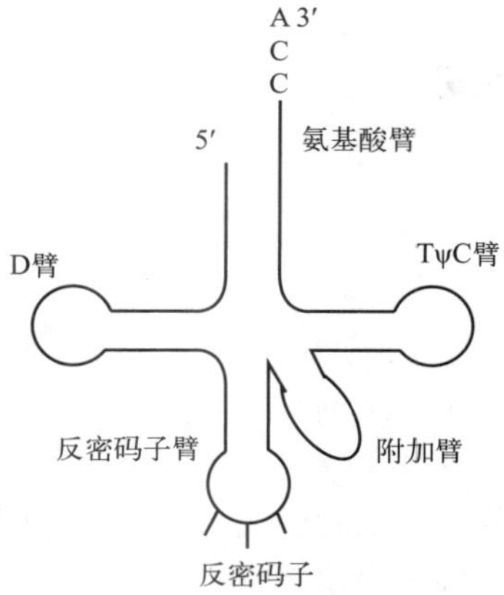

图 2-22　tRNA 的二级结构示意图

构中反密码子臂和氨基酸臂分别存在于两条双螺旋的顶端，促使 tRNA 携带的氨酰基接近于核糖体大亚基的肽基转移酶活性位点，小亚基上的 mRNA 密码子与反密码子配对，L 两臂交界处存在 T-loop 和 D-loop，这可能对控制 tRNA 的三维结构起到促进作用。

图 2-23　tRNA 的三级结构（倒 L 形）示意图

（3）rRNA 的结构特征

rRNA 和其他辅助因子为翻译过程提供了所有必要的酶活性，并且直接参与了核糖体、tRNA 和 mRNA 三者之间的结合。蛋白质和 rRNA 在互相协同的作用下才能进行蛋白质的合成，单一情况下无法完成这一复杂的生物反应过程。

不同生物的 rRNA 序列之间具有一定的相关性，其中 5S rRNA 与真核生物的 5.8S rRNA 序列之间保持着高度保守，因此在研究生物进化时，一般用 5.8S rRNA 或 5S rRNA 的核苷酸序列之间的差异推算进化年代。

2.3.4 蛋白质的生物合成

2.3.4.1 遗传密码

（1）密码子与反密码子

① 密码子 1961 年，美国科学家 Nirenberg 等人通过多核苷酸磷酸化酶合成了相同核苷酸构成的多核苷酸链，以此为模板，通过 GTP 和大肠杆菌无细胞体系在体外合成蛋白质，发现多聚 A 合成多聚 Lys，多聚 C 合成多聚 Pro，多聚 U 合成了多聚 Phe。1964 年，已知序列的核苷酸三聚体通过第二项试验合成，并且与大肠杆菌核糖体和氨酰-tRNA 同时温育，以此来确定氨基酸与核苷酸三聚体之间的对应关系，同时也可以为密码简并现象提供直接证据。此后，Jones 和 Khorana 等人通过酶法和有机化学方法制备了已知的核苷酸重复序列 AUCAUCAUCAUC，以此为模板在体外合成蛋白质。相关研究发现，从 A 翻译可以合成多聚 Ile，表明 AUC 决定 Ile；从 C 翻译可以合成多聚 His，表明 CAU 决定 His；从 U 翻译可以合成多聚 Ser，表明 UCA 决定 Ser。

1966 年，64 个密码子全部得到破译，其中 61 种密码子编码氨基酸，其余的为终止密码子。密码子是位于 mRNA 上并且能够决定一种氨基酸的三个连续核苷酸，或者是基因 DNA 序列上的三个连续脱氧核苷酸。整个生物界都使用遗传密码，其具有如下性质。

a. 简并性。此处以大肠杆菌中的遗传密码子为例，除 Met 和 Trp 之外，其余的每种氨基酸均与多个密码子相对应，该现象我们称为简并性。由于密码子的简并性，减少了碱基突变对生物体造成的有害效应。决定同一种氨基酸的不同密码子称为同义密码子。核苷酸经过突变后形成的新密码子可能是原密码子的同义密码子，不会对生物体造成伤害。密码子的简并性对生物的进化和生存提供了有利条件。

b. 氨基酸的种类通常由前 2 位核苷酸决定。

c. 化学性质类似的氨基酸通常由核苷酸序列类似的密码子决定。

大多数生物中，遗传密码一般不重叠，但是少数大肠杆菌噬菌体的 RNA 基因组密码子存在重叠。

② 反密码子 蛋白质生物合成过程中，tRNA 携带着活化的氨基酸与核糖体结合，核苷酸序列与 mRNA 上的密码子互补，依据 mRNA 的“指令”形成蛋白质。反密码子是 tRNA 上与 mRNA 密码子相互补的三联体核苷酸，并且反密码子中通常含有修饰碱基。1966 年，Francis Crick 提出了“摆动假说（wobble hypothesis）”，从而解释了 tRNA 和 mRNA 的相互作用机制。如图 2-24，研究发现前两对碱基严格按照碱基互补配对原则配对，

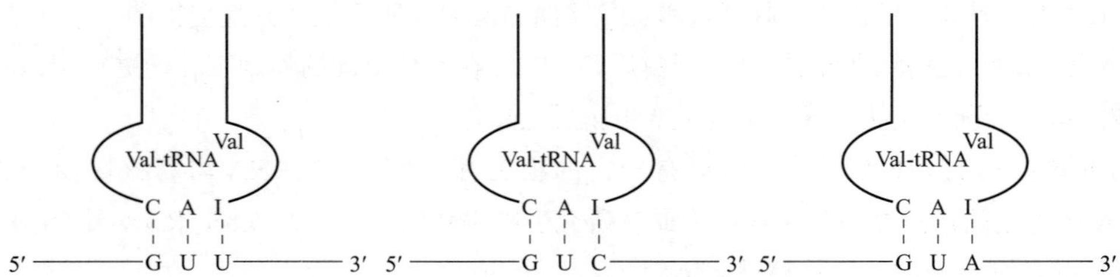

图 2-24 反密码子 5′ 摆动位置的碱基配对

第三对碱基存在摆动性，并且有一定的自由度，可以和其他类型的碱基配对，因此反密码子的 5′ 端也被称为摆动位置。大量的 tRNA 试验证实了“摆动假说”的正确性。反密码子 5′ 摆动位置和密码子 3′ 端的碱基配对见表 2-4。

表 2-4　反密码子 5′ 摆动位置和密码子 3′ 端的碱基配对

反密码子 5′ 摆动位置的核苷酸	密码子 3′ 端的核苷酸
A	U
C	G
G	U 或 C
U	G 或 A
I	U、C 或 A

tRNA 的 5′ 摆动位置允许一些 tRNA 分子识别一个以上的密码子，一般情况下，不同的 tRNA 分子能够识别所有的简并密码子。同工 RNA 是结合相同氨基酸的不同 tRNA 分子。

（2）密码子的使用频率

研究发现，富含 AT 的基因组中，位于密码子第三位上的 U 和 A 出现频率较高。AT 和 GC 含量接近的基因组中，密码子的使用频率也存在差异，有些密码子几乎不使用，而另一些密码子的使用频率较高。

2.3.4.2　核糖体

（1）核糖体的组成与结构

核糖体蛋白和核糖体 RNA（rRNA）共同组成核糖体，核糖体是合成蛋白质的场所，核糖体组成见表 2-5。核糖体包含大小不同的两个亚基。原核生物中，核糖体的沉降系数为 70S，分别由 50S 和 30S 两个大小亚基组装而成。小亚基包括 16S rRNA 和 21 种蛋白质，大亚基包括 5S rRNA、23S rRNA 以及至少 31 种蛋白质。真核生物中，核糖体的沉降系数为 80S，包括四种 rRNA 和至少 80 种核糖体蛋白，分为 60S 和 40S 两个亚基，小亚基包括 18S rRNA 以及至少 30 种蛋白质，大亚基包括 5S、5.8S、28S 三种 rRNA 以及至少 50 种蛋白质。

表 2-5　核糖体的组成

项目	原核生物			真核生物		
	核糖体	大亚基	小亚基	核糖体	大亚基	小亚基
沉降系数	70S	50S	30S	80S	60S	40S
RNA	—	23S rRNA（2904nt） 5S rRNA（120nt）	16S rRNA（1542nt）	—	28S rRNA（4700nt） 5.8S rRNA（160nt） 5S rRNA（120nt）	18S rRNA（1900nt）
RNA 分子质量	—	1104000Da	560000Da	—	1820000Da	760000Da
RNA 比例	66%	70%	60%	60%	65%	50%
蛋白质种类	—	>31 种	21 种	—	>50 种	>30 种
蛋白质分子质量	—	487000Da	370000Da	—	1000000Da	700000Da
蛋白质组成比例	34%	30%	40%	40%	35%	50%

rRNA 在蛋白质的合成过程中发挥着重要作用，rRNA 分子中的大部分部位是蛋白质合成过程中一些辅助因子的结合部位和肽键催化中心。大部分核糖体蛋白为碱性，一些蛋白质中精氨酸以及赖氨酸可以占到氨基酸总数的 1/3，这是这些蛋白质与 rRNA 结合的重要原因。任何一种蛋白质、一组蛋白质以及孤立的 rRNA 都无法独立完成蛋白质的合成，当核糖体具有完整结构时才能完成蛋白质的合成过程。

原核生物和真核生物的 rRNA 均有甲基化迹象。不同生物中，rRNA 的甲基化位点和形成二级结构的配对碱基序列具有一定的相似性。真核生物的 5.8S rRNA 和原核生物的 5S rRNA 均有许多配对的碱基，并且序列高度保守，因此，常用 5.8S rRNA 和 5S rRNA 碱基序列的差异化来估算进化年代。

（2）核糖体的活性位点

各种核糖体蛋白和 rRNA 在核糖体的亚基中分别占据着不同的位置，而 rRNA 作为骨架，某些核糖体蛋白可以与 rRNA 直接结合，从而改变 rRNA 的构象，使得 rRNA 可以和其他的蛋白质相互结合，有些蛋白质并不能与 rRNA 直接接触，而是和其他的蛋白质结合形成复杂的核糖体亚基。

活性位点是核糖体上包含多个与合成蛋白质相关的活性区域。在合成蛋白质过程中，30S 小亚基和 mRNA、翻译起始因子以及起始 tRNA 结合形成复合物，然后与 50S 大亚基结合形成 70S 核糖体，开始合成蛋白质。如图 2-25 所示，核糖体包括氨酰-tR NA 和肽酰-tR NA 结合位点、肽基转移酶活性位点、延伸因子 ET-Tu 结合位点、EF-G 结合位点以及 5S rRNA 位点等。

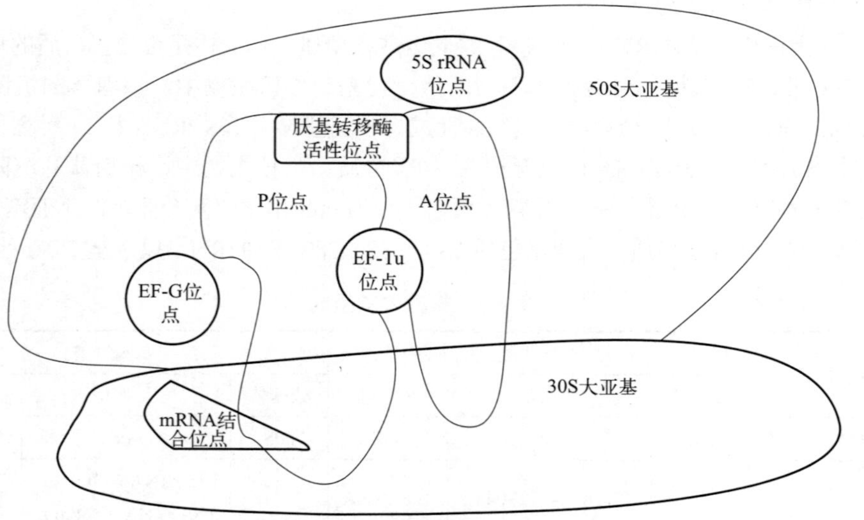

图 2-25　核糖体的主要活性位点示意图

① mRNA 结合位点　核糖体 30S 小亚基和 mRNA 结合的部位是 mRNA 的结合位点。核糖体与 mRNA 的相互结合需要 S1、S18 和 S21 蛋白的参与，S1 蛋白与单链核酸的亲和力较高，并且与 mRNA 结合可以有效阻止 mRNA 链二级结构的形成，保证蛋白质的顺利合成。首先，由 S1、S18 和 S21 构成一个小的结构域，结合 mRNA 和起始 tRNA。参与形成 mRNA 结合位点的还包括蛋白质 S3、S4、S5、S12 和 16S rRNA 的 3′ 末端区域。16S rRNA 的 3′ 末端富含嘧啶区，能够与 mRNA 上 AUG 之前富含嘌呤区的碱基进行配对，该特性在 30S 小亚基和 mRNA 初始结合的过程中发挥着重要作用。

② P 位点　肽酰-tRNA 的结合位点是 P 位点，大部分位于 30S 亚基，其余位于 50S 亚基。16S rRNA 的 3′ 末端区域也属于 P 位点的重要组成部位，该位点所包括的重要蛋白质为 L2、L14、L18、L24、L27 和 L33。P 位点可以结合肽酰-tRNA，也能够与起始 tRNA 结合。

③ A 位点　氨酰-tRNA 的结合位点是 A 位点，大多数位于 50S 大亚基上，参与组成该位点的核糖体蛋白包括 L1、L5、L7/L12、L20、L30、L33 等，此外还有来自小亚基的 16S rRNA 关键区域。

④ 肽基转移酶活性位点　肽基转移酶活性位点处于 A、P 位点之间，与 tRNA 接受臂较为接近。参与该位点的核糖体蛋白质包括 L2、L3、L4、L15、L16。该位点具有催化形成肽键的功能。

⑤ 延伸因子 EF-G 结合位点　S12 与延伸因子 EF-G 的结合位点较为接近，并且和 L7/L12 二聚体相邻。该位点处于 50S 大亚基上，与小亚基的界面处较为接近。

⑥ 延伸因子 EF-Tu 结合位点　延伸因子 EF-Tu 的结合位点处于 50S 大亚基上，较为接近小亚基。参与形成该位点的蛋白质有 L1、L5、L20 和 L7/L12 二聚体，并且与氨酰-tRNA 的结合有关。

⑦ 5S rRNA 位点　5S rRNA 位点处于 50S 大亚基上，与肽基转移酶活性位点较为接近，参与形成该位点的核糖体蛋白包括 L5、L8 和 L25。tRNA TψC 环中的保守序列与 5S rRNA 的序列互补。

2.3.4.3　与蛋白质合成有关的辅助因子

（1）起始因子

蛋白质初始合成的过程中，形成起始复合物的蛋白质辅助因子被称为起始因子（initiation factor, IF）。目前，已知的原核生物蛋白质起始因子有 3 种，真核生物的起始因子（eukaryotic initiation factor, eIF）有十余种（表 2-6）。原核生物的起始因子 IF-2 包括 2 种形式，其中一种形式可能是另一种分子形式的蛋白酶降解产物。IF-3 也包括 2 种分子形式，为一个双功能蛋白质，不仅能够促进 mRNA 与小亚基之间的结合，还拥有解离因子的活性。

表 2-6　蛋白质合成的起始因子

生物类型	起始因子	分子量 /$\times10^3$	主要功能
真核生物	eIF-1	15	促进小亚基翻译起始复合物的稳定，具有多重作用
	eIF-2	130	对起始 tRNA 与小亚基的结合具有促进作用，需要 GTP 的存在
	eIF-2A	65	当 AUG 存在时，促进起始 tRNA 与小亚基结合
	eIF-2B	272	促进 eIF-2-GDP 的结合
	eIF-3	554	对小亚基前起始复合物的合成有促进作用
	eIF-4A	46	拥有依赖于 RNA 的腺苷三磷酸酶活性，促进 mRNA 与小亚基的结合

续表

生物类型	起始因子	分子量 /×10^3	主要功能
真核生物	eIF-4B	80	结合 mRNA，促进 mRNA 定位起始 AUG
	eIF-4C	19	参与小亚基前起始复合物的形成
	eIF-4D	17	促进第一个肽键的形成
	eIF-4E	24	结合 mRNA 的 5′ 帽子结构
	eIF-4F	290	识别 mRNA 的 5′ 帽子结构
	eIF-4G	—	结合 eIF-4E 和多聚腺苷酸结合蛋白（PAB）
	eIF-5	125	促进核糖体大小亚基的结合
	eIF-6	25	促进核糖体的解离，结合 60S 大亚基
原核生物	IF-1	9.5	与 A 位点结合防止结合非目的 tRNA，增强 IF-2、IF-3 的活性
	IF-2	82 ～ 117	对起始 tRNA 与小亚基的结合有促进作用，需要 GTP 的存在
	IF-3	约 20.7	对小亚基和 mRNA 起始位置的特异结合有促进作用，提高 P 位点对起始 tRNA 的敏感性

（2）延伸因子

蛋白质合成过程中参与肽链延伸的蛋白质辅助因子被称为延伸因子（表 2-7）。延伸因子具有协助氨酰-tR NA 进入核糖体的 A 位点与 mRNA 结合的功能，以及具有介导肽酰-tRNA 从核糖体中的 A 位点向 P 位点移动的功能。

表 2-7　蛋白质合成的延伸因子

生物类型	延伸因子		主要功能
真核生物	eEF-1		介导氨酰-tRNA 与核糖体的结合
	eEF-2		催化 mRNA-肽酰-tRNA 的转位，卸载并释放 tRNA
	eEF-3（真菌中）		维持翻译的准确性
原核生物	EF-T	EF-Tu	促进氨酰-tRNA 进入 A 位点，结合分解 GTP
		EF-Ts	调节亚基
	EF-G		具有转位酶活性，促进 mRNA-肽酰-tRNA 由 A 位点前移到 P 位点，促进卸载并释放 tRNA

（3）释放因子

释放因子（release factor, RF）也被称为终止因子（termination factor, TF）。蛋白质合成过程中，当肽链延伸至 mRNA 上的终止密码子时，在 RF 的作用下，蛋白质的合成将会终止，从而核糖体与 mRNA 脱离。

以大肠杆菌为例，其包含 3 种释放因子：①RF-1 识别终止密码子 UAA 和 UAG；②RF-2 识别终止密码子 UAA 和 UGA；③RF-3 对 RF-1 和 RF-2 的活性起激活作用。而真核生物中仅有一个释放因子 eRF，对 UAA、UGA 和 UAG 三种终止密码子起到识别作用。

2.3.4.4　蛋白质的合成过程

合成蛋白质之前需要对细胞内游离的氨基酸进行活化，为蛋白质的生物合成起到准备的作用。生物有机体内游离氨基酸活化是在 ATP 和 Mg^{2+} 存在的条件下，由氨酰-tRNA 合成酶催化形成氨酰-tRNA 的过程。其活化反应如下：

氨基酸 +ATP-酶 ⟶ 氨酰-AMP-酶+PPi

氨酰-AMP-酶 +tRNA ⟶ 氨酰-tRNA+AMP+ 酶

氨基酸的羧基首先与 AMP 形成高能酸酐键，从而活化氨基酸的羧基，氨酰 -AMP 与酶结合形成稳定的中间复合物，中间复合物作用于特异的 tRNA，然后将氨酰基转移到 tRNA 的氨基酸臂上，形成氨酰-tRNA（图 2-26）。

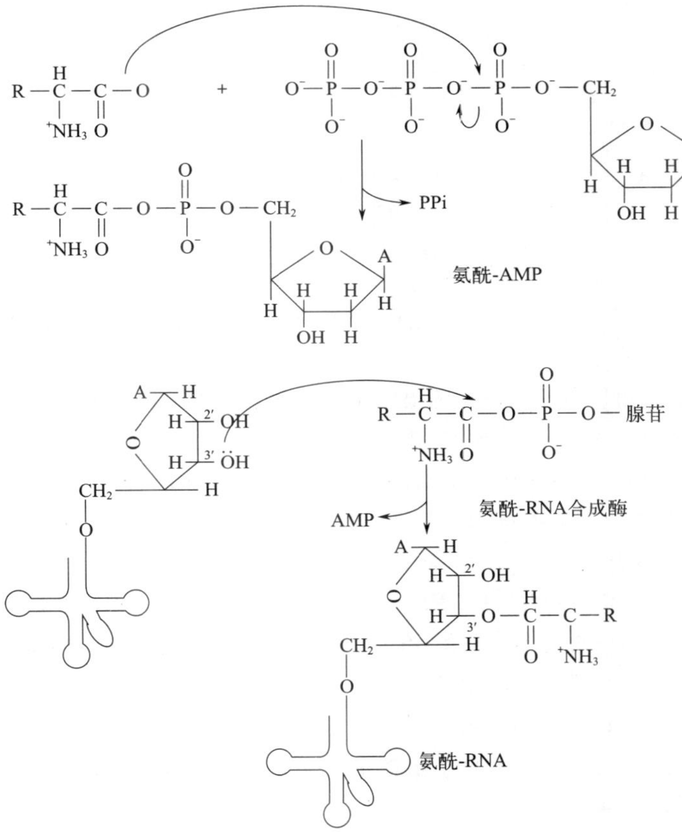

图 2-26 氨酰-tRNA 的形成示意图

一种氨基酸对应一个专一的氨酰-tRNA 合成酶，该酶对特异的 tRNA 起识别作用，从而形成特异的氨酰-tRNA。遗传信息能够准确进行传递主要是由于氨酰-tRNA 合成酶对底物氨基酸和 tRNA 的高度特异性。

（1）原核生物蛋白质的合成

① 合成的起始　蛋白质合成的起始首先是核糖体大小亚基的分离，IF-3 结合到核糖体小亚基上，对核糖体大小亚基的结合起到阻止作用，从而促进 mRNA 与小亚基的结合，形成 mRNA-30S-IF-3 复合物（1∶1∶1）。mRNA-30S-IF-3 复合物在 IF-1 和 IF-2 的作用下能够与 fMet-$tRNA_i^{fMet}$ 以及 GTP 结合，使得 IF-3 被释放，fMet-$tRNA_i^{fMet}$ 上的反密码子和 mRNA 上的起始密码子（AUG）进行配对，以形成 30S 起始复合物。随后，30S 起始复

合物结合 50S 大亚基形成 70S 起始复合物，对 mRNA 起始序列（包括起始密码子 AUG）35 ～ 40nt 起保护作用。Shine-Dalgarno 序列简称 SD 序列，是 mRNA 起始密码子 AUG 上游 4 ～ 7nt 之前存在的一段富含嘌呤的短序列 5′AGGAGG3′，是原核生物 mRNA 的特有序列（图 2-27），能够与核糖体小亚基上 16S rRNA 3′ 端的 5′CCUCCU3′ 互补，在核糖体的结合部位参与翻译的起始。形成 70S 起始复合物以后，GTP 水解生成 GDP，释放 IF-1 和 IF-2，核糖体的 P 位点由 fMet-$tRNA_i$ 占据，此时空缺的 A 位点将接受下一个特异的氨酰-tRNA，为肽链的下一步延伸做准备。蛋白质合成起始复合物的形成如图 2-28 所示。

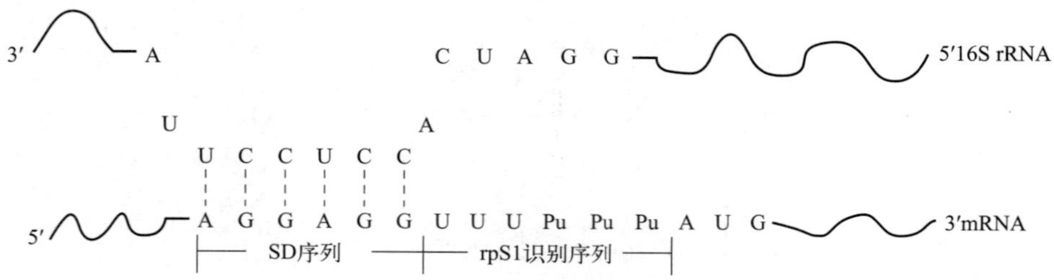

图 2-27　mRNA 的 SD 序列

② 肽链的延伸　肽链的延伸主要包括氨酰-tRNA 与核糖体的结合、肽键的形成和移位，是一个循环往复的过程。

在原核生物的蛋白质合成中，氨酰-tRNA 是以氨酰-tRNA-EF-Tu-GTP 三元复合物的形式与核糖体上的 A 位点结合。首先 EF-T（包括 Tu 和 Ts）与 GTP 结合释放 Ts，形成 EF-Tu-GTP 复合物，然后与氨酰-tRNA 形成三元复合物，其可以与核糖体的 A 位点结合，其次 mRNA 上对应的密码子与氨酰-tRNA 上的反密码子配对，GTP 水解释放出 EF-Tu-GDP 和 Pi，EF-Tu-GDP 则进入下一轮的循环。A 位点氨酰-tRNA 上的 α-氨基在肽基转移酶的作用下与 P 位点 fMet-$tRNA_i$ 或肽酰-tRNA 上的酰基形成肽键，随后 P 位点的肽酰-tRNA 被迫卸载，A 位点的 tRNA 变为多肽酰-tRNA，驱使核糖体前移。核糖体和 mRNA 相对移动一个密码子的距离，多肽酰-tRNA 从 A 位点移动至 P 位点，初始 P 位点上已经卸载的 tRNA 离开 P 位点进入 E 位点略作停留，随后释放到细胞质中，进入下一个循环中。移位过程在移位酶的催化和 GTP 的存在下才能够完成。移位的最终结果就是 A 位点空闲出来，等待新的特异氨酰-tRNA 进入。

③ 合成的终止　若肽链延伸至终止密码子（UAG、UGA 和 UAA）时，没有一个氨酰-tRNA 能够作用于终止密码子。此时，一种特殊的蛋白质辅助因子——释放因子（RF）对终止密码子进行识别，并且与核糖体的肽基转移酶催化中心结合，通过诱导 16S rRNA 的构象改变把这一信息传递给 23S rRNA，通过诱导将肽基转移酶活性变成水解酶活性，水解 P 位点上的肽酰-tRNA，释放新生的肽链，促成终止作用。

（2）真核生物翻译过程的特点

研究表明，真核生物与原核生物的蛋白质合成过程基本相似，但是真核生物在蛋白质合成过程中涉及较多的辅助因子，相较于原核生物更复杂，具体见表 2-6 和表 2-7。

① 起始复合物的形成　真核生物蛋白质合成过程中的识别信号是 mRNA 的 5′ 帽子结构，并且是在 mRNA 的 5′ 帽子处形成起始复合物，而不是在起始密码子处形成的。

首先，eIF-4E 直接结合 mRNA 的 5′ 帽子结构，随后通过 eIF-4G 的 N 端作用募集 eIF-4A

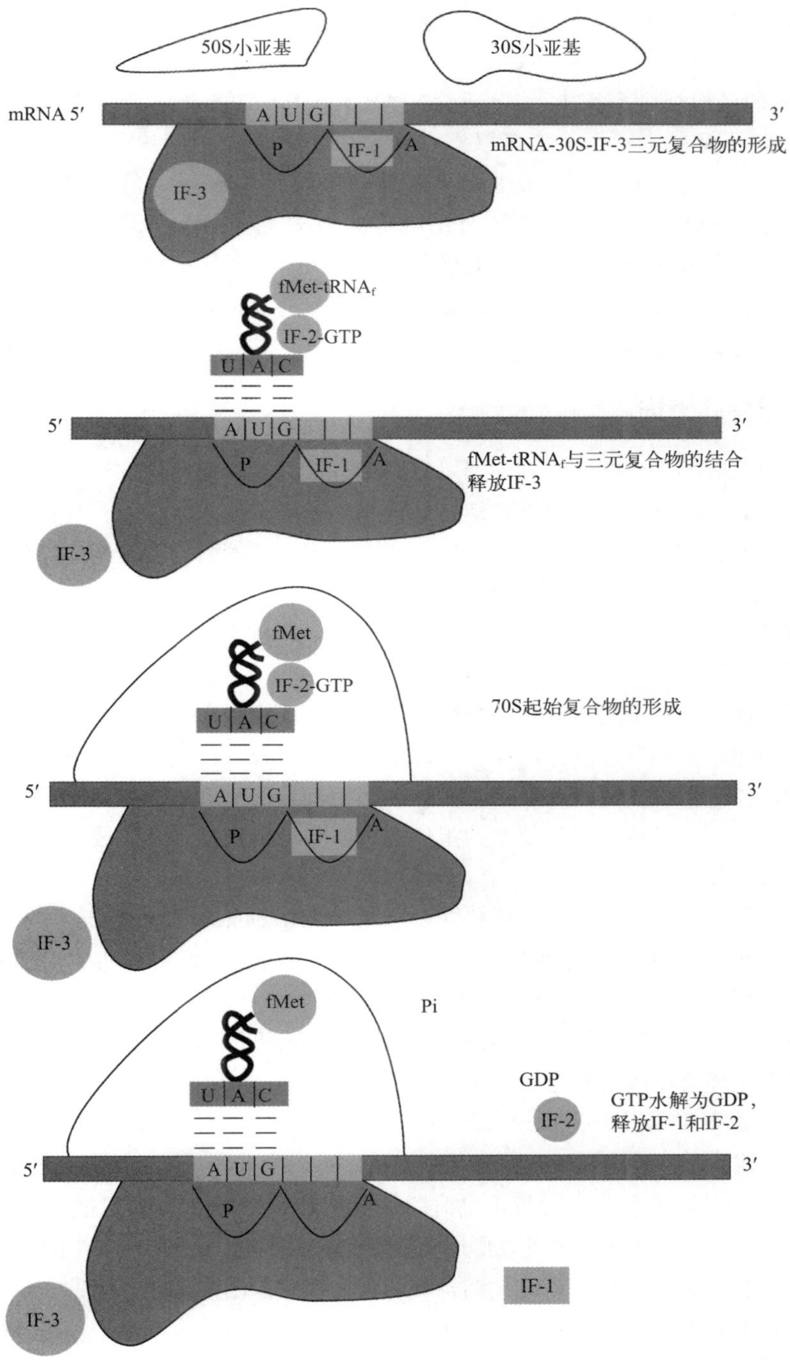

图 2-28　原核生物蛋白质合成起始复合物形成示意图

和 eIF-3G，形成帽子结合复合物。eIF-4A 作用于 RNA 结合蛋白 eIF-4B 或 eIF-4H，促使二级结构 mRNA 5′ 端解旋，eIF-3 使得 eIF-4G 和 40S 小亚基相连，合成前起始复合物，该复合物能够沿着 mRNA 从 5′ → 3′ 方向移动，移动至起始密码子 AUG 时，在 eIF-1 和 eIF-1A 的协助下三元复合物 eIF2-GTP-fMet-tRNA$_i^{Met}$ 与起始密码子 AUG 互补结合，随后在 eIF-5

和 eIF-5B 参与的情况下，前起始复合物能够和 60S 大亚基结合形成 80S 起始复合物，启动蛋白质的合成。

② 闭环翻译模型　事实上，3′poly(A) 尾部和 mRNA 的 5′ 帽子均能够提高蛋白质的合成效率，但是仅在协同作用下可以提高其合成效率。20 世纪 60 年代，mRNA 的闭环翻译模型出现。其主要内容是在蛋白质的起始合成阶段，poly(A) 与多聚腺苷酸结合蛋白［poly(A)binding protein, PABP］结合，PABP 进而参与了起始因子和 mRNA 的 5′ 帽子之间的相互作用，促使 mRNA 的 3′ 和 5′ 末端形成一个封闭的环状结构。该闭环结构对蛋白质的合成有促进作用，其有利于蛋白质合成的再起始。通常认为，翻译增强子的作用是促使 mRNA 形成上述闭环结构。

2.3.4.5　蛋白质修饰

蛋白质为基因的最终产物，基因通过转录和翻译后，其最终产物——蛋白质需要经过必要的修饰来调节细胞内的稳定性和活性，生物学功能才能正常行使。蛋白质修饰是一个动态的、连续的、相互关联的过程。从广义上讲，蛋白质的修饰包括物理、化学以及生物化学等修饰过程，即细胞内运输、蛋白质处理（裁剪与切割）、共价修饰与非共价修饰、特异性降解等。

（1）细胞内运输

细菌不仅能够合成细胞内的功能蛋白，而且能合成膜蛋白。细胞内的功能蛋白一般通过扩散作用到达指定位置，发挥功能，而外膜蛋白、内膜蛋白以及周质蛋白需要经过跨膜运输才能抵达发挥功能的区域。真核生物的细胞结构更为复杂，细胞内拥有各种细胞器以及独特的膜结构，并且拥有更为复杂的蛋白质运输与定位机制，不仅要决定是否跨膜，还要决定跨越哪一类膜。

蛋白质的胞内运输方式主要包括共翻译送达（co-translational targeting）和翻译后送达（post-translational targeting）两种类型。共翻译送达是同时进行蛋白质的运输和合成；翻译后送达是指蛋白质合成后被运送到特定的细胞器中。

① 细菌中膜蛋白的跨膜运输　细菌中膜蛋白的跨膜运输和蛋白质的合成过程是相互耦联的，翻译这类蛋白质的核糖体与内膜结合。

大多数细菌中跨膜蛋白的 N 端都含有信号序列（长约 15 ～ 30 个氨基酸）或信号肽，其中，信号序列的后半段是以疏水性氨基酸为主，可以形成一小段 α-螺旋结构，大约 15 ～ 20 个氨基酸，并且前面有一小段带正电荷的富含精氨酸（Arg）和赖氨酸（Lys）区域。信号序列之后的一段氨基酸残基也可以形成一段 α-螺旋结构，与信号序列中的 α-螺旋结构以反向平行方式构成发夹结构，该发夹结构较易进入内膜的脂双层中，当发夹结构进入内膜后，肽链继续合成，促使信号序列之后的肽链穿过内膜进入周质。当位于发夹结构两 α-螺旋之间的部分抵达内膜外表面后，此时内膜的外表面信号肽酶能够把信号序列切除，蛋白质翻译结束后，羧基端通过内膜进入周质，蛋白质在周质中折叠卷曲形成最终的立体结构。

② 真核生物蛋白质的运输与定位　真核生物具有较为复杂的细胞结构，主要包括细胞核、细胞质、细胞膜以及各种细胞器。蛋白质的运输和定位首先取决于蛋白质本身的结构，即是否含有信号序列或信号肽，定位在不同部位的蛋白质拥有不同的信号序列，并且运输机制也不同。

a. 分泌蛋白质的运输与定位　真核生物的分泌蛋白质包括细胞表面蛋白质、溶酶体蛋白质等，该类蛋白质的信号肽与原核生物跨膜蛋白类似，能够形成两个 α-螺旋的发夹结构，在信号识别颗粒（signal recognition particle, SRP）的引导下该发夹结构能够插入粗面内质网膜中，将正在合成的多肽链引导至内质网内腔中。

分泌蛋白质的运输与定位机制如下。蛋白质合成过程中，当新生多肽链含有 60 ～ 70 个氨基酸残基时，SRP 可以识别 N 端的信号肽并且与之结合，产生核糖体-新生多肽-SRP 复合体，对多肽链的合成可以起到暂时的阻断作用。核糖体-新生多肽-SRP 复合体在 SRP 的引导下可以结合内质网膜上的 SRP 受体蛋白，通过 GTP 水解获得能量，新生多肽链由 SRP 释放，并且新生多肽链上的信号肽序列和内质网膜上的易位子（translocon）结合，打开易位子通道，其附近的序列以及信号肽进入易位子通道，信号肽由信号肽酶切除，继续合成肽链，随之进入内质网腔中。随后，蛋白质从内质网转移到高尔基体，再从高尔基体转移到各自的目的地，例如分泌囊泡、原生质膜、溶酶体或细胞外，以实现蛋白质的定位。滞留内质网的信号序列存在于一些蛋白质的 C 端，这些蛋白质通过高尔基体返回内质网。蛋白质的膜间运输可以通过形成运输小泡来实现，抵达“目的地”后以膜融合的方式促使运输小泡成为“目的地”的一个部分，实现蛋白质的运输。

b. 跨膜运输　叶绿体和植物线粒体都具有双层膜（内膜和外膜）结构。植物线粒体中，外膜转位酶和内膜转位酶对有关蛋白质的跨膜运输起着主要作用。外膜转位酶作为一种蛋白质复合体，包括信号序列受体蛋白和孔道蛋白。拥有内部输入信号和 N 端输入信号的蛋白质能够分别被不同的信号序列受体蛋白识别，通过输入孔道，穿过外膜，进入膜间区。线粒体的内膜转位酶存在两种形式，分别针对含有 N 端输入信号以及内部输入信号的蛋白质转运发挥重要作用。含 N 端输入信号的蛋白质其疏水氨基酸残基和带正电荷的氨基酸残基与伴随蛋白发生作用，造成输入蛋白的伸展，随后依赖膜势差作用进入线粒体基质中，最后，信号序列由线粒体内膜上的线粒体处理肽酶切除。含有内部输入信号的蛋白质在膜间区首先与小内膜转位酶（TIM8 ～ 13）结合，凭借膜势差使其插入内膜转位酶复合体（TIM22）中，随后被运送到内膜的其他位置。

叶绿体输入蛋白通过叶绿体外膜和内膜的易位子进入。输入蛋白首先经过磷酸化，随后与伴随蛋白形成复合体被运送到外膜上，叶绿体外膜易位子对其进行识别和结合，然后输入蛋白脱磷酸化，转移至外膜易位子的通道口。虽然叶绿体内膜易位子的复合体包含多个亚基，但是其功能尚不明确。

c. 细胞核运输　细胞核运输受体（nuclear transport receptor）或输入蛋白（importin）是指参与蛋白质向细胞核运输的蛋白质。输入蛋白能够与核孔素、G 蛋白 Ran 相互作用实现核质间穿梭。通常，核输入蛋白的内部均含有一个或几个核定位信号（nuclear localization signal, NLS），输入蛋白 α 首先结合输入蛋白 NLS，随后结合输入蛋白 β，形成输入蛋白-输入蛋白 α-输入蛋白 β 蛋白复合体停靠在核孔处，但是目前进入细胞核的过程尚不清楚。进入细胞核以后，输入蛋白 α 和输入蛋白 NLS 均对输入蛋白 β 存在竞争关系，造成输入蛋白-输入蛋白 α-输入蛋白 β 蛋白复合体解体，最终输入蛋白 α 和输入蛋白 β 被运送回细胞质，输入蛋白释放到核质中。

蛋白质从细胞核内输出需要存在核输出信号（nuclear export signal, NES），输出蛋白（exportin）在 Ran-GTP 的协助下对 NES 进行识别并且结合，合成输出蛋白-输出蛋白-Ran-

GTP 复合体，随后进入细胞质，Ran-GTP 中的 GTP 在细胞质蛋白 RanBP1 和 RanGTP 酶激活蛋白的作用下水解，使得输出蛋白-输出蛋白-Ran-GTP 复合体解体，输出蛋白被释放到细胞质中。

（2）蛋白质处理

生物体内大多数新合成的蛋白质是没有生物活性的，经过蛋白酶特异的裁剪或切割才能够形成具有一定生物功能的“成熟”蛋白质。被裁减掉的序列不仅包含 N 端的信号序列，还含有位于蛋白质中部的片段。

人类胰岛素基因翻译的最初产物是含 110 个氨基酸的多肽链，其中含有 α 片段和 β 片段之间的连接区（35 个氨基酸残基）、成熟蛋白质的 α 片段（21 个氨基酸残基）和 β 片段（30 个氨基酸残基）、N 端的 24 个氨基酸残基信号肽序列。经过蛋白酶裁剪、切割除去信号肽以及连接区的序列后，胰岛素蛋白质才具有生物功能。

在原核生物和低等真核生物中，蛋白质处理主要有肽键的水解和形成两步反应。首先是切除蛋白质中部的一段“内含肽”，然后连接两侧的“外显肽”，该过程被称为“蛋白质的拼接”。

（3）翻译后修饰

① 共价修饰　细胞内还存在着另外一种蛋白质的修饰方式，其特点是对已经存在的蛋白质产物进行共价修饰，而不是减少氨基酸的序列。共价修饰的反应类型主要有以下几种。

a. 乙酰化　研究发现，细胞中 80% 左右的蛋白质 N 端都会发生乙酰化。乙酰化是蛋白质 N 端在合成以后，切除起始蛋氨酸，随后会在新的 N 端加入一个乙酰基的过程。乙酰化主要发生在赖氨酸的 *ε*-氨基和蛋白质 N 末端的 *α*-氨基上。该共价修饰在增强蛋白质稳定性的方面发挥着重要作用，蛋白质 N 端乙酰化之后对蛋白酶的降解发挥着重要作用。

b. 磷酸化　蛋白质磷酸化是蛋白质共价修饰形式中最为普遍的一种，是生命过程中较为重要的环节，经过磷酸化的蛋白质意味着生物活性发生变化。蛋白质磷酸化具有暂时性的特点，也就是磷酸酶可以随时除去磷酸化蛋白质中的磷酸基团。蛋白质的磷酸化较易发生在苏氨酸、丝氨酸和酪氨酸的羧基上。

c. 甲基化　蛋白质甲基化在信号转导和基因表达过程中发挥着重要作用。一般情况下，蛋白质的甲基化发生在 *α*-氨基、精氨酸的胍基、*ε*-氨基、C 末端的 *α*-羧基和侧链羧基上。精氨酸的甲基化可以是单甲基化，也可以是双甲基化。精氨酸的双甲基化包括对称或非对称两大类。赖氨酸 *ε* 位的 N 原子可以加上 1 ～ 3 个甲基。赖氨酸和精氨酸的甲基化分别是由赖氨酸甲基转移酶和精氨酸甲基转移酶催化形成，甲基的源头是 *S*-腺苷甲硫氨酸（SAM）。精氨酸和赖氨酸 *N*-甲基化分子结构式如图 2-29 所示。

d. 糖基化　蛋白质的糖基化包括两种类型。1）寡聚糖与蛋白质共价相连，此类蛋白质为糖蛋白。糖蛋白又包括 *N*-多糖蛋白和 *O*-多糖蛋白。其中，*O*-多糖蛋白拥有 *N*-乙酰半乳糖胺结构，还原末端与丝氨酸和硫代羟基侧链连接，主要对蛋白质的理化性质产生影响。*N*-多糖蛋白拥有 *N*-乙酰葡萄糖胺结构，还原末端和天冬氨酸的侧链连接，参与细胞内的信号转导。2）“ADP-核糖化”，蛋白质的一些氨基酸残基以 NAD^+ 为底物，ADP-核糖与单个或多聚 ADP-核糖共价相连。单 ADP-核糖化的受体氨基酸一般是半胱氨酸、精氨酸、赖氨酸和天冬氨酸等。多聚 ADP 核糖聚合酶催化蛋白质完成多聚 ADP-核糖化，蛋

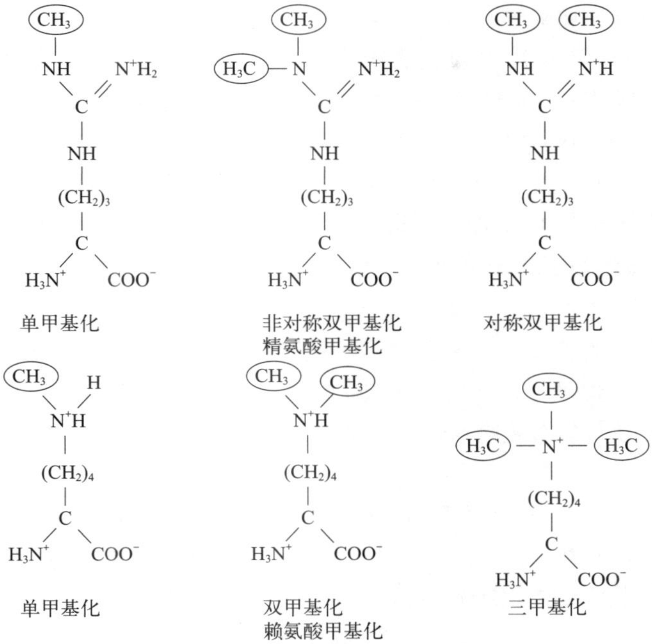

图 2-29　精氨酸和赖氨酸 *N*-甲基化分子结构式

白质可以连接上百个 ADP-核糖分子，修饰后的蛋白质带有大量的负电荷。植物中的 ADP-核糖化因子是一类小 G 蛋白。

e. 脂基化　蛋白质脂基化是蛋白质和脂肪酸及其类似物之间的结合，包含蛋白质的异戊二烯基化、棕榈酰化、豆蔻酰化和糖基磷脂酰肌醇锚定。蛋白质与细胞膜的结合可作为蛋白质脂基化的结果。G 蛋白为蛋白质异戊二烯基化的主要载体，其信号序列为 CAAX（C 为半胱氨酸、A 为除丙氨酸以外的脂肪族氨基酸、X 为终端氨基酸），AAX 首先被除去，随后 C 端的半胱氨酸残基进行甲基化，结合异戊二烯基。蛋白质的 N 端氨基酸通过酰胺键连接豆蔻酸被称为豆蔻酰化。蛋白质内部的半胱氨酸通过硫酯键结合棕榈酸被称为棕榈酰化；糖基磷脂酰肌醇锚定是蛋白质 C 端通过磷酸乙醇胺连接四个糖分子，而原生质膜内的磷脂酰肌醇又与糖分子共价连接。

② 非共价修饰　细胞中大多数蛋白质都遵循各自序列中的信息迅速折叠成特定的形状，该过程需要其他蛋白质协助。蛋白伴侣（或分子伴侣）是协助蛋白质迅速折叠成特定形状的一类蛋白质，是一类功能相似但序列不同的蛋白质，它们均不参与被修饰蛋白质的生物功能，只是对多肽链形成正确的结构起到协助作用，随后与之分离。蛋白伴侣包括分子陪伴和伴侣蛋白两类，分子陪伴是与核糖体合成的新生肽链进行结合，防止降解，肽链合成结束后分子陪伴便与之分离。伴侣蛋白可以结合蛋白质，指导蛋白质折叠，形成正确的空间结构。

还有一种编号为 14-3-3 的蛋白质，其最初发现于哺乳动物的大脑组织中。研究表明，14-3-3 蛋白能够与蛋白激酶相互作用，对大脑中色氨酸和酪氨酸水解酶起到激活作用。14-3-3 蛋白也存在于植物中。经过磷酸化的蛋白质一般与 14-3-3 蛋白直接结合，对自身生物活性产生影响。

（4）泛素化与蛋白质降解

① 泛素化　一种仅有 76 个氨基酸残基的小蛋白质称为泛素。泛素的末位甘氨酸通过异肽键的作用与底物蛋白质内部的赖氨酸连接，即为蛋白质的泛素化。一些膜蛋白结合单个泛素后就会被溶酶体降解，而有的蛋白质与一个泛素连接后仍然稳定，如组蛋白 H2A 和 H2B。有时一个底物蛋白可以连接多个泛素，称为多重泛素化，即每个泛素可以分别结合不同部位的底物蛋白，也可以是多个泛素通过末端甘氨酸以及第 48 位（或 29 位）赖氨酸连接形成多聚泛素链。多聚泛素链可能具有决定底物蛋白质某种“命运”信号的作用。

与泛素蛋白类似的蛋白质作为小分子泛素相关修饰物，具有与泛素极为相似的高级结构和修饰底物蛋白，但是经过它们修饰的底物蛋白具有各自的“命运”，小分子泛素相关修饰物修饰的蛋白质仅仅对生物活性进行了改变，并不会降解，而被泛素修饰的蛋白质最终被蛋白酶降解。

② 泛素化途径的蛋白质降解系统　依赖泛素的蛋白质降解系统包含两部分：a. 泛素化系统，包含泛素激活酶（E1）、泛素结合酶（E2）以及泛素 -蛋白质连接酶（E3）；b. 以 26S 蛋白酶体为主体的蛋白质降解系统。

2.4　基因组、功能基因组与生物信息学研究

人类基因组全序列的测定完成，为人类生长发育和疾病的预防提供了一种新的选择，进一步丰富了人类的知识宝库，加快了人类认识自然的步伐。某一生物基因组计划的完成意味着人类已经掌握了这一物种所有的遗传密码，了解基因的第一步是对该基因序列进行测定，但该计划并不能直接阐明基因的功能，也不能预测该基因所编码蛋白质的功能与活性，所以无法指导人们充分准确地利用这些基因产物。因此，研究者在基因组计划的基础上提出了“蛋白质组计划”，又称“后基因组计划”或“功能基因组计划”，目的在于快速、高效和大规模地对基因产物和功能进行鉴定。

巨大的基因组信息给科学家们带来了前所未有的挑战，依靠计算机快速、高效的运算能力对这些信息进行统计分类和结构功能预测的生物信息学就是在该环境下产生的，若没有生物信息学的相关知识，不借助先进的计算科学，人类就无法最大程度地开发和运用基因组学，也无法对所获得的庞大数据进行分析。

2.4.1　原核生物基因与基因组

2.4.1.1　细菌的作用

细菌作为自然界中分布最广、个体数目最多的生物有机体，在自然界物质循环过程中发挥着重要的作用，对自然界和人类的作用都是巨大的。

（1）固氮作用

细菌能够对大气中的氮进行固定，转变为氨，用于含氮细胞组分的构建。

（2）促进碳素循环

细菌对许多天然多聚体等具有降解功能，还可以降解一些毒性化合物，从而对环境起到净化作用。但细菌在降解污染物的同时也会分泌一些毒素使环境恶化。细菌能够以 CO_2、CO 和 H_2 为基质合成甲烷，为人类提供能源。这些含碳化合物的合成以及分解共同促进了碳素的循环，维持自然界的物质平衡。

（3）影响沉积物的形成

影响金属矿和地表沉积物的形成。

（4）病原微生物

有些细菌有致病性，能够引起人、动物以及植物发生病变。

（5）工业微生物

细菌也可以作为许多化合物的生产来源，如工业生产的酶类。一些细菌还能够产生抗生素、有机酸和维生素等，也能降解许多化合物，如多糖、蛋白质和脂肪等。

（6）肠胃微生物

有些细菌为肠道益生菌，能够在肠道中大量繁殖，生成抗菌物质，改善肠道的微生态环境，并且调整肠道菌群格局，抑制不利微生物的繁殖。

2.4.1.2　细菌基因组及其结构

细菌是原核生物中较为简单的一类生物，与其他原核生物细胞一样，通常仅有一个染色体，也就是一条核酸分子（DNA 或 RNA），大多数是共价闭合环状结构，少数为线性单链。

细菌的 DNA 被压缩在一个小空间内，大约长 1mm，被一些蛋白质支撑着，因此不能自由地扩散至整个细胞。染色体复制过程中，压缩的 DNA 变得疏松，并且在细胞分裂前分成两个 DNA 团块，该压缩结构被称为细菌的核质体（nuclear body）。核质体实际是一条长的连续的环状分子，由 30 ～ 50 个 DNA 环组成。DNA 链周期性地固定在核心区，但该核心区在 DNA 上的固定是随机的还是特定的尚不清楚。

核质体是 DNA 超螺旋化形成的，由 DNA 环卷曲形成。由于 DNA 不存在游离的末端，因此 DNA 分子本身无法旋转，超螺旋的环状 DNA 分子就能保持超螺旋化状态。若 DNA 的一条链断开，环状 DNA 则会失去超螺旋化，产生松弛型的 DNA 分子。核质体形成过程中，在 DNA 链上引入"切口"使得 DNA 变为松弛型，但是也有部分 DNA 不是松弛型，表明 DNA 分子的一部分以周期性形式固定在一种"支撑体"上，形成 30 ～ 50 个多环结构，阻止了由 DNA"切口"的一端持续解旋到另一端。引入一个"切口"，就只能使得 DNA 的一个环解旋，部分 DNA 呈松弛型。

天然闭环 DNA 分子是负超螺旋，而溴化乙锭（EB）的嵌入可以在闭合环状 DNA 分子中产生正超螺旋。核质体分离期间，DNA 上较易产生单链"缺口"，使用脱氧核糖核酸酶（deoxyribonuclease, DNase）轻微处理也能够产生类似"缺口"，但是无法消除 EB 引入正超螺旋的能力。虽然 DNA 上存在缺口，但是基因组依旧存在对 EB 的应答能力，说明基因组拥有较多独立的结构域（structural domain），并且其他结构域不会对超螺旋化造成影响。每一个 DNA 环组成一个结构域，并且环的两端在蛋白质上固定，若 DNA 链上出现缺口，局部发生解旋，无法从一个结构域传递到另外一个结构域，可以保证细菌核质体

DNA 的稳定性。每个基因组大约拥有 100 个这样的结构域，每个结构域由 40kb DNA 组成（约 13μm），形成一种更加致密的纤维丝。

基因组的不同区域能够维持不同程度的超螺旋是由于存在独立结构。若超螺旋化 DNA 保持游离状态，就不会受到限制，负超螺旋还能够产生扭应力（torsional stress），在某一结构域内扭应力沿 DNA 分子自由传递。当超螺旋化 DNA 固定在蛋白质上时，那么超螺旋化将被约束。超螺旋化 DNA 和蛋白质之间相互作用释放的能量稳定着核酸，导致张力无法沿 DNA 分子传递。超螺旋在体内产生的扭应力的平均水平是可变的，虽然变化范围难以确定，但是这种水平可以通过 DNA 结构产生的影响来表达。

2.4.2 噬菌体与病毒基因组

2.4.2.1 噬菌体基因组

细菌噬菌体简称噬菌体（phage），是感染细菌的病毒。噬菌体的体积非常小，借助电子显微镜才能看到，噬菌体一般可以由衣壳或多面体的头部和纤细的尾丝构成，头部位置包裹着 DNA 或 RNA（噬菌体基因组）。噬菌体具有一定的宿主范围，即每一种噬菌体只有在一定的宿主菌中才能够产生噬斑。

噬菌体类似于其他病毒，无法独立生活，而是以寄生的方式生活在微生物细胞内，依靠细菌的功能完成自身的代谢过程。不同噬菌体基因组之间的差异较大，小到几个基因，大到上百个基因，基因组能够紧密地包装在噬菌体头部。当成熟的噬菌体颗粒遇到生长迅速的受体菌时，尾丝将会结合在特殊的受体上，通过头部的收缩将 DNA 注入受体细胞，借助受体细胞的 RNA 聚合酶转录合成早期 mRNA，随之翻译成早期蛋白，干扰受体细胞的正常生长。通过上述酶类的作用，噬菌体的 DNA 开始复制，随后基因转录为 mRNA 并翻译为后期蛋白，后期蛋白装配成噬菌体的头部、尾部和尾丝，组建成熟的噬菌体颗粒，使得受体细胞裂解，数以百计的噬菌体颗粒得到释放，此过程大约需要 40min。

2.4.2.2 病毒基因组及其结构

病毒基因组相较而言比较简单，核酸的分子量大约为 $1.6\times10^7 \sim 1.6\times10^8$。但是不同类型的病毒基因组差异较大，主要是因为病毒的核酸存在差异，一些是 DNA，另一些是 RNA。此外，还有单链、双链、线状和环状的区别。一些单链 RNA 病毒的基因组还存在不同的极性，有正、负链之分，有的正链 RNA 病毒基因组的 5′ 端具有帽子结构，有的 3′ 端具有 poly（A）结构。

（1）DNA 病毒

DNA 病毒的基因组存在单链和双链之分，并且以线状或者环状的形式存在，大多数为单一分子，另外一部分是数个核酸分子构成的分段基因组。痘病毒、腺病毒、疱疹病毒均为双链线状 DNA 基因组，末端存在重复序列或冗余序列，在适当条件下可以构成环状分子。腺病毒（Adenovirus）是一种典型的双链 DNA 病毒。

腺病毒科分为禽腺病毒属（*Aviadenovirus*）和哺乳动物腺病毒属（*Mastadenovirus*）。当腺病毒感染宿主细胞后，某些宿主细胞基因的表达将会关闭，合成病毒蛋白质，导致宿主细胞的功能失常。病毒的结构蛋白可以在细胞核内构成包涵体，这是腺病毒感染宿主细胞的重要特征。

（2）RNA 病毒

RNA 病毒基因组呈线状，分为单链和双链，其中一部分是分段的，另一部分是单一分子。单链 RNA 包括正链和负链，其中正链 RNA 的基因组具有 mRNA 活性，有侵染性，而负链 RNA 基因组以及双链 RNA 无侵染性，转录和复制是依靠病毒自身 RNA 聚合酶完成的。病毒基因组的基因表达和调控主要受到 RNA 二级结构的影响。黄病毒科丙型肝炎病毒（HCV）属于 RNA 病毒。

2.4.3　真核生物基因与基因组

2.4.3.1　断裂基因

1977 年，Roberts 和 Sharp 在腺病毒 mRNA 合成的过程中，发现 5′ 端存在断裂基因（split gene），拓宽了人们对基因结构的认知。断裂基因中包含内含子（intron）和外显子（exon），内含子和外显子呈相间排列，两者可共转录为前体 mRNA，通过转录后加工以除去内含子，拼接为成熟的 mRNA，随后翻译成蛋白质。

大多数高等真核生物的基因都是断裂基因，起始和终止区段均为外显子。不同物种基因外显子的数目差异较大，其中昆虫细胞外显子数目较少，一般不超过 10 个，而哺乳动物外显子数目较多，个别的多于 60 个。核基因的内含子一般没有编码蛋白质的功能，但拥有翻译蛋白的终止密码子。不同结构基因中内含子的数目和大小也存在差异，如卵清蛋白基因包含 7 个内含子，二氢叶酸还原酶（DHFR）基因拥有 5 个内含子，珠蛋白类的基因中有 2 个内含子。内含子的 DNA 序列结构遵循“GT-AG”规律，即内含子 5′ 末端大部分是 GT 开始，3′ 端以 AG 结束，并且与 RNA 内含子的剪接有关。

2.4.3.2　基因家族与基因簇

真核生物的基因组中包含许多来源相同、功能相关、结构相似的基因，该组基因称为基因家族（gene family）。同一基因家族的成员既可以存在于不同的染色体，也可以存在于同一染色体，可以有间隔序列，也可以紧密集中在一起，并且间隔序列是中度重复序列。

2.4.3.3　串联重复基因

某一基因家族的所有基因属于同源重复基因，但序列之间差异较大。串联重复基因具有 3 个特点：各个成员之间的序列高度一致；拷贝数较高；非转录间隔区较短但一致。其中串联重复基因主要包括组蛋白基因、tRNA 基因和 rRNA 基因，这些产物大量存在于细胞中。

2.4.3.4　细胞质基因

真核生物细胞中的线粒体和叶绿体是两个重要的细胞器，携带的遗传物质（基因）被称为细胞质基因。一个细胞中一般含有多个线粒体和叶绿体，并且一个细胞器中通常含有几个或几十个相同的DNA分子，因此细胞质基因的数量很多。

细胞质中的细胞器是一个相对独立的单位，含有单独的蛋白质合成系统。叶绿体和线粒体均编码自身所需的一些蛋白质、rRNA和tRNA，核基因编码其余所需的蛋白质，合成后输入叶绿体和线粒体中。细胞器中包括与相应蛋白构成大亚基和小亚基的两种rRNA，其tRNA相比于核基因编码的tRNA小。核基因编码的用于细胞器蛋白质合成的有关酶是专一的，仅仅用于合成细胞器内的蛋白质。

2.4.3.5 真核生物基因组的特点

与原核生物基因组相比，真核生物基因组具有如下特点。

① 真核生物的基因组主要存在于细胞核中，核内的DNA与组蛋白结合构成稳定的染色体结构。

② 真核生物的基因为断裂基因，基因中的内含子和外显子间隔排列。

③ 真核生物基因组的转录后产物需要经过一系列的处理才能形成成熟的mRNA，如剪切、拼接、加帽和加尾。

④ 真核生物基因组的转录和翻译按照先后顺序进行，首先转录产物经过加工处理转运到细胞质，随后再进行翻译。

⑤ 真核生物基因组存在多个复制起点，缺少明显的操纵子。

2.4.4 真核生物染色体及其结构

（1）染色质与核小体

① 染色质　细胞分裂期间真核生物的染色体以染色质的形式存在。染色质（chromatin）由核小体成串排列而成，是一种纤维状结构。染色质是一种能够被碱性染料染色的物质。常染色质（euchromatin）是细胞染色过程中较浅的部分，其中染色质丝的折叠压缩程度较小，DNA的包装比（DNA的实际长度与形成的染色体长度的比）为1000～2000，常染色质在细胞分裂过程中进一步压缩成为染色体结构，DNA的包装比为10000。异染色质（heterochromatin）是染色较深的部分，异染色质区域一般处于着丝点部位，染色质丝折叠压缩非常紧密，压缩程度在整个细胞生活的周期中变化不大，DNA的包装比基本不会发生变化。异染色质包括组成性异染色质（constitutive heterochromatin）和兼性异染色质（facultative heterochromatin）两种。组成性异染色质中的DNA序列在任何个体、发育阶段以及组织器官中均不能转录；兼性异染色质在特定情况下是常染色质，其他情况下为异染色质。研究发现，基因的转录活性与染色质的折叠压缩程度联系紧密。一般认为染色质的紧密折叠压缩是关闭基因活性的一种手段。常染色质状态可作为基因转录的必要条件。

② 核小体　染色质的基本结构单位是核小体（nucleosome），由核心颗粒（core particle）和连接DNA（linker DNA）组成。

（2）染色体的形态与结构

① 染色体形态　染色体的典型期是细胞分裂的中期，此时染色体的形态也最为明显。每条染色体均由两条染色单体构成，中间狭窄处为着丝粒（centromere），也被称为主缢

痕，染色体被分为短臂和长臂。近端着丝粒染色体短臂末端的随体（satellite）为圆球形结构，细丝和短臂在中间相连。某些染色体长臂上存在的次缢痕是一个较小的狭窄区。端粒（telomere）结构存在于染色体臂的末端，能够保持染色体的完整性。

② 染色体结构　染色体超微结构表明，直径 10nm 串联排列的核小体高度螺旋化形成染色体。染色体的“一级结构”是由密集成串的核小体在核质中形成的直径 10nm 的染色质纤维，并且被称为“念珠”状结构，此时的 DNA 分子被压缩成原来的 1/7 左右。染色体的“二级结构”是由染色质纤维进一步螺旋化而形成的中空线状体，被称为螺线体或核丝，其内径 10nm，外径大约 30nm，螺距 11nm，并且每个螺距内拥有 6 个核小体，DNA 的长度再次被压缩为原来的 1/6。染色体的“三级结构”是由螺线体进一步螺旋化形成直径 0.4μm 的圆筒状超螺线管结构，称为超螺线体，此时的 DNA 长度被压缩至原来的 1/40。染色体的“四级结构”是由超螺线体通过进一步折叠盘绕而形成的染色单体，一条染色体是由两条染色单体组成，DNA 的长度被再次压缩为原来的 1/5。因此，染色体从“一级结构”到“四级结构”，DNA 的长度被压缩至原来的 1/8400［1/（7×6×40×5）］。

③ 着丝粒与端粒　染色体的着丝粒序列长 130 bp 左右，中部序列拥有较多的 AT，两端是高度保守的序列，附近还拥有高度重复的卫星 DNA，该卫星 DNA 不能与组蛋白结合形成异染色质区。着丝粒呈高度浓缩状态，对低渗膨胀和核酸酶消化富有抗性，与纺锤体起到相互促进的作用。

染色体末端的端粒结构在保持染色体的稳定性和完整性方面发挥着重要作用。低等真核生物的营养核中存在大量的核糖体 DNA（rDNA），较易发现端粒结构。端粒结构具有以下特点：较短的正向重复序列较多，3′ 端富含 G，5′ 端富含 C；3′ 端为单链末端；蛋白因子可以保护端粒部分 DNA，使外切核酸酶和单链特异性内切核酸酶无法识别。

2.4.5　酵母基因组及其特点

酵母是重要的真核模式生物，通过深入研究酵母基因组，可以提高人们对高等真核生物基因组结构和功能的了解。1996 年，EUROFAN（欧洲功能分析网络，European Functional Analysis Network）首次完成了酵母基因组的测序工作，获得了真核生物基因组的完整核苷酸序列。

酵母基因组全长 12068kb，共有 6500 个基因，其中编码专一性蛋白质的 ORF 有 5885 个，占到核苷酸总数的 72%，平均 2kb 就存在一个编码蛋白质的基因。ORF 的平均长度是 1450bp，第Ⅻ号染色体上存在最长的 ORF，但功能尚不清楚，包含 4910 个密码子，最短的仅仅有 40 个密码子。5885 个编码蛋白质的基因中，已知功能的基因占到 43.3%，可推测基因功能的占到 20%，未知基因功能的占比为 38%。酵母基因组的特征如下。

① 高度重复。高度重复的酵母基因组反映了一种进化策略。如基因簇及单个基因重复、三核苷酸串联重复和多条染色体末端拥有较长的同源区等。

② 基因密度和重组频率与 GC 含量相关联。GC 含量与区域基因密度和重组频率成线性关系。

③ GC 低分度区存在染色体的转座子 Ty 元件或 Ty 元件的长末端重复（long terminal repeat，LTR）序列，一般处于 tRNA 基因的上游。

酵母基因组基因丰余（gene redundancy）的大致结构是由酵母染色体末端重复、单个基因重复和成簇同源区组成，对其本质和功能的研究，是阐明酵母基因组基因功能的关键。

课后习题：

1. 请简述现代分子生物学的研究内容。
2. 简述 DNA 一、二、三级结构的特征。
3. 将外源 DNA 导入原核细胞的常用方法是什么？
4. 利用原核细胞表达真核生物基因时应该注意什么？
5. 基因组学和生物信息学的联系和区别分别是什么？

参考文献

[1] 常爱英，王明义 . 生物信息学在预测未知蛋白结构与功能中的应用 [J]. 医学检验与临床，2013，24（2）：53-55.

[2] 宫兆波，郭瑛瑛，张燕萍，等 .基因工程菌在石油污染修复中的研究进展与前景 [J]. 环境化学，2024，43(1)：14-26.

[3] 雷华，赵广展，林志艺 . 基因功能验证方法及研究进展 [J]. 四川农业科技，2023（9）：83-86.

[4] 李佳怡，陈远方，杨雨荷 . 基于 DNA 纳米技术的生物大分子组装与成像 [J]. 科学通报，2023，68（32）：4383-4400.

[5] 林亚静，刘志杰，龚为民 . 蛋白质结构研究 [J]. 生命科学，2007，19（3）：289-293.

[6] 刘述，丁虹，赵可心，等 . RNA 结合基序蛋白家族介导的可变剪接在心肌疾病中的研究进展 [J]. 基础医学与临床，2022，42（8）：1274-1278.

[7] 吕茂民，章金刚 . 生物质谱技术及其应用 [J]. 生物技术通报，2001（4）：38-41.

[8] 马亚雪，王嘉杰，巴志超，等 . 颠覆性技术的后向科学引文知识特征识别研究——以基因工程领域为例 [J]. 图书情报工作，2024，68（1）：116-126.

[9] 翁雅娟，特日格乐，宋代玲，等 . 转录因子在基因可变剪接中的作用 [J]. 黑龙江畜牧兽医，2023（17）：37-43，54.

[10] 吴思怡，吴林秀，王凡，等 . 不动杆菌磷脂酶 D 基因的表达、生物信息学及底物选择性分析 [J]. 食品工业科技，2024，45（13）：1-12.

[11] 熊强，丁立新，姜晓燕，等 . X 射线测定蛋白质结构的技术进展与研究现状 [J]. 癌变 . 畸变 . 突变，2019，31（1）：82-85.

[12] 徐甲强，崔倩倩 . 蛋白质三维结构解析的方法 [J]. 河南师范大学学报（自然科学版），2023，51（4）：116-124.

[13] 袁萌，李辉，王守志 . 大规模平行报告基因测定：一种分析基因表达调控的新技术 [J]. 遗传，2023，45(10)：859-873.

[14] 张双虎，黄辛 . 科学家揭示基因转录终止机制 [N]. 中国科学报，2023.

[15] 张小春 . DNA 重组技术的基本工具热点例析 [J]. 生物学通报，2011，46（1）：24-26.

[16] 张小梅，彭萱，龙雨欣，等 . 原核生物的启动子及其研究方法进展 [J]. 基因组学与应用生物学，2024，43（6）：943-957.

[17] 张亚旭 . DNA 重组技术的研究综述 [J]. 生物技术进展，2012，2（1）：57-63.

[18] 张瑜，王霞，张永卓，等 . RNA 内参在转录组测序质量控制中的应用 [J]. 计量学报，2023，44（5）：818-825.

[19] 张作胜 . 小桐子低温响应可变剪接分析及相关基因的功能验证 [D]. 昆明：云南师范大学，2022.

[20] 赵广华，张晓荣 . 蛋白质自组装研究进展 [J]. 山西大学学报（自然科学版），2022，45（3）：744-759.

[21] 赵相东，王乐，马卢杰，等 . 生物大分子相分离及其在转录调控中的功能 [J]. 生物化学与生物物理进展，2024，51（4）：1-14.

[22] 周翔达，宋晓，怀聪，等 . 耐热 DNA 连接酶介导的 TLCR 技术在简化 DNA 重组实验中的应用 [J]. 遗传，2016，38（2）：163-169.

[23] Bieber J, Nüske R, Wahnert U, et al. Isolation of RNA polymerase and DNA polymerase from *Streptomyces* strains[J]. Zeitschrift Für Allgemeine Mikrobiologie, 1980, 20(10): 673-676.

[24] Biterge B, Schneider R. Histone variants: key players of chromatin[J]. Cell and Tissue Research, 2014, 356(3): 457-466.

[25] Chen C C, Wu H Y. Transcription-driven DNA supercoiling and gene expression control[J]. Frontiers In Bioscience: A Journal and Virtual Library, 2003, 8: d430-439.

[26] Deutscher M P, Ghosh R K. Preparation of synthetic tRNA precursors with tRNA nucleotidyltransferase[J]. Nucleic Acids Research, 1978, 5(10): 3821-3829.

[27] Dittmar K A, Mobley E M, Radek A J, et al. Exploring the regulation of tRNA distribution on the genomic scale[J]. Journal of Molecular Biology, 2004, 337(1): 31-47.

[28] Ebright R H. RNA polymerase: Structural similarities between bacterial RNA polymerase and eukaryotic RNA polymerase Ⅱ [J]. Journal of Molecular Biology, 2000, 304(5): 687-698.

[29] Gutgsell N S, Jain C. Gateway role for rRNA precursors in ribosome assembly [J]. Journal of Bacteriology, 2012, 194(24): 6875-6882.

[30] Henninger J E, Oksuz O, Shrinivas K, et al. RNA-Mediated feedback control of transcriptional condensates[J]. Cell, 2021, 184(1): 207-225.

[31] Khobta A, Epe B. Interactions between DNA damage, repair, and transcription[J]. Mutation Research, 2012, 736(1-2): 5-14.

[32] Kimata Y, Leturcq M, Aradhya R. Emerging roles of metazoan cell cycle regulators as coordinators of the cell cycle and differentiation[J]. Febs Letters, 2020, 594(13): 2061-2083.

[33] Lezhava T. Chromosome and aging: genetic conception of aging[J]. Biogerontology, 2001, 2(4): 253-260.

[34] Maya-Mendoza A,Aranda-Anzaldo A. Positional mapping of specific DNA sequences relative to the nuclear substructure by direct polymerase chain reaction on nuclear matrix-bound templates[J]. Analytical Biochemistry, 2003, 313(2): 196-207.

[35] Mishra K, Kanduri C. Understanding long noncoding RNA and chromatin interactions: what we know so far[J]. Non Coding RNA, 2019, 5(4): 54.

[36] Mitra S. DNA replication in viruses[J]. Annual Review of Genetics, 1980, 14: 347-397.

[37] Poon G M K. The non-continuum nature of eukaryotic transcriptional regulation[J]. Advances in Experimental Medicine and Biology, 2022, 1371: 11-32.

[38] Pullman B, Pullman A. Submolecular structure of the nucleic acids[J]. Nature, 1961, 189: 725-727.

[39] Rakhuba D V, Kolomiets E I, Dey E S, et al. Bacteriophage receptors, mechanisms of phage adsorption and penetration into host cell[J]. Polish Journal of Microbiology, 2010, 59(3): 145-155.

[40] Safia S, Ugochukwu C S, Sinéad D. Programmed cell death in developing *Brachypodium distachyon* grain[J]. International Journal of Molecular Sciences, 2021, 22(16): 9086.

[41] Sebastian R, Oberdoerffer P. Transcription-associated events affecting genomic integrity[J]. Philosophical Transactions of the Royal Society B Biological Sciences, 2017, 372: 1731.

[42] Spadari S, Montecucco A, Pedrali-Noy G, et al. A double-loop model for the replication of eukaryotic DNA[J]. Mutation Research, 1989, 219(3): 147-156.

[43] Ts'O P O, Helmkamp G K, Sander C. Secondary structures of nucleic acids in organic solvents. Ⅱ. Optical properties of nucleotides and nucleic acids[J]. Biochimica Et Biophysica Acta, 1962, 55: 584-600.

[44] Vandamme J, Castermans D, Thevelein J M. Molecular mechanisms of feedback inhibition of protein kinase a on intracellular cAMP accumulation[J]. Cellular signaling, 2012, 24(8): 1610-1618.

[45] Wende W, Friedhoff P, SträBer K. Mechanism and regulation of co-transcriptional mRNP assembly and nuclear

mRNA export[J]. Advances In Experimental Medicine and Biology, 2019, 1203: 1-31.

[46] Zangle T A, Chun J, Zhang J, et al. Quantification of biomass and cell motion in human pluripotent stem cell colonies[J]. Biophysical Journal, 2013, 105(3): 593-601.

[47] Zhong Z H, Feng S, Duttke S H, et al. DNA methylation-linked chromatin accessibility affects genomic architecture in *Arabidopsis*[J]. Proceedings of the National Academy of Sciences of The United States of America, 2021, 118(5): e2023347118.

[48] Zhou S J, Lin Y, Zhao Z G, et al. Targeted deprivation of methionine with engineered *Salmonella* leads to oncolysis and suppression of metastasis in broad types of animal tumor models[J]. Cell Reports Medicine, 2023, 4(6): 101070.

[49] Zhu L, Skoultchi A I. Coordinating cell proliferation and differentiation[J]. Current Opinion in Genetics & Development, 2001, 11(1): 91-97.

第 3 章 环境微生物的分子分类

3.1 微生物的分类系统

3.1.1 微生物的分类与鉴定

微生物分类就是按照属性将所有的微生物进行种群划分，并且依据各种群间自然的异同演替关系建立一个系统，任一种群在该系统中均有自己的地位和称谓，这便于科学界的交流和防止种名的混淆。鉴定是对一个新分离的微生物形态和生理生物特征确定，并将其归类为已经存在的分类单位中的过程。微生物的分类、命名以及鉴定是微生物分类学中互相关联的三要素。

微生物种类繁多，分类鉴定难度大，因此，建立物种及其相互关系的系统是微生物分类学的首要任务。而该过程是基于大量已知特征的微生物个体信息，并且这些个体还应具有被广泛采纳的名称，同时，该系统能够为分离新物种或发现新物种提供指导。

3.1.1.1 分类单位

微生物的分类单元从高到低分别为界（kingdom）、门（phylum）、纲（class）、目（order）、科（family）、属（genus）、种（species），每个分类单元下还存在亚单位，例如纲、目下的亚纲和亚目等。种是分类的基本单元，然而，人们在细菌种的概念中存在分歧。比种更高一级的分类单位是属，一般包含具有一些共同特征或关系密切的种。

细菌分类学家通常认为两物种的 16S rDNA 序列的同源性低于 97%，即为属类的不同种，当同源性在 93% ～ 95% 之间时，则可能是属外成员。一个物种必须具有的属性为种和属，一个生物个体的名称由属名和种名构成。

3.1.1.2 原核生物的分类

目前，国际上广泛承认和普遍使用《伯杰氏细菌鉴定手册》对原核生物进行分类。《原核生物》和《伯杰氏细菌鉴定手册》第二版都采用了 16S rRNA 序列同源性系统发育体系。这是一种非常重要的分子生物学手段。

3.1.2 分类方法

运用微生物的多种信息，主要包含表型信息、基因型信息以及系统发育信息，综合研究微生物的分类和系统进化。目前研究各级分类单位较为有效的手段有传统分类、数值分类、化学分类和分子分类等，能够对所有水平的分类单位进行描述和定义。

3.1.2.1 传统分类

传统分类主要是按照微生物的形态特征（morphological characteristic）、培养特征（cultural characteristic）和生理生化特征（physiological and biochemical characteristic）等表观信息（phenotypic information）进行描述分类。目前，微生物教科书和《伯杰氏细菌鉴定手册》中的大部分细菌分类单位基本都建立在传统分类的基础上。传统分类虽然是人们认识微生物地位和研究微生物进化的基础，但是并不能确切说明微生物遗传进化的地位和关系。

3.1.2.2 数值分类

近年来，依据微生物分类学的数据信息，在计算数学原理和技术的基础上辅助定义微生物分类单位的数值分类（numerical classification）应运而生，并且已经形成了一个独立的研究领域。主要包括以下 4 步：①收集实验（t）中获得的被分类菌株（n）的大量数据，包括生化、生理和形态等实验，随后建成一个 $n \times t$ 的矩阵模型；②利用得出的数据矩阵模型，对试验菌株的非相似性或相似性进行分类；③相互关系较为密切的菌株使用聚类分析的方法划归类群；④对数值上定义的类群进行检验，根据矩阵模型计算出可以区分它们的任何特性，进行加权鉴定。

3.1.2.3 化学分类

化学分类（chemotaxonomy）是对微生物细胞的不同化学特性进行研究，并且依据该特性对生物个体进行鉴定和分类的方法。鉴于细胞特定化学组分及分子结构的稳定性较好，化学分类成为原核生物系统分类学的主要方法之一。一般情况下，经常使用的特异性细胞化学特性主要包括：细胞壁化学组分、脂肪酸、分枝菌酸、磷酸类脂、甲基萘醌、全细胞蛋白和核糖体蛋白等。许多适宜统计分析的化学技术方法在细菌分类中得到了广泛应用。

3.1.2.4 分子分类

分子分类是对生物个体的 DNA、RNA 以及蛋白质在分子水平上进行研究，并且根据所获得的基因型信息对生物个体进行分类。分子分类的方法一般包括 DNA-DNA 分子杂交、DNA-RNA 杂交、DNA 分子多型分析、DNA (G+C) 含量分析，以及核酸序列分析等。核酸序列分析包括 rDNA 转录间隔区（internal transcribed spacer, ITS）序列分析和 16S rRNA/rDNA 序列分析等。不同的分类水平采用不同的分类方法（图 3-1），16S rRNA/rDNA 序列分析作为最重要的工具和手段常被人们使用。

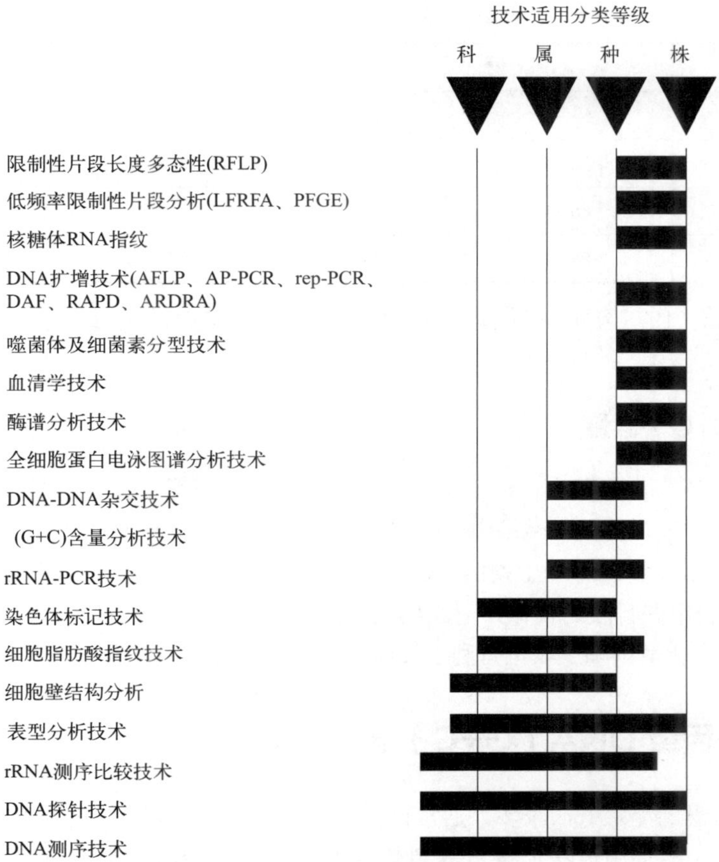

图 3-1　不同分类方法适用于不同分类水平

3.2　DNA 组成分析

3.2.1　DNA 中（G+C）的含量

3.2.1.1　DNA 的物理结构

DNA 的四种碱基顺序决定了一级结构。DNA 的一级结构中，A、T、G、C 四种碱基并非均匀分布，虽然 DNA 双螺旋具有大体相同的构型，但是 DNA 长链各处的物理结构并不完全相同，且各处双螺旋结构的稳定性也存在差异。一些情况下这种差异较为明显，在特殊情况下甚至对双螺旋结构产生了干扰，如 Z 型 DNA。这些均表明大分子的高级结构是由一级结构决定的。

研究人员对相邻的二核苷酸对进行探究，发现碱基对的组成相同，嘌呤和嘧啶的排列顺序却不同，双螺旋结构的稳定性也存在较为显著的差异。根据 Gotoh（1981 年）的研究，十种相邻二核苷酸对的 T_m 如表 3-1 所示。

表 3-1 相邻二核苷酸对的 T_m 单位：℃

5′ → 3′	A	T	G	C
A	54.50	57.02	58.42	97.73
T	36.73	54.50	54.71	86.44
G	86.44	97.73	85.97	136.12
C	54.71	58.42	72.55	85.97

将 Ornstein（1978 年）的碱基堆积能数值与 Gotoh 获得的 T_m 结合起来绘制相关图，其相关系数接近于 1。

3.2.1.2 （G+C）含量

DNA 由许多核苷酸组成。一个磷酸分子、一个脱氧核糖以及一个碱基共同组成单核苷酸。DNA 结构包含的四种碱基中，G 和 C 的含量均相等。因此，DNA 的碱基组分都以（G+C）的含量来计算，每个生物的（G+C）含量均不同。其中，动植物 DNA 的（G+C）含量变化幅度较窄并且较为相似，而原核生物细菌的（G+C）含量变动幅度较大，通常为 25% ～ 80%，变化范围幅度较宽有利于细菌分类。

3.2.2 基因组 DNA（G+C）含量的测定

（G+C）含量的测定方法较多，通常包括水解和色谱分析法、氯化铯密度梯度离心法、热变性温度法（熔解温度法）等，其中热变性温度法（thermal denaturation temperature）具有操作简便、重复性好以及精确度高等优点。

（1）热变性温度法

配对碱基的氢键在双链 DNA 中处于不断断裂和再生的状态，尤其是稳定性较差的富含 A-T 的区段，具有较为明显的断裂和再生状态。在微观上会发生双螺旋的“呼吸”作用，也就是形成瞬间的单链泡状结构的过程。“呼吸”作用在一些双链 DNA 开链成单链蛋白质中发挥着重要作用，主要是因为这些蛋白质需要位于呼吸状态的双链 DNA 阅读和识别 DNA 内部所含的信息，如碱基序列、氢受体的数目和方位以及碱基上能够作用的氢供体等。

研究发现，^3H_2O（重水）的 ^3H 交换反应以及甲醛和自由氨基的反应可以通过双螺旋 DNA 的“呼吸”作用得到证实。碱基对内的氢键在“呼吸”作用下处于不断断裂和再生的过程。发生断裂时，^3H_2O 可以与氢键上的氢原子发生交换。甲醛可以与自由的氨基（—NH_2）发生反应，促使自由氨基不再以可逆的形式参与氢键形成，因此自由氨基和甲醛经过长时间的反应，呈局部解链状态。

DNA 的变性是双螺旋 DNA 熔解成单链的过程。隐藏在双螺旋内部的发色基团经过变性后成为单链暴露出来，促使 DNA 的化学和物理性质发生一系列的改变，主要包括 DNA 生物活性方面发生激烈的变化、沉淀速度增加、紫外吸收光谱变化、浮力密度上升以及生物活性丧失等。

紫外吸收光谱的变化是 DNA 变性过程中监测变性最简单的定性和定量的方法。260nm 处核酸的吸光度表示为 A_{260nm}，核酸的分子结构决定吸收光的强度。吸收光越少结构越有序。因此，游离核苷酸比单链 DNA 或 RNA 的吸收光更多，而单链 DNA 或 RNA 的吸收光比双链 DNA 分子的强，其中 A_{260nm} 的数值如下。

双链 DNA： $A_{260nm}=1.00$

单链 DNA： $A_{260nm}=1.37$

游离碱基、核苷酸： $A_{260nm}=1.60$

因此，DNA 结构的变化通常使用双链 DNA 的减色或碱基（核苷酸）的增色效应来描述，并且可以用来跟踪 DNA 的变性。

关于 DNA 的变性作用，以温度和紫外吸光度 A_{260nm}（或任何其他物化性质的数值变化）作图，追踪它们的变化可以得到一条 S 曲线（如图 3-2 所示）。紫外增色效应在一个相当狭窄的范围内出现了一个跳跃。DNA 熔点是紫外吸收值发生跳跃的温度。熔点 T_m 是 DNA 中 50% 碱基对发生变性的温度，也就是增色效应达到一半时的温度。

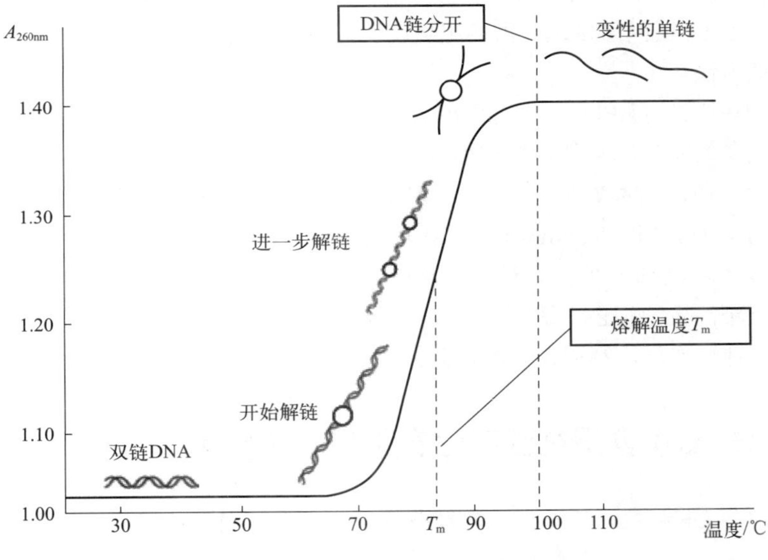

图 3-2 热变性温度法测量 T_m 值的原理

DNA 在一定的离子强度和 pH 中处于不断加热变性的过程，随着氢键逐渐打开，天然构型的互补双链螺旋则不断地变成单链，造成核苷酸基的增色效应，260nm 波长处的紫外吸收峰明显增加，当双链完全变成单链后，紫外吸收的强度不再增加。热变性过程中，热变性温度或解链温度（T_0）是紫外吸收增加的中点值所对应的温度。若某细菌 DNA 的（G+C）含量高，则其 T_m 值也高，反之亦然。依据测量的 T_m 值可以推算出（G+C）的摩尔分数。

① T_m 值的测定。待测 DNA 样品使用 1×SSC（缓冲液）适当稀释，使得吸光度在 0.2 ～ 0.4 之间，装入石英比色杯中，使用带有半导体点温计热敏电阻探头的塞子封口，以 1×SSC 作为对照组。将比色杯置于带有加温装置的分光光度计比色架内，固定波长在 260nm。

首先记录 25℃的吸光度（A_{25}），随后将温度迅速升高至 50℃左右，检查比色杯是否存在气泡，若有气泡则用手指轻弹除去。对比色杯持续加热，当温度升至变性温度前 3 ～ 5℃时，停止加热，稳定 5 ～ 10min 后再以 1℃为梯度逐渐升温。每升高 1℃维持约 5min，直到吸光度不再增加为止。每次升温之前应准确记录比色杯中的温度和对应的吸光度（A_i），以绘制热变性扫描曲线。

②（G+C）含量的计算。以化学方法直接测定的碱基成分为基础，利用 T_m 值和经验公式计算（G+C）含量。每个实验室都建立有自己的 T_m 值测定标准以及参比菌株的 DNA，是为了防止试验过程中化学试剂、仪器以及缓冲液等所引起的试验误差。

（2）氯化铯密度梯度离心法

氯化铯（CsCl）密度梯度离心法又称为浮力密度法（buoyant density）。在氯化铯中，DNA 的（G+C）含量与浮力密度呈线性的关系。当 DNA 分子在溶液中高速离心时，CsCl 密度梯度在一定的部位形成 DNA 带，此时 DNA 分子密度相当于这个部位 CsCl 的密度，而中点的 DNA 密度为浮力密度。浮力密度法具有方便和可重复性好的优点，为 DNA 样品成分及其他特性的测定提供了一个标准方法。若结合热变性温度法使用，还能预测 DNA 一些罕见成分的存在，并且仅需利用少量部分纯化的核酸，该方法具有操作简便的优点，但是存在 CsCl 试剂昂贵以及需要用到超速离心机等劣势。

（3）其他方法

高效液相色谱法（HPLC）也可以测定（G+C）含量。其主要步骤为：将测定的 DNA 利用高氯酸制备为游离的碱基，准确称取四种核酸的碱基标准品并定容，定量注入高效液相色谱仪作为对照。四种碱基 G、C、A 和 T 在不同的时间分离，出现峰形。依据峰面积可以判定其对应的数值（以 nmol 计），计算出单位面积的数值（以 nmol 计）K 值。利用各峰面积乘以各种碱基 K 值，则得出样品中碱基的数量（以 mmol 计），求出（G+C）的摩尔分数。反相高效液相色谱法测定（G+C）的摩尔分数具有以下优势：直接测定、灵敏度高、快速、计算方便，利用在线的计算机直接进行数据处理使得操作计算更为简便。

3.2.3 （G+C）含量在细菌分类鉴定中的作用

通过对细菌 DNA 中（G+C）的含量进行测定来判断细菌种属间的亲缘关系，通常遵循下述原则。

①（G+C）含量测定的主要作用在于否定取向，即（G+C）含量在一定范围内是不同的菌株，可以肯定其不是同种细菌，但是（G+C）含量在一定范围内相同的菌株也未必是同种或相近的细菌，因为（G+C）含量相同的菌株，它们的碱基排列顺序也不一定相同。这需要结合形态、生理生化、核酸杂交或 16S rRNA 序列分析法进行综合分析判定。

② 当两株细菌（G+C）含量的差异在 2% 以内时，则是无意义的，两株菌（G+C）含量大于 5% 时，可以断定该菌属于不同的种。此时（G+C）含量的判断价值比任何试验中的价值都大，甚至在其他性状相似的条件下也能对上述情况进行判断。若两株菌（G+C）含量的差异在 10% ～ 15% 时，判定为相同属的不同细菌；若差异在 20% ～ 30% 时，可以判定为不同属、不同科的细菌。

③ 对于细菌的认识应该首先从形态解剖学开始，随后逐步对生理生化性状进行研究，然后对 DNA 的（G+C）含量进行测定，把表型特征与分子生物学指标相结合。在一般细

菌的鉴定中，（G+C）含量的测定与其他指标项目的鉴定价值是相同的。对表型相似疑难菌株的鉴定、新菌的命名以及建立新的分类单位来说，（G+C）摩尔分数（mol%）是非常重要的且必不可少的分类鉴定特征。

3.3　DNA 分子杂交技术

3.3.1　DNA 的变性和复性

3.3.1.1　DNA 的变性条件

保障 DNA 双螺旋结构的稳定性主要是依靠氢键与疏水作用，因此破坏氢键和疏水作用都可以对双螺旋的结构造成破坏。一切可以破坏水的氢键结构的相关因素也对双螺旋结构起作用，如加热、有机溶剂、酰胺、尿素和极端 pH 等相关物理化学因素。

这些非共价键之间相互作用的自由能并不比室温下热运动的能量大。因此，加热能够破坏核酸的双螺旋结构，在沸水中且 pH 小于 3.0 或者大于 10.0 的条件下，双螺旋 DNA 可以变性成为单链 DNA。

某种 DNA 的 T_m 值受到许多因素的影响，主要包括溶液中离子强度、有机溶剂以及双螺旋分子内的（G+C）含量。

探究 DNA 变性过程的方法较多，主要包括加热变性和使用变性剂。通常使用分光光度法、量热法、色谱法、流体力学法、圆二色性法以及旋光色散法等测量变性，因 DNA 中碱基嘌呤和嘧啶 π-π 环的转变，所以在 260nm 处有明显的吸收峰。DNA 在变性的过程中有序排列的碱基被打乱，于是对光的吸收能力增加。

3.3.1.2　DNA 的复性条件

复性是已经变性的 DNA 在 A_{260nm} 的相对值下重新恢复双链的过程。复性的发生必须满足以下两个条件：①存在足够高的离子强度以消除两条链中磷酸基团的斥力，一般在 NaCl 浓度为 0.15 ～ 0.50mol/L 的条件下发生复性；②高温能够破坏随即形成的无规则氢键，若温度过高，则无法形成氢键以维持双链。

假设 50kb 的双链 DNA，碱基互补，一定会有一些较短（如 4 ～ 6bp）的序列反复出现。单链之间的一些碰撞在解链后是无效的，仅有一部分碰撞得到的正确配对是稳定的。如图 3-3 所示。

```
       Ⅰa        Ⅰb        Ⅱ        Ⅰc
……ATGC……ATGC……CCCC……ATGC
……TACG……TACG……GGGG……TACG
       Ⅰa′       Ⅰb′       Ⅱ′       Ⅰc′
```

图 3-3　单链之间某些碰撞示意图

其中Ⅱ′和Ⅰa 的碰撞是无效的，而Ⅰa 和Ⅰc′之间的碰撞能够形成碱基配对，这种配对是暂时的，因为在互补区段附近的碱基无法配对，较为稳定的碱基状态无法出现，在温度足够高的情况下，就可以迅速分开。然而Ⅰa和Ⅰa′以及Ⅰb和Ⅰb′的重新配对能够促使周围碱基快速配对，整个双链就会合拢。

不同温度下发生复性的DNA稳定性存在差异，而真核生物DNA的复性产物较活跃，原核生物DNA较稳定，主要是因为原核生物的重复序列较少。

影响复性的因素主要有以下5种。

① 简单分子，例如多聚dC-多聚dG变性后，彼此之间的互补链较容易发现，因此能够迅速发生复性。真核生物的DNA极其复杂，相同条件下寻找与自己互补的链需要较长时间。其中，序列越复杂，需要的时间越长，速度也就越慢，因此DNA分子的复杂性起着重要作用。复性过程中互补链之间的精确碰撞是个限速步骤。

② 同一种DNA的浓度越高，互补链之间的碰撞机会就越多，复性的速度也越快。

③ DNA片段的大小也存在影响。较大线状单链的扩散会受到阻碍，使得互补链的碰撞机会减少。因此在研究复性时，需要把DNA剪切成400bp大小的片段，加快复性速度。

④ 温度的影响。复性的温度不宜过低，通常为5～10℃。温度对复性速度有着直接影响。

⑤ 溶液的阳离子浓度能够降低带负电荷DNA链之间的斥力。通常来说，复性速度会随着盐度的增加而增加。DNA复性主要依赖于两链之间的碱基氢键以及碱基疏水性堆积作用，但是电荷的存在不利于复性。因此盐离子所产生的屏蔽作用有利于复性，当盐离子浓度低于0.4mol/L时，复性不受影响。

3.3.2 DNA-DNA的分子杂交技术

核酸分子杂交技术是近年来微生物分类领域中快速发展的研究手段之一。分子杂交技术可以作为细菌分类鉴定的一种方法，还可以应用于基因工程、微生物学、环境工程微生物监测以及分子遗传学等方面的研究。当前，细菌的基因型可以直接通过DNA解读，但是测定全部基因组的核苷酸顺序费时耗力，如果利用自身DNA的核苷酸顺序的互补程度估计不同细菌基因型之间的全部相似性，那么就可以推定细菌之间的系统发育和亲缘关系。在测定DNA（G+C）含量（摩尔分数）过程中，当一群菌株（G+C）含量（摩尔分数）之间的差异在5%以内时，无法确定它们是否属于同一个种，若需观察它们DNA碱基序列的相似性，可以通过DNA-DNA分子杂交技术来解决该问题。

在细菌的进化过程中，DNA的碱基序列也发生了一定的变化。通常认为（G+C）含量（摩尔分数）相差1%，则DNA碱基序列的共同区域大约减少9%。当（G+C）含量相差在10%以上时，DNA碱基序列的共同区域基本消失。因此，DNA-DNA分子杂交技术最为适宜研究细菌的种水平，差异属于种间的水平。在DNA复性的最适条件下，DNA的同源性在70%以上的为种水平，在20%以上时，试验菌株可能属于同一个属。

3.3.2.1 杂交方法

DNA分子的杂交技术较多，依照其功能大致包括固相分子杂交和液相分子杂交两种。

（1）固相分子杂交

固相分子杂交通常包括琼脂凝胶法和滤膜法。滤膜法已经进行了相应的改进，利用

PM 液对杂交膜进行预处理，随后使用 3×10^{-3}mol/L Tris（pH=9.4）洗膜，在二甲基亚砜存在时进行杂交。

（2）液相分子杂交

液相分子杂交包括 S 内切酶分析、复性速率法和羟基磷灰石法等。

总体而言，以上杂交方法各有优缺点，具体情况应该具体分析。其中，固相杂交方法操作简单，但是效率略低；琼脂凝胶法测定的结果大约为实际同源的 40%，醋酸纤维素膜法杂交的结果能够达到实际同源的 75%；液相分子杂交的效率较高，一般可达 75% ～ 95%。

在工作量方面，固相分子杂交法是将测试的菌株 DNA 分别固定于膜上，随即进行一系列处理，工作量较大，并且膜上的 DNA 差异会严重影响杂交结果。液相分子杂交法不需要挂膜，也不需竞争，但在杂交反应完成后，需要把杂交后的双链 DNA 与单链 DNA 分开，此后的工作量增大。

3.3.2.2　杂交影响因素

（1）DNA 的纯度

DNA 的纯度决定了 DNA 杂交结果的好坏。DNA 不纯会导致杂交率偏低，甚至同源 DNA 膜上的标记 DNA 比空白膜上粘连的 DNA 还要少。通过以下措施就可以得到纯 DNA：利用酚或者酚 -氯仿混合物除去蛋白质；利用 RNase 和溶菌酶处理后，可以分别添加蛋白酶处理一次；最后可以分别用 75%、80%、90%、95%（体积分数）的乙醇清洗沉淀 DNA。

（2）杂交温度

温度在杂交过程中起重要作用。两个同源性在 50% 左右或者更低的 DNA，通过调整杂交温度可以促使它们之间的杂交率变化 10 倍。因此，确定杂交温度是试验的首要任务。一般情况下，最适复性温度 T_{OR}、苛刻复性温度（T_S）以及非苛刻复性温度（T_{NS}）为三种可供试验选择的温度。温度的选择以及对杂交的影响见表 3-2 和表 3-3。

表 3-2　DNA-DNA 分子杂交温度的选择范围（2×SSC）

DNA 中（G+C）含量 /%	杂交反应温度 /℃		
	T_{OR}	T_S	T_{NS}
30	62.3	73.3	52.3
35	64.9	74.9	54.9
40	67.4	77.4	57.4
45	70.0	80.0	60.0
50	72.5	82.5	62.5
55	75.1	85.1	65.1
60	77.6	87.6	67.6
65	80.2	90.2	70.2
70	82.7	92.7	72.7
75	85.3	95.3	75.3

表 3-3 杂交温度对杂交结果的影响（*E. coli* 为参照菌株，同位素标记 DNA）

菌株	杂交温度	
	60℃（T_m−30℃）	75℃（T_m−15℃）
大肠杆菌 / 大肠杆菌	100	100
大肠杆菌 / 鲍氏志贺菌	89	85
大肠杆菌 / 鼠伤寒沙门菌	45	11
大肠杆菌 / 蜂房哈夫尼菌	21	4

最适复性温度：$T_{OR}=T_m-25$（℃）；

苛刻复性温度：$T_S=T_m-10$（℃）或 15（℃）；

非苛刻复性温度：$T_{NS}=T_m-30$（℃）或 35（℃）。

不同的细菌在 2×SSC 反应液中，最适宜温度可以通过 T_{OR}=0.51×（G+C）%+47℃计算。各国科学家对同一种内不同菌株间的同源性范围的划分存在分歧。通常认为在最适复性条件下，同源性达到 75% ～ 100% 的菌株为同一个种；在苛刻复性条件下，同源性在 55% ～ 100% 的菌株属于同一种。其他研究人员称在最适复性条件下，当同源性在 60% 以上时就是种的范围，20% 以上时为属的范围。综上，温度越高配对越难，温度越低错配对越多。最适温度下的错配对不超过 22% ～ 25%。低温杂交特异性小，热稳定性也较低。

DNA 的分子杂交和 DNA 复性一般在高温条件下发生，但核酸长时间暴露于高温下是不利的，可以利用高浓度的盐溶液（如 6.2mol/L $NaClO_4$）或者一些有机溶剂的水溶液来降低反应温度。

（3）DNA 在反应中的浓度和比值

杂交试验中，膜上的 DNA 量、标记杂交液中 DNA 的浓度，以及加入竞争 DNA 的含量均对得到有效的杂交信息非常重要。直接杂交方法中，膜上的 DNA 量同标记 DNA 量之间的比值为 100 : 1 或更高。该方法可以使标记的 DNA 有足够的机会与膜上的 DNA 杂交，还能最大程度地阻止标记 DNA 本身的自我复性。竞争试验中，竞争 DNA 的量一般是标记 DNA 量的 40 ～ 60 倍，这样才能保证充分的竞争作用。液相杂交中，标记 DNA 量与未标记 DNA 量之比为 1 :（400 : 5000），一般使用 1 : 3000，该系统中 DNA 的杂交完全属于碰撞二级反应，此时做标记的 DNA 量就成为一个重要因素。

（4）分子量

DNA 的分子量通常为 1.66×10^{15} ～ 4.98×10^{15}。杂交反应中分子量越大，杂交速度就越快，错配对就越多。为了减少错配对或假配对，标记 DNA 必须剪切，使其分子量成为 1.8×10^4 ～ 3.1×10^4，即使相当短的互补碱基顺序（例如 30 ～ 50 个碱基对），也能形成杂交，可辨认部分同源性。剪切的方式主要包括使用超声波以及国产 4 号或 5 号的注射器。通过电泳方式检查分子量可以判别剪切效果。

（5）杂交反应时间

在以上条件都能够保证的前提下，保温时间就成为杂交的关键因素。杂交时间略短则反应不完全，而时间较长可能会出现非特异结合增多的现象。一般的杂交反应大约需要 20h。

3.3.2.3 DNA 杂交同源性有关的数据解释

① DNA 中的（G+C）含量大于 10%（摩尔分数）时，表明它们之间的关系较远，DNA 无法杂交。

② 如果两个菌之间的（G+C）含量相同，并且杂交同源性大于 70%，杂交物种的碱基顺序偏差较低时，它们的关系接近，为同一个种。

③ 若两个菌株的同源性低于 25%，杂交物种的碱基顺序偏差略高，尽管（G+C）含量接近，但它们不属于同一个种。

④ 苛刻条件或非苛刻条件下对关系较近的细菌进行杂交，得到的杂交率都较高，而不相关的菌在上述条件下进行杂交，其杂交率应该略低。

⑤（G+C）含量应该与测得的杂交率相呼应。一般（G+C）含量差 1%（摩尔分数）时，杂交同源性最多减少 9%。

⑥ 若两个菌株的同源性是 5% 或更低，但它们的（G+C）含量却相同，可能属于不同的属。如果（G+C）含量的差异大于 5%（摩尔分数），它们一定是不同属。

⑦ 当两个菌株的同源性在 30% ～ 65% 时，在分类学上是最难判断的。因为它们可能属于同一个种，也有可能介于关系相近的两个种之间。

综上，依据 DNA-DNA 杂交水平划分种和属是缺乏依据的，只有把 DNA 同源性和表型特征以及其他化学分类资料联合起来进行分类，才是较为科学的做法，才能得到合理的结果。

3.4 16S rRNA 序列分析技术

3.4.1 16S rRNA 的分子结构

RNA 是核糖体的组成成分，不同物种核糖体组成如表 3-4 所示。RNA 在核糖体的自动装配和活性中发挥着重要作用。通过对 rRNA 进行分析可以充分认识核糖体的结构和功能，并且对 rRNA 的核苷酸顺序进行分析，能够更好地判断环境微生物的物种属性。

表 3-4 不同物种核糖体的组成部分

核糖体	来源	大亚基		小亚基	
		大小	RNA	大小	RNA
80S	真核生物（脊椎动物）	60S	28S ～ 29S 5S 5.8S	40S	18S
80S	真核生物（植物和无脊椎动物）	60S	25S 5S 5.8S	40S	16 ～ 18S
70S	原核生物	50S	23S 5S	30S	16S
55S （54～61S）	脊椎动物线粒体	40S	16S ～ 17S 5S（3S）	30S	12 ～ 13S

当前，数千种原核生物 16S rRNA 的一级结构已经较为清楚，其中，大肠杆菌是主要的代表菌。这些 16S rRNA 不仅含有常见的核苷酸，还存在有少量被修饰的核苷酸，如大肠杆菌 16S rRNA 含有 5 种修饰，包括 m^6A、m^2G、m^5C、m^4C 以及 Gm。

不同来源的 16S rRNA 二级结构具有相似性。核糖体小亚基 rRNA（真核生物 18S rRNA、线粒体 12S rRNA）也同样有相似的二级结构。大肠杆菌 16S rRNA 的结构部位与功能关系见表 3-5。

表 3-5　大肠杆菌 16S rRNA 的结构部位与功能关系

结构	16S rRNA	结合的蛋白质	在核糖体上的定位	功能
5′ 末端区域	25 ～ 420	S4、S20	基部	与核糖体上蛋白质结合
5′ 末端区域	420 ～ 460	S4	基部	与核糖体上蛋白质结合
中心区域	560 ～ 890	S6、S8、S15、S18	平台	亚基结合
3′ 末端小区域	920 ～ 1400	S7、S9、S10、S13、S19	头部	与 rDNA 结合
	1400 ～ 1541	S1 和 S2	平台	亚基结合，起始

16S rRNA 不仅作用于核糖体上的蛋白质，还作用于与蛋白质合成有关的核糖核酸。序列 ACCUCCU 位于 16S rRNA 的 3′ 末端区域，并且和 mRNA 的翻译起始区相互作用，该区域位于核糖体 30S 亚基的平台或裂缝中，可能该裂缝区本身就能够形成一个可以与 mRNA 结合并且辨认密码子和反密码子的部位。3′ 末端的小区域中存在两个不配对的高度保守区域，目前已经有好多证据表明它们与核糖体 50S 亚基的结合有关。

当 P 位被一些 tRNA 占据时，分子上的反密码子 5′ 末端核苷酸能够与 16S rRNA 通过紫外光照射高效地共价交联在一起。该交联部位在 16S rRNA 分子的 1390 ～ 1410bp 和 1410 ～ 1470bp 处是非常保守的，有可能该区域是各种核糖体小亚基 rRNA 的关键和共同功能位置。而密码子和反密码子的相互作用点将会被置于 3′ 末端大小区域之间的连接部位。研究人员报道该连接部位可能正好位于 30S 亚基电子显微镜模型的头部以及平台的连接部位，有可能位于模型的裂缝处，该位置与核糖体和 tRNA 的蛋白质模型处于同一位置，裂缝区都被该蛋白质环绕，mRNA 的结合部位也处于该位置。

有关核酸酶限制性水解与化学修饰的研究发现，在结合 50S 亚基以后，中心区域的 3′ 末端区具有对抗核酸酶和 β-乙氧羰基丁醛的功能。具有关键作用的 G 残基也位于该结合部位。研究发现，3′ 末端的大小区域以及 16S rRNA 的中心区域对核糖体行使生物功能发挥着重要作用。该区域单链区的结构说明了种属间具有保守性。

3.4.2　16S rRNA 序列分析流程

16S rRNA 序列的分析方式有以下 2 种：对新鲜菌体 16S rRNA 进行提取，经过提纯后使用反转录酶以及保守引物测定核苷酸的顺序；扩增细菌核基因组中的 16S rRNA 基因，随后连接已知结构的特定质粒并且进行克隆和测序，或者用 PCR 产物直接进行测序。16S rRNA 测序具有方便的优势，现已经发展成为研究细菌分类地位、建立分子生物学分类系统的重要基础之一。16S rRNA 序列分析流程如图 3-4 所示。

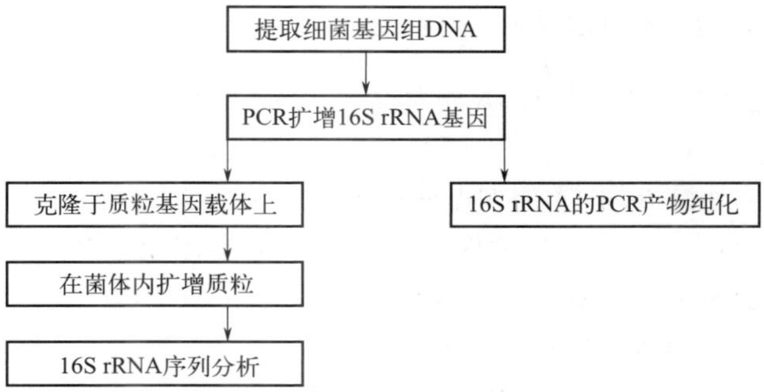

图 3-4　16S rRNA 序列的分析流程图

3.4.2.1　细菌基因组 DNA 的提取

① 通过对培养液或细菌悬浮液进行离心以收集细胞，随后置于 TE 缓冲液［10mol/L tris · HCl 和 1mmol/L EDTA（pH 为 8.0）］中。

② 将终浓度为 0.5 ～ 1.0mg/mL 的溶菌酶置于 37℃水浴摇床 30 ～ 60min。

③ 添加 20% 的十二烷基硫酸钠（SDS）至终浓度为 2%，置于 60℃水浴中 10min 或者更长时间。

④ 加入浓度为 5mol/L 的 $NaClO_4$ 至最终浓度为 1mol/L。

⑤ 加入体积分数为 24 ∶ 1 的等体积氯仿-异戊醇，振荡 10min。

⑥ 以 5000r/min 速度离心 10min。

⑦ 吸取含有 DNA 的上清水层，添加 2 倍体积的乙醇（体积分数为 95%）。

⑧ 利用玻璃棒卷出 DNA 丝。

⑨ 溶解于 0.1×SSC 溶液中，其中 0.1×SSC 为 0.015mol/L NaCl 与 0.0015mol/L 柠檬酸钠的混合溶液。

⑩ 依据样品所含的蛋白质量对步骤⑤～⑨重复 2 ～ 3 次。

⑪ 添加浓度为 50μg/mL 的 RNA 酶，随即置于 37℃的水浴摇床 30min。

⑫ 添加等体积的氯仿 -异戊醇并且振荡 20min。

⑬ 以 5000r/min 速度离心 5min。

⑭ 吸取水相，然后添加 2 倍体积的乙醇（体积分数为 95%）。

⑮ 利用玻璃棒卷出 DNA 丝。

⑯ 重复步骤 ⑫ ～ ⑮ 直至蛋白层消失。

⑰ 添加 1mL 3mol/L 的 NaCl 溶液与 0.001mol/L 的 EDTA（pH 约为 7.0）。

⑱ 搅拌的同时添加 0.54 倍体积的异丙醇。

⑲ 溶解于 0.1×SSC 溶液中。

⑳ DNA 的纯度检查：其中 OD_{230} ∶ OD_{260} ∶ OD_{280} 为 0.454 ∶ 1.0 ∶ 0.515。

目前，研究人员也可以从各种微生物中分离纯化基因组的 DNA。菌体细胞裂解后，以 RNase 和蛋白酶 K 对 RNA 和蛋白质进行消化降解。随后进行简单的抽提，从沉淀中获取基因组 DNA。该试剂盒较适用于从革兰氏阳性菌或革兰氏阴性菌中迅速抽提基因组 DNA。

3.4.2.2 PCR扩增16S rDNA

① PCR扩增过程中以染色体DNA作为模板，最终的反应体系浓度约为1nmol/100μL。

② *E. coli* 的16S rRNA在8～37nt和1497～1506nt的通用正向引物和通用反向引物分别为P1和P6，内切酶*Bam*HⅠ的切点被设计在5′端，其序列为：

P1 5′-CCggatccAGAGTTTGATCCTGGTCAGAACGAACGCT-3′

P6 5′-CGggatccTACGGCTACCTTGTTACGACTTCACCCC-3′

序列中的小写字母是*Bam*HⅠ的切点。

③ 在100μL的反应体系中进行DNA的扩增反应。

DNA模板（1.0μmol/L）	5μL（先在沸水中5min，然后急速冷却）
dNTP混合物（终浓度：100μmo1）	2μL
Taq DNA聚合酶（2.5U）	1μL
引物P1（50pmol）	2μL
引物P6（50pmol）	2μL
10×*Taq*酶缓冲液（含Mg^{2+}）	10μL
去离子水	78μL
PCR反应条件	94℃，1min；52℃，1min；72℃，3min，30～35个循环

3.4.2.3 扩增片段与载体的连接

扩增后的16S rDNA首先在0.8%的低熔点琼脂糖凝胶上进行纯化，质粒pUC18和纯化后的DNA经过*Bam*HⅠ酶切后于16℃连接16h，随后立即转入*E. coli* DH5α中，在含X-gal和氨苄西林的LB平板上对转化子进行筛选。

3.4.2.4 DNA序列分析

从*E. coli* DH5α的细胞中提取出含16S rDNA基因的pUC18质粒。DNA模板为纯化的质粒，测序引物共有6个。除上述的P1和P6外，其余的4个引物序列以及位于*E. coli*的16S rDNA的位置分别如下所示。

P2 5′-GCTAGTTGGTGGGGTAA-3′ 247～263nt（中度保守）

P3 5′-CGTGCCAGCACCGCGGT-3′ 514～531nt（高度保守）

P4 5′-TAGATACCCTGGTAGTCC-3′ 799～816nt（高度保守）

P5 5′-CCGCAACGAGCGCAACCC-3′ 1097～1115nt（高度保守）

其他的引物如表3-6所示。

3.4.2.5 测序

利用Sanger双脱氧末端终止法实施测序，用［α-^{35}S］dATP标志进行放射自显影。

① 双链DNA的模板变性：在3.0～5.0μg的TE溶液或者DNA水溶液中加入0.1体积的2mol/L NaOH和2mmol/L EDTA，并且在37℃下保温30min，之后加入0.1体积的3mol/L CH_3COONa（pH为4.5～5.5）和2～4倍体积的体积分数为95%的乙醇，离心15min，

表 3-6　常用 16S rDNA 测序引物

引物	对应于 *E. coli* 16S rDNA 序列的位置	方向	序列（5′→3′）
27f	7～27	正向	GAGAGTTTGATCCTGGCTCAG
43f	43～63	正向	GGTGGTGCATGGCCGTTCTTAGTT
519r	536～519	反向	GWATTACCGCGGCKGCTG
704f	686～704	正向	GTACGGTGAARTGCGYAGA
765f	765～785	正向	CTGTTYGCTCCCCACGCTTTC
926f	907～926	正向	AAACTCAAAGGAATTGACGG
1495r	1514～1495	反向	CTACGGCTACCTGTTACGA
1541r	1556～1541	反向	AAGGAGTGATCCAGCC

注：序列中的 W、K、R、Y 表示碱基有变化。

随后利用体积分数为 70% 的乙醇清洗 DNA 沉淀，将干燥后的 DNA 溶于 7μL 的超纯水中。

② 变性的 DNA 模板与引物进行结合作为“退火”的混合液：取 7μL 的 DNA、2μL 的测序酶缓冲溶液、1μL 的引物（0.1～1.5pmol），总体积为 10μL。将混合液置于 65℃环境中维持 2min，随后慢速冷却 15～30min，使得温度低于 35℃，短暂离心后置于冰箱保存。

③ 每个终止的双脱氧核苷酸 ddGTP、ddATP、ddTTP 以及 ddCTP 各 2.5μL 装入离心管，并且以此标记为 G、A、T 和 C。

④ 稀释脱氧核苷酸混合液（dATP+dGTP+dCTP+dTTP）：依据测得的序列长度，将试剂盒中所提供的核苷酸混合液分别用水按照 1∶5 或 1∶10 的比例进行稀释，而测定 300bp 及以上的序列采用 1∶5 的比例进行稀释。

⑤ 将双脱氧核苷酸终止的离心管在 37℃的水浴中预热。

⑥ 标记反应：在水浴过程中已经退火的 10μL DNA 中添加浓度为 0.1mol/L 的 DDT 溶液 1μL，稀释后的脱氧核苷酸混合液 2μL，［α-^{35}S］dATP 溶液 0.5μL，以 1∶8 的比例稀释的测序酶 2μL，共计 15.5μL 体积的混合液，于室温下放置 2～5min。

⑦ 终止反应：分别将 3.5μL 的标志反应液转入双脱氧核苷酸终止管中，将混合后的液体置于 37℃下保温 5min。

⑧ 停止测序反应：加入终止反应液 4μL 即可停止反应，终止反应液如下所示。

甲酰胺	95%
EDTA	20mmol/L
溴酚蓝	0.05%
二甲苯腈蓝 FF	0.05%

⑨ 在 6% 的聚丙烯酰胺凝胶上通过电泳分离测序的反应产物。

40% 丙烯酰胺 / 双丙烯酰胺（19∶1）浓溶液	22.5mL
10×TBE 缓冲液	15mL
尿素	63g
用水调至	150mL

倒胶之前应该添加 15μL TEMED（*N*, *N*, *N′*, *N′*-四甲基乙二胺）和 150μL 25% 的过硫酸铵催化胶凝固。凝胶过程中首先在 1600V 电压下预电泳 15min，随后上样 3μL，一般顺

序为 GACT，在 1600V 的电压下进行电泳，通常在第二个染料溴酚蓝距离点样孔 25cm 时终止电泳。

⑩ 放射自显影：用塑料薄膜对取下的凝胶进行包裹，在暗室中压 X 射线胶片进行放射自显影，为了防止电泳带扩散，胶片盒可以放入 −70℃的冰箱中。其中曝光时间依据同位素而定。

3.4.3 16S rDNA 测序与细菌分类地位的确定

通过测定 16S rDNA 碱基的顺序，可以进行菌种系统发育分析以及确定菌种的分类地位。目前 16S rDNA 碱基顺序的测定已经被《原核生物》和最新出版的《伯杰氏细菌系统手册》作为分类依据，并且成为全书的核心。

以产氢发酵细菌的 16S rDNA 测序为例，介绍其在细菌分类中的应用。对于发酵法生物制氢来说，提高生物制氢反应器产氢效率的关键是获得高效产氢发酵细菌。因此，国内外学者对产氢效果较为理想的产氢细菌进行了大量研究。任南琪、李永峰等人在生物制氢反应器中获得了丙酸杆菌属、乳杆菌属、梭杆菌属和克雷伯菌属等的一系列高效菌株，随即利用 16S rDNA 测序鉴定到种的分类地位。大致方法如下。首先从生物制氢反应器的活性污泥中，利用改良的 Hungate 厌氧技术以及培养瓶平板培养法分离到 1 株高效产氢菌 Rennanqilyf1。该菌株为革兰氏阳性杆菌，有鞭毛以及荚膜，其中类脂粒 3 ～ 4 个，无芽孢，属于严格厌氧菌，且最适生长温度一般在 30 ～ 40℃，最适生长的 pH 为 4.0 ～ 5.0。该菌株能够利用糖蜜废水产生氢气，并且每 1L 培养基产氢能力为 1402mL。发酵糖蜜废水或者葡萄糖的末端产物为乙酸、乙醇、氢气和二氧化碳，含有较少量的丁酸和丙酸。通过 16S rDNA 的序列分析，发现菌株 16S rDNA 的碱基组成为 379A+363C+483G+292T=1517 bp，与解纤维素梭菌（*Clostridium cellulosi*）的相似度达到 91%。该菌株的 GenBank 注册号为 AY332397。

此外，从生物制氢反应器中分离到了 1 株乳杆菌 Rennanqilyf13。该菌株为杆形，革兰氏阳性菌，没有芽孢和荚膜，菌体内存在 1 ～ 2 个晶体，并且最适宜的温度和 pH 分别为 30 ～ 40℃、4.5 ～ 6.0。发酵糖蜜废水或者葡萄糖的末端产物为乙酸、丙酸、丁酸、乙醇和乳糖。通过对 16S rDNA 的全序列测定分析，发现菌株的 16S rDNA 碱基组成为 361A+315C+413G+312T+11N=1412bp，与 *Lactobacillus casei* strain KH-1 的相似度达到 96%。该菌株的 GenBank 注册号为 AY332391。

通过测定菌株的 16S rDNA 全序列，把这两个菌株分别鉴定到梭杆菌属和乳杆菌属，而菌株 Rennanqilyf1 的 16S rDNA 碱基组成（379A+363C+483G+292T=1517bp）与纤维素梭杆菌的相似度接近 91%，具有独立成属并且成为新菌株的可能。

3.4.4 基于 16S rDNA 的系统发生分类法

3.4.4.1 原核生物和真核生物

生命有机体依据细胞的结构和遗传物质可以划分为原核生物和真核生物。其中，原核生物没有细胞核，遗传物质存在于整个菌体细胞中，没有核膜包围；而真核生物的遗传物质主要集中在细胞核中，并且能够结合某些蛋白质形成染色体。许多生物学家认同生物的两界分类系统，主要是因为原核生物和真核生物之间存在巨大差异。

然而，在原核生物的各种属中也发现了较多差异。首先，生活环境存在着较大的差异。有一种嗜热嗜酸菌 *Solobacterium* 生存在接近沸腾（90℃）的水中和酸性（pH=2.0）环境中。一种嗜盐菌 *Halobacterium* 则生存在接近饱和的食盐水中，被发现存在于美国大盐湖以及西南亚死海中。其次，代谢方面也存在着较大差异。沙门菌和大肠杆菌都是通过有氧的氧化磷酸化过程或者无氧酵解来产生能量。在氧化磷酸化的过程中，存在于食物分子中的氢原子可被用来还原氧分子变成水，而厌氧的甲烷菌在利用氢气还原二氧化碳生成甲烷的过程中产生能量。硫细菌是在利用氢还原硫元素成为硫化氢的过程中获取能量的。绝对的厌氧菌在空气中是无法存活的，但兼性厌氧菌在有无氧气的条件下都能存活，如固氮菌 *Rhizobia*，但是，固氮菌只在根瘤提供的无氧环境中发生反应。同时，在分子水平上原核生物的各种属存在较多的差异，如表 3-7。

表 3-7　真细菌和古菌的差异

古菌	真细菌
基因组经常重排	基因组相当稳定
富含可转移成分	很少有可转移成分
细胞壁中没有肽聚糖	细胞壁中有肽聚糖
以酯键相连的具有分支的脂类，其中的甘油磷酸为 D 型	以酯键相连的不分支的脂类，其中的甘油磷酸为 L 型
rDNA、tRNA 和核糖体具有真细菌和真核生物的特征	—
RNA 聚合酶与真核生物相似，由多亚基组成	RNA 聚合酶组成简单
嗜热菌中的“逆向”旋转酶能引入正超螺旋	旋转酶只引入负超螺旋
EF2 像真核生物的一样对白喉毒素敏感	EF2 对白喉毒素不敏感

3.4.4.2　以 16S rRNA 为基础的系统发生分类方法

细胞色素 C 的氨基酸组成是建立系统发育树的传统依据，主要是因为细胞色素 C 存在于所有的真核生物和部分原核生物中。但是，少部分细菌缺乏细胞色素 C，氨基酸组成在一些细菌的细胞色素 C 中差异较大，它们之间令人信服的亲缘关系暂时无法建立。为了弥补该缺陷，1969 年 C. Woese 决定对各种生物尤其是稀有细菌中的 16S rRNA 进行研究。每种细菌都包含 16S rRNA，进化过程中高度保守的碱基顺序不容易发生变化，建立系统发育树是比较容易的，科学研究的数据也是逐步增多的。1977 年 C. Woese 提出原核生物包括真细菌（Eubacteria）和古菌（Archaea），这两者的不同之处与真核生物的相类似。那么真核生物、真细菌和古菌之间不存在谁起源于谁的问题，都有着共同的祖先——原始细胞（Progenote）。科学界对三界系统理论的提出存在较大的争议，然而 C. Woese 对 16S rRNA 通用的系统发育树继续进行研究，同时对其他生物化学证据进行积累，如今，人们对三界系统理论也有了一定的认可。通过分析 21 种生物的 16S rRNA，绘制了三界系统进化树（图 3-5）。通过分析该系统，发现玉米和人的关系比革兰氏阴性菌和革兰氏阳性菌的关系更加接近。

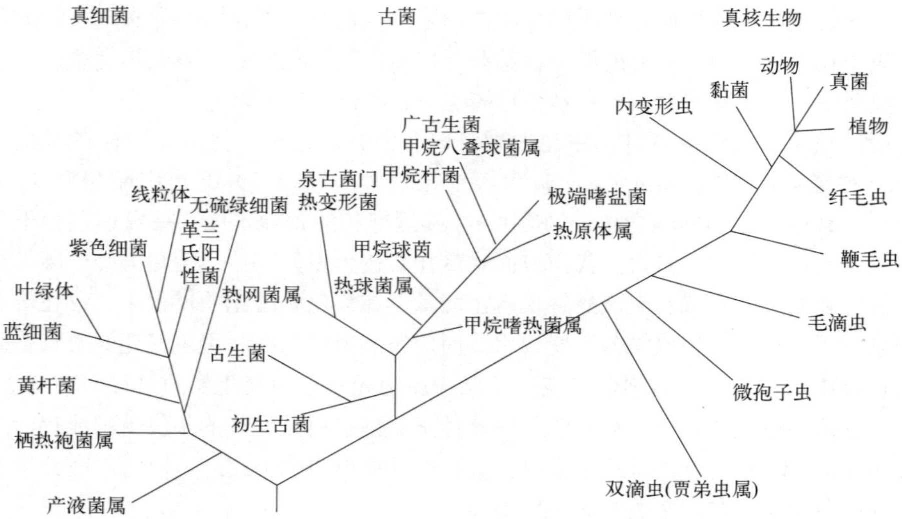

图 3-5 以 16S rRNA 序列为基础的系统进化树

3.5 rDNA 转录间隔区序列分析技术

3.5.1 23S rRNA 的分子结构

16S-23S rDNA 之间的间隔区域被称为 rDNA 转录的间隔区。1980 年，Brosius 等人使用 23S rRNA 的基因测定方法推测出了大肠杆菌 23S rRNA 的全部核苷酸排列顺序，整个分子中包含 2904 个核苷酸，同时对玉米叶绿体 23S rRNA 的一级结构进行了测定。

16S rRNA 和 23S rRNA 的共同点是不存在“打结”结构，但是却存在“开关”结构，这些结构特征暗示它们可能与某些功能存在直接的相关性。

23S rRNA 分子上有 5S rRNA、5.8S rRNA、叶绿体 4.5S rRNA、昆虫 2S rRNA 以及 tRNA 相互作用的位点。例如 23S rRNA 的一段序列（1984 ～ 2001bp）和同源 $tRNA^{Met}$ 中的一段序列（G5-D21）互补；5S rRNA 中的一段序列（72 ～ 83bp）和靠近 5′ 末端的一段 12 个核苷酸（143 ～ 154bp）互补；不同真核生物的 5.8S rRNA 序列和 5′ 末端区域的 160 种核苷酸相互对应；叶绿体核糖体大亚基所包含的 4.5S rRNA 和 3′ 末端的一段序列相对应；一些昆虫 80S 核糖体上的 2S rRNA 和 5′ 末端区域的 20 多个核苷酸对应。上述对应关系暗示它们之间存在一些功能上的联系。

嘌呤霉素标记核糖体时，其作用在 A 位点上，23S rRNA 中的 GU*CCG 或者 GU*UCG 能够与该化合物发生相互作用，前者位于 23S rRNA 上的 962 ～ 966bp，而后者位于 2553 ～ 2557bp、2603 ～ 2607bp 和 2688 ～ 2692bp。核糖体大亚基 50% 以上的蛋白质能够不同程度地结合 23S rRNA。通过紫外光照射、抗核酸酶作用以及双功能试剂交联的研究，发现 L4 蛋白质上的第 35 位 Tyr 与 23S rRNA 上第 615 位的 U 相互交联。尤其是 L1 蛋白质的结合区，对该区域几种不同来源的 23S rRNA 一级结构的比较表明其为保守进化。

大约 60% ～ 70% 不同来源的 23S rRNA 在结构上具有共同性，而酵母 21S rRNA 与大肠杆菌 23S rRNA 的一级结构具有很大的相似性。

3.5.2　16S-23S rDNA 间隔区

人们对细菌分类和鉴定的研究经历了漫长的阶段。传统细菌分类方法是对细菌培养和生化等表型特征的研究，即表型分类法。近年来，分子生物学得到了快速发展，自 1953 年 Watson 和 Crick 提出 DNA 的二级结构，1986 年 Mullis 发明 PCR 技术以来，细菌的分类鉴定进入了分子水平，多种基因型的分类方法诞生，如 DNA 杂交、16S rDNA 序列分析、质粒图谱、（G+C）含量以及 rDNA 指纹图等。原核生物的 rRNA 分为 5S rRNA、16S rRNA 以及 23S rRNA 3 种，并且它们都位于同一操纵子（rrn）。大多数原核生物的 rRNA 基因具有多个拷贝，拷贝的数目从 1 ～ 14 不等。16S rDNA 的序列分析已经成为鉴定和对细菌种属进行分类的标准方法，报道了大约 2500 个种的 16S rDNA 全序列。依据序列的同源性，建立各种属的系统发育树，但是相近种或同一种内不同菌株间的分辨能力较差，主要是因为原核生物中 16S rDNA 的高度保守性。但 23S rRNA 分子大约为 3kb，并且仅报道了少数种的核酸序列，在细菌的分类和鉴定中尚未广泛应用。由于 16S-23S rDNA 间区（intergenic spacer region, ISR）没有特定功能，进化速率比 16S rDNA 大 10 倍，在细菌鉴定和分类方面引起研究人员的关注。某些 16S-23S rDNA ISR 的大小、数目和序列已经得到报道，它们之间的差异使其在细菌的系统发育学，特别是在较为接近的种和菌株的区分和鉴定方面有着重要贡献。

3.5.2.1　16S-23S rDNA ISR 的结构和保守区域

rRNA 基因包括了 5′ 端到 3′ 端的若干种组分，分别是 5S rRNA 基因、16S rRNA 基因、间区、23S rRNA 基因、间区。通过 PCR 对间区进行扩增，系统地研究细菌的 16S-23S rDNA ISR，根据 16S rRNA 和 23S rRNA 两侧序列的适宜温度以及高度保守区进行 PCR 引物的设计。通过分析 16S rRNA 序列，发现 3 个适合扩增的 16S-23S rDNA ISR 区域存在于保守区，分别为 2、3 和 4，其中 2 在细菌和古菌中的序列是高度保守的，3 和 4 存在于多数真核生物中。研究细菌中具有代表性的 18 个属和 21 个种的 23S rDNA 序列过程中发现，6 个保守区域位于基因的前 520 个碱基，分别是 5 ～ 10，由于该部位碱基的错配将造成 *Taq* DNA 聚合酶结合失败，因此该区域的开始部分尤其重要。依据上述原则，10 是最保守的区域，而其他区域的保守性顺序依次是 6、9、8、7 以及 5。因此，扩增 16S-23S rDNA ISR 最佳的引物设计部位理论上是保守区域 2 和 10，如图 3-6 所示。

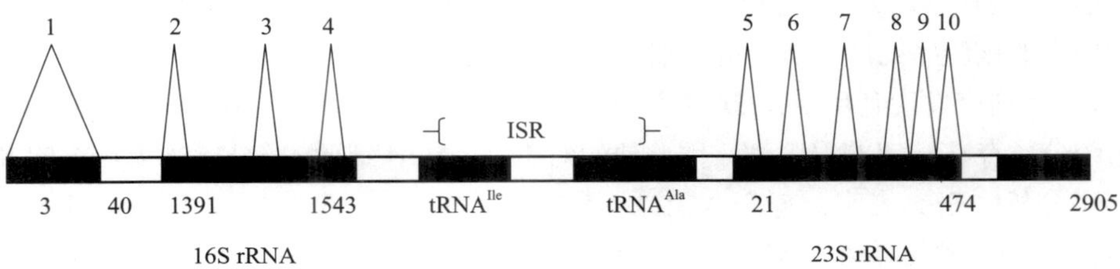

图 3-6　rRNA 操纵子保守序列的位置示意图

3.5.2.2 16S-23S rDNA ISR 的序列特性

通过对酶切后的基因组 DNA 与 16S rDNA 进行 Southern 杂交发现，仅个别带能够杂交，并且带数与基因组 rRNA 操纵子（rrn）的数目一致，例如枯草芽孢杆菌 10 个拷贝，分枝杆菌 1 个拷贝，大肠杆菌 7 个拷贝，产气荚膜梭菌 10 个拷贝。分别研究 20 株革兰氏阳性菌和 22 株革兰氏阴性菌发现，存在 11 株和 13 株细菌带有多个 rrn 拷贝。在较多的种中，拷贝数多至 5 ～ 10 个，但另一些种中，拷贝数为 1 ～ 2 个。rrn 的拷贝数不同，表明 16S-23S rDNA ISR 的拷贝数也存在差异。此外，一个种内的不同型以及不同种之间的 16S-23S rDNA ISR 的长度也不相同，例如伊氏巴尔通氏体和热变性菌的 ISR 分别是 1529bp 和 60bp。16S-23S rDNA ISR 的长度不同，主要是因为其中 tRNA 的数量以及类型不同，大部分革兰氏阴性菌的 16S-23S rDNA ISR 均包括 $tRNA^{Ala}$ 和 $tRNA^{Ile}$，而其他的一些细菌仅包含 $tRNA^{Glu}$。与此相反，革兰氏阳性菌的 16S-23S rDNA ISR 包括 $tRNA^{Ala}$ 和 $tRNA^{Ile}$，其余部分细菌根本不包含 tRNA 基因。上述研究表明，一些古菌和真细菌的 16S-23S rDNA ISR 数目、序列和长度不同，这就给细菌分类和鉴定提供了基础。

3.5.2.3 16S-23S rDNA ISR 的序列排列比较

研究人员对核酸序列库中 13 个种的 33 个 16S-23S rDNA ISR 序列进行比较，发现它们不存在高度保守区域，同源性最高的是编码 tRNA 的基因。该基因不存在于所有的菌株中，也不存在于一个菌株的所有 rrn 拷贝中。该信息表明可以利用多拷贝 rrn 的 16S-23S rDNA ISR 长度和数目的差异来鉴定不同种、属的细菌。随着 PCR 和 DNA 测序技术的蓬勃发展，获得细菌 16S-23S rDNA ISR 序列成为可能，并且鉴别细菌不同种之间以及同一种内的差异也可以通过 PCR 扩增 16S-23S rDNA ISR 实现，16S-23S rDNA ISR 数目和长度的不同是该差异的主要表现形式。这为细菌的分类以及鉴定提供了一种快速、自动以及常规的方式。但是仅有 1 个或 2 个 rrn 拷贝的细菌，利用 16S-23S rDNA ISR 的数目和长度是无法进行鉴定的，还需要对扩增产物进行酶切或者测序。

3.5.3 16S-23S rDNA 在细菌分类和鉴定中的应用

通过 16S-23S rDNA ISR 的大小、数目以及序列差异对亲缘关系相近的种和菌株进行鉴定和区分，现已成为细菌分类和鉴定的热点技术。Jensen 等构建了一套针对原核生物 16S-23S rRNA 基因间区的 PCR 扩增体系，并对包括葡萄球菌、沙门菌和李斯特菌在内的 8 个属、28 个种或亚种的 300 多个株进行了扩增，研究发现，16S-23S rDNA ISR 的电泳图谱能够对所有的种和亚种进行区分，因此根据细菌 16S-23S rDNA ISR 的大小和数目差异构建相应的核酸序列库，从而进行细菌的分类和鉴定。

Aakra 等研究发现利用 16S rDNA 序列对氨氧化细菌（ammonia-oxidizing bacteria, AOB）进行系统分类存在一定的局限性，因此他们对 12 株 AOB 细菌的 16S-23S rDNA 的 ISR 序列进行了分析。研究表明，每个 AOB 的基因组中均存在一个 rrn，大部分细菌的基因组中都存在 5 ～ 10 个 rRNA 基因的拷贝，表明这种细菌生长速度较慢可能与 AOB 的单拷贝 rRNA 有关。尽管 AOB 之间的亲缘关系比较相近，但是它们 rRNA 基因的大小存在差异。亚硝化单胞菌和亚硝化螺菌的 ISR 大小分别是 400bp、645 ～ 694bp，研究表明它们的 ISR 大小存在种特异性。但有一点是相同的，ISR 的 5′端都含有 2 个 tRNA 基因。此外，16S-23S rDNA ISR 的同源性低于 16S rDNA 序列的同源性。

16S-23S rDNA 的 ISR 序列能够弥补 16S rDNA 序列系统分类的不足，其可以根据 16S-23S rDNA ISR 的大小以及所包括的 tRNA 种类和数目进行分类。由于 16S rRNA 的基因序列极其相似，因此无法区分最小弧菌和霍乱弧菌。Chun 等对 2 个种的 16S-23S rDNA ISR 进行扩增和序列测定，发现都能产生一个弱条带（750bp）和两个强条带（580bp 和 500bp）。序列分析表明，$tRNA^{Glu}$、$tRNA^{Lys}$ 和 $tRNA^{Val}$ 的 3 个 tRNA 基因存在于大条带中，580bp 的条带包含 $tRNA^{Val}$ 和 $tRNA^{Ile}$，而 500 bp 的条带含 $tRNA^{Glu}$ 和 $tRNA^{Val}$。最小弧菌和霍乱弧菌的核苷酸序列之间存在 2% ～ 3% 的差异，通过该差异设计的霍乱弧菌特异性引物，其敏感性和特异性均很好，因此构建了霍乱弧菌的第一个分子鉴定方法。

Appuhamy 等对种子放线杆菌的 16S-23S rDNA ISR 序列进行了测定，并且依据 rmB 设计了种水平的特异性引物。目前，关于 ISR 应用于细菌分子流行病学的研究较多。Simon 等利用艰难梭菌的 16S-23S rDNA ISR 序列进行引物设计，对它的模式株以及 2030 株环境中分离的艰难梭菌进行分型研究，构建了包括 116 个不同核糖型的艰难梭菌核酸序列库，这对于研究艰难梭菌的流行病学以及鉴定它的地区来源具有重要作用。

牛乳腺炎的主要病原微生物包括链球菌属和葡萄球菌属中的一些种，Forsman 等对这 2 个属中的 9 株与牛乳腺炎相关的菌株进行 16S-23S rDNA ISR 序列分析，发现不同种间的 ISR 长度为 240 ～ 461bp，属与属之间存在 8 ～ 9bp 大小的保守区域，同一属内不同种间序列的可变区为 53% ～ 85%。研究人员用针对可变区域设计的引物对 25 个种的菌株和从患有乳腺炎的牛身上分离到的 51 株分离物进行了 PCR 验证，证明从 16S-23S rDNA ISR 区域所得到的引物是特异的，并且具有较高的敏感性。16S-23S rDNA ISR 在细菌的分类和鉴定方面有着一定的应用，但是需要获得大部分细菌的 16S-23S rDNA ISR 序列。此外，还需要通过有效的技术手段来克服 16S-23S rDNA ISR 不同拷贝之间大小较相近和不易区分的缺点，保证所有的拷贝都能够扩增。另外，16S-23S rDNA ISR 不能对所有的菌株进行鉴定，如大肠杆菌的不同血清型等。但是 16S-23S rDNA ISR 仍具有优越性，给细菌的系统分类带来了质的飞跃。

3.5.4 真核 rDNA 基因间隔区段序列分析及其应用

近年来，分子生物学技术在环境真菌学方面取得了较大的突破，利用该技术对一些分类地位不明确、亲缘关系不清楚的物种进行了验证，阐明了一些重要疾病的原真菌遗传信息，该技术在群体遗传变异、抗病育种和地理生态等方面得到了应用。遗传工程使得一些具有经济价值的真菌（如香菇、哈氏木霉、木耳等）得到转化。

真菌基因组的 DNA 是分子生物学研究的重要对象之一，而基因序列分析法在 rDNA 基因间隔区已经得到了应用，并且以最直接、最丰富的方式对生物体的遗传信息进行反映。基因序列分析法以单核苷酸位点作为性状，可以克服限制性酶切片段长度多态性（restriction fragment length polymorphism, RFLP）和杂交等方法的局限性，能够有效地对其他方法不能反映的物种有突变和进化中的碱基转换、不活动性，以及对物种进化过程中基因流和遗传漂变对基因序列的影响进行分析，对物种大进化的形式和过程以及物种的进化速率进行评估。

目前，关于所有序列的研究大多集中在线粒体脱氧核糖核酸（mitochondrial DNA, mtDNA）和 rDNA 上。其中，mtDNA 和 rDNA 广泛的保守区域可以作为引物的结合位点，但是它们的区域不同，进化水平也存在差异。研究人员已经成功设计出了扩增 rDNA 和 mtDNA 不同区域的保守引物，并且在真菌系统发育的研究中得到了广泛应用。截至目前，至少有 22 种 rDNA 的引物处于增长阶段，而引物的（G+C）含量大多在 30% 以上。之前，大多数 5S rDNA 基因分析无法适用于大部分真菌。其中，mtDNA 在序列比较中的应用逐渐减少，主要是由于在远源间比较的过程中，可能受到长度突变和碱基替换的影响，从而造成一些区域的模糊排列。

真菌 rDNA 的序列分析主要集中在一些保守区以及一些间隔区。目前，一些全新的 DNA 测序方法相继出现，如超大型薄层凝胶电泳法、陈列毛细管凝胶电泳法和毛细管凝胶电泳法等。测序技术正在朝着无毒、无辐射、快速、准确和自动化方向发展。

国外在真菌序列测定方面起步较早并且发展迅速，特别是人类基因组计划实施以来，测序技术得到飞速发展。实际应用中，rDNA 基因片段一般用于种群遗传变异和分子系统的研究，还应用于病原真菌、生物制品以及商标的分子标记和分子鉴定、检测等，这得益于该片段较短并且具有较易合成的特点。

3.5.5 分子进化的概念

3.5.5.1 同源性与同源性状

同源性是比较生物学中的一个中心概念。通常，如果两个物种之间有两个性状或状态满足以下两个条件中的任意一个，就能够称之为一对同源性状（homologous character）。①能够从该物种的祖先类群中发现某个相同性状；②它们是具有祖先-后裔关系的不同性状。

在分子进化研究过程中同源性一般是指两种核酸分子的核苷酸序列或两种蛋白质的蛋白序列的相似程度，其中，DNA-DNA 杂交或者 DNA-RNA 杂交是比较有用的估计途径。以下概念在实际应用过程中需加以区别：①直系同源（orthology）反映物种血统的同源性，也就是物种进化的历史；②并系同源（paralogy）只对物种内部基因家庭进化的历史进行反映；③异同源（xenology）只对不同物种间基因进化的历史进行反映；④多异同源（paraxenology）与异同源相比，拥有两个或更多的外源基因拷贝；⑤部分同源（homeologous）由许多功能不同的部位组成，其他基因的片段也存在于一个基因组中。

分子系统发育研究表明，首先应该对直系同源基因序列进行考虑，其他的同源序列只能作为补充信息。

3.5.5.2 类群

① 祖先类群（ancestral group）：一个类群（物种）至少存在一个子裔类群。

② 单系类群（monophyletic group）：包括了一个祖先类群的所有子裔群组，成员之间

存在共同的祖先关系。

③ 并系类群（paraphyletic group）和复系类群（polyphyletic group）：不满足单系类群的要求，而各个成员之间又拥有共同祖先的特征群组称为并系类群；各成员之间既不具有共同祖先特征也不具有共同衍生特征，仅仅具有同型特征的分类群组称为复系类群。

④ 内类群（ingroup）和外类群（outgroup）：一项研究所涉及的某一种特征类群被称为内类群；与之有一定关系但是又不包括在内类群中的可称为外类群。为了对内类群中各成员之间的特征差异进行比较，建立了外类群。实际研究中，还可以将两个以上的外类群作为复合外类群（complex outgroup）。

⑤ 姐妹群（sister group）：与某一种类群在谱系关系上最为密切的类群称为姐妹群。姐妹群是单系类群的一种常见类型。

3.5.5.3　系统发育树

系统树（phylogenetic tree）是表达类群或者序列间系统发育关系的一种树状图，有以下几种分类形式。

① 有根树（rooted tree）：以外类群作为树根的系统树。无根树（unrooted tree）：没有外类群为树根的系统树（如图 3-7）。

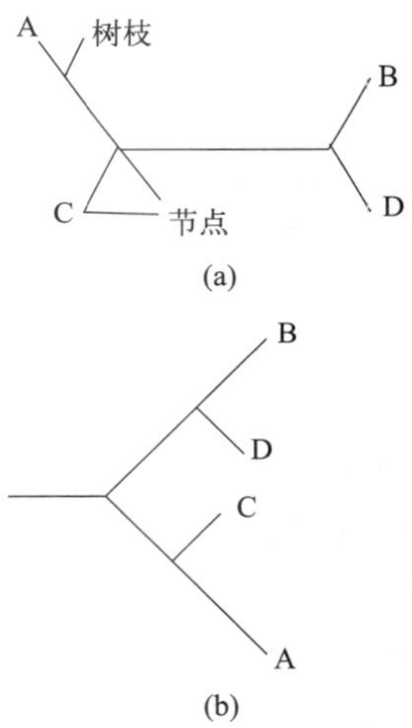

图 3-7　分子进化系统树

（a）无根树；（b）有根树

② 标度树枝（scaled branch）与非标度树枝（unscaled branch）：用树枝的长度代表性状变化的数量，则为标度树枝系统树，如图 3-7（a）所示；树枝的长度并不能表示性状状态变化的数量，但是所有节点的位置对应分化时间则为非标度树枝，如图 3-7（b）所示。

③ 基因树（gene tree）则是由一个基因所建立的系统树；物种树（species tree）是对某一种特定类群进化路径的表达。基因树和物种树同属于系统树，但是两者存在两点差异：分别从两个物种中获取两个基因，其分化可能早于物种分化；基因树的拓扑结构可能与物种树之间存在差异，因为两个或多个基因树之间在很大程度上存在差异。如何将多个基因或者基因组建立的基因树综合成一个物种树，是目前分子系统学所面临的一个难题。

3.5.6　分子进化模型与序列分歧度计算

3.5.6.1　核苷酸序列进化

DNA 序列的一个基本进化过程是核苷酸随时间的变化而变化（置换）。通常可以采用矩阵来表示核苷酸的置换模型。Jukes 和 Cantor 于 1969 年提出了单参数模型的基本假设，即每个方向上核苷酸的置换率为 α。单参数模型和其对应的核苷酸置换率矩阵 $\boldsymbol{M}$ 如图 3-8 所示。该模型可以计算出序列间核苷酸的置换概率。

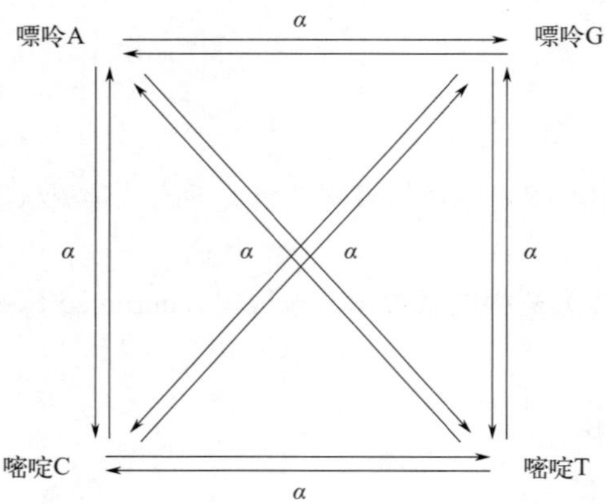

$$\boldsymbol{M}=\begin{bmatrix} -3\alpha & \alpha & \alpha & \alpha \\ \alpha & -3\alpha & \alpha & \alpha \\ \alpha & \alpha & -3\alpha & \alpha \\ \alpha & \alpha & \alpha & -3\alpha \end{bmatrix}$$

图 3-8　Jukes-Cantor 单参数模型及其置换率矩阵

3.5.6.2　蛋白质编码序列进化

Miyata 和 Yasunaga 在 1987 年最早提出了估算两个蛋白质序列间置换数目的方法。这些方法要求必须将非同义（nonsynonymous）置换和同义（synonymous）置换分开考虑。起始和终止密码子不会随时间的变化而变化，所以被排除在外。

实际应用的过程中，常见的氨基酸置换有 Dayhoff（1978 年）模型、Jones-Taylor-Thornton（1992 年）模型以及 mtREV（Adachi 和 Hasegawa，1996 年）模型等。近年来，关于氨基酸置换模型的建立和应用是分子进化研究过程中较为活跃的方向之一。

3.5.6.3　核苷酸序列分歧度

DNA 序列间的分歧度（sequence divergence）K 为一种相异性指数，可以通过序列成对方式对获得的碱基差异值进行比较，随后通过序列进化模型进行校正。如图 3-9 为两个同源序列间核苷酸置换的示例，其中包含 12 个置换，但仅有 3 个位点（2，5，7）被检测出，可以用于计算碱基的差异值。

3.5.6.4　蛋白质编码序列分歧度

假设 K_s 作为两个序列间同义变化的分歧度，K_A 为非同义变化的分歧度，通过 Jukes-Cantor 单参数模型可以计算得到：

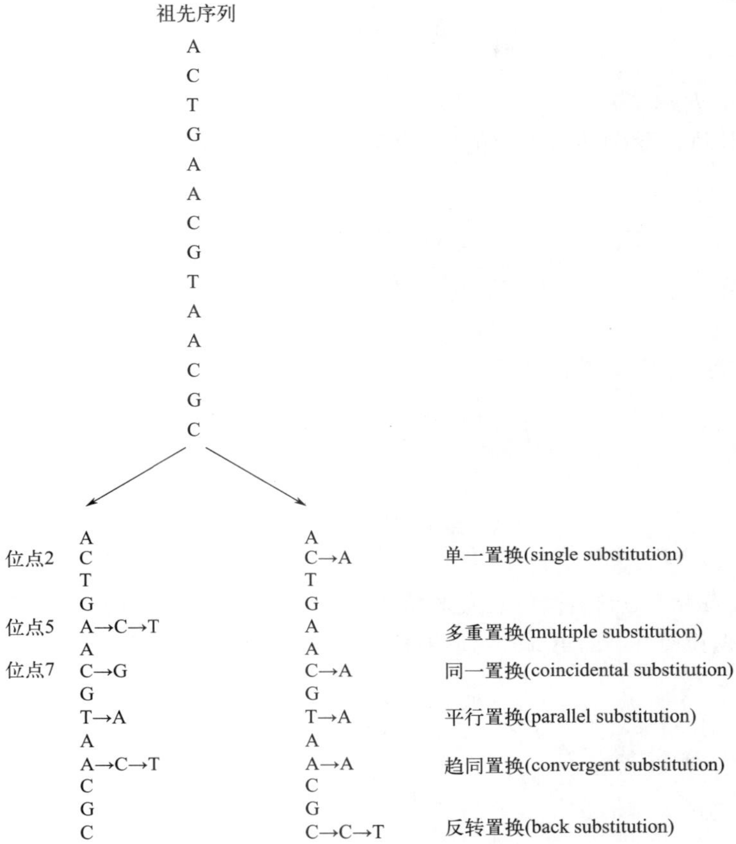

图 3-9　同源序列间的核苷酸置换

$$K_s=-\frac{3}{4}\ln\left(1-\frac{4M_s}{3N_s}\right)$$

$$K_A=-\frac{3}{4}\ln\left(1-\frac{3M_A}{3N_A}\right)$$

式中，M_s 为两个序列间密码子比较获得的同义差异值；N_s 为同义位点数；M_A 为非同义差异值；N_A 为非同义位点数。

令 $P_i=S_i/L_i$、$Q_i=V_i/L_i$，采用 Kimura 两参数模型，可以计算不同简并情形下的分歧度：

$$K_i=A_i+B_i$$

$$A_i=\frac{1}{2}\ln a_i-\frac{1}{2}\ln b_i$$

$$B_i=\frac{1}{2}\ln b_i$$

其中 $a_i=1/(1-2P_i-Q_i)$，$b_i=1/(1-2Q_i)$。方差估计：

$$V(A_i)=\frac{a_i^2+c_i^2-(a_iP_i+c_iQ_i^2)^2}{L_i}$$

$$V(B_i)=\frac{b_i^2Q_i(1-Q_i)}{L_i}$$

其中 $c_i=(a_i-b_i)/2$。

两个序列间同义和非同义变化的分歧度，可以分别计算：

$$K_s=\frac{L_2A_2+L_4A_4}{2L_2L_3+L_4}$$

$$K_A=\frac{L_2A_2+L_0A_0}{2L_2L_3+L_0}$$

各参数的定义同上。方差估计：

$$V(K_s)=\frac{9[L_2^2V(A_2)+L_4^2V(K_4)]}{(L_2+3L_4)^2}$$

$$K_A=A_0\frac{L_0B_0+L_2K_2}{L_2+L_4}+B_4$$

上述公式均未考虑到转换与颠换比率（加权问题），倘若采用加权平均（$L_2A_2+L_2A_4$）/（L_2+L_4）作为两重简并或四重简并情形中转换和颠换比率的估计值，计算公式为：

$$K_s=\frac{L_2A_2+L_4A_4}{L_2+L_4}+B_4$$

$$K_A=A_0+\frac{L_0B_0+L_2K_2}{L_0+L_4}$$

方差估计为：

$$V(K_s)=\frac{L_2^2V(A_2)+L_4^2V(K_4)}{(L_2+L_4)^2}+V(B_4)-\frac{2b_4Q_4[a_4P_4-C_4(1-Q_4)]}{L_2+L_4}$$

$$V(K_A)=V(A_0)\frac{L_0^2V(A_0)+L_2^2V(B_2)}{(L_0+L_2)^2}+\frac{2b_0Q_0[a_0P_0-C_0(1-Q_0)]}{L_0+L_2}$$

3.5.7 分子系统树的构建

进化树是借助分子序列的同源性而构建的，该任务工作量较大，需要额外借助计算机完成。经过匹配和比较分子序列中相同部位和不同部位的数量，从而计算出序列间的差异，一般该差异表示进化距离（evolutionary distance）。随后通过序列间的进化相似值生成进化树。目前较多的分子技术可以评价细菌的进化关系，但是比较细菌 16S rRNA 序列尤为重要。

3.5.7.1 系统发育树的构建

目前，构建系统发育树常用的方法主要包括距离矩阵法（distance matrix method）、最大似然法（maximum likelihood method）和分支进化学法（cladistics method）。上述方法最大的区别在于标准不同，其中距离矩阵法最适合进化距离矩阵的树为最佳的树，而对于分支进化学中的 Parsimony 来说，最好的系统发育树需要最少的取代，而最大似然法最好的树为具有最大似然值的树。下面对上述方法进行简要叙述。

（1）距离矩阵方法

基于“进化距离矩阵”建立了距离矩阵法。通过此方法构建的进化树可以作为表型亲缘关系的依据（与序列间的相似性有关），因此这种树被称为表型进化树（phenogram）。该方法理论简单，计算方面也要快于简约法和最大似然法。

（2）分支进化学方法

分支进化学方法被认为是系统发育学分析中的最优方法之一，通常被用来推测生物亲缘关系。分支进化学的理论基础是一组生物成员进化史相同，同组成员的亲缘关系较其他类群生物更密切。该类群成员和其他类群的差异使它们都具有近来获得的特征，而这种共同具有的获得性特性被称为共同特征（synapomorphy）。共同特征是分支进化学的基础。分支进化学包括以下三个假设：①每一组生物都是通过同一个祖先的遗传相互联系；②存在一个分叉式的进化模型；③通过时间体现特征的变化谱系。

分支进化学的分析步骤一般为：①选择有意义的分类材料；②确定其特征；③分配特征极性，并对每一个特征进行溯源，以确定是祖先的还是新获取的；④通过共同特征进行分类；⑤通过一些方式（简约法）处理某些矛盾的结果；⑥构建分支进化树。

简约法是分支进化学分析过程中最为常用的方法。该方法涉及分支进化学分析中的选择最佳进化树时所采用的一个规则，即具有最少变化的分支进化树为最好的进化树。似然值在生物进化学中已经运用了多年，但在分子序列比较中的利用是比较新颖的。美国华盛顿大学 Joe Felsenstein 首次将该方法引入化学研究中并且得到迅速发展。通过一个明确的进化模型来推论有关进化过程的假说被称为系统发育推论的最大似然法。目前，这一复杂进化模型的计算任务是巨大的。因此，这三种方法中最慢的为最大似然法。

总体而言，由于利用了具有进化性质的计算模型，最大似然法较优于简约法和距离矩阵法，在分支长度较短的情况下也是如此。但是，该方法在微生物系统分类中尚未得到广泛应用，主要存在以下 2 个原因：①大多数生物学者并不是非常了解似然值的统计学意义；②该方法计算速度慢。近年来，随着计算机和计算方法不断完善和进步，上述障碍正在被扫除，最大似然法的优越性被越来越多的系统发育学者所认识和接受。通常有三种方法被用来构建系统发育树，即 Fitch 法、Neighbor-Joining 法和 UPGMA 法。

3.5.7.2　系统发育树可靠性的评估

在解释系统发育树的过程中，必须在所分析数据的生物学基础上对其结果做出判断，这是一个重要但又被经常忽视的标准。从理论上来看，生物全基因组序列的比较能够更好地反映生物真正的进化史，但在目前的条件下还无法做到这一点。因此，当前系统发育学是以某些基因或蛋白质序列为基础构建的，并且假定这些分子序列能够准确反映生物基因组的进化史，但是目前无法达到这一水平。当前，尽管没有严格的标准对分析结果做出精准的判断，但是存在如下准则可以进行初步判定。

① 不同类型的同源分子序列，例如分别利用 α 微管蛋白的肌动蛋白序列去构建两种类型的系统发育树，若这两种系统发育树之间的拓扑特征结构相似，那么可靠信任值会略

高于单一分子序列分析出的可靠信任值。

② 两套数据构建的系统发育树存在差异时，信息数据较多的应该给予更大的信任值；利用更可靠的分子数据；运用包含适当进化速率的分子序列。

③ 去掉较长的进化分支。当发现一个或少数特别长的分支时应该多加注意。通常存在 2 种选择：a. 直接删除或者使用其他分类单位替代该分支；b. 删除造成长分支产生高度变异区的数据。

④ 采用不同的分析方法构建不同种类的系统发育树，随后比较他人的拓扑结构异同点。差异处可以使用其他方法继续分析，而相同或者类似处给予较高信任值。

⑤ 应该为数据选择某一外种群。

⑥ 删除数据中的某一序列。如果此时树的拓扑结构发生了较大的变化，表明该分子序列正在引起某些系统错误。

⑦ 倘若仅对少数分类单位之间的相互关系感兴趣，应该尽可能多地添加一些中间类型的其他分类单位，这就可以提升引起分析混乱的多重取代透明度。

⑧ 自展法（bootstrap）分析：简而言之，自展法是通过对原始数据采用“置换式取样”重新建立的一个“新”数据。

下面介绍细菌系统学中 16S rDNA 系统发育树的构建方法。

① 将得到的 16S rDNA 序列送至 GenBank 作 BLAST 比较。

② 依据得出的结果，从 GenBank 调序并且生成 PHYLIP 格式文件。

③ 用生成的 PHYLIP 文件构建 Neighbor-Joining（NJ）树，随即进行自展法分析（通常使用 PHYLIP package 以及 Treecon）。

④ 利用 PHYLIP package 中的“DNAML、DNAPARs 以及 Fich”分别作树。

⑤ 对生成的进化树进行比对。

课后习题：

1. 微生物的分类单元有哪些？
2. 请简要描述原核生物的分类方法。
3. 请简要描述原核生物和真核生物的差异。
4. 请简要描述 16S rRNA 序列的分析方法。
5. 系统发育树的构建原理及其作用是什么？

参考文献

[1] 蔡妙英，洪俊华 . 应用于细菌分类学中的 DNA-DNA 杂交方法 [J]. 微生物学通报，1984（01）：40-42.

[2] 程香荣，魏艳军，黄星卫，等 . 表观调控 rDNA 转录的研究进展 [J]. 生物化学与生物物理进展，2018，45(05)：485-493.

[3] 方呈祥，李文均，陶天申 . 微生物分类学与菌种保藏学科发展 // 中国科学技术协会 . 微生物学学科发展报告 [M]. 北京：中国科学技术出版社，2010.

[4] 高子珩，邹譞，周宜，等 . 荧光核酸适配体：核酸酶学分析新机遇 [J]. 生物化学与生物物理进展，2023，50（05）：1042-1068.

[5] 李文均，职晓阳，唐蜀昆 . 我国放线菌系统学研究历史、现状及未来发展趋势 [J]. 微生物学通报，2013，40（10）：1860-1873.

[6] 陆正福，徐丽华，姜成林，等 . 构建微生物分子分类系统进化树的快速运算法与数据结构 [J]. 微生物学通报，1997（01）：22-26.

[7] 阮继生，刘志恒，梁丽糯，等 . 放线菌研究及利用 [M]. 北京：科学出版社，1990.

[8] 阮继生 .“伯杰氏系统细菌学手册（第二版）”第 5 卷与我国的放线菌系统学研究 [J]. 微生物学报，2013，53（06）：521-530.

[9] 宋维叶 . 微生物及其生物学分类 [J]. 湖北教育（科学课），2019（04）：72-75.

[10] 童英林 . 核酸分子杂交技术在环境微生物研究中的应用 [J]. 硅谷，2011（10）：133-134.

[11] 王明湖，席杰君，陈玲瑜，等 . 分子杂交为核心的分子标记技术 [J]. 植物医生，2017，30（09）：48-51.

[12] 吴志强 . DNA 双螺旋结构的多态性与里奇的科学发现 [J]. 生命世界，2018（03）：70-77.

[13] 阎逊初 . 放线菌的分类与鉴定 [M]. 北京：科学出版社，1992.

[14] 张东，李文祥，王桂堂 . PhyloSuite: 生物领域分子系统发育分析新平台 [J]. 科学观察，2023，18（06）：35-37.

[15] 张可祥，赵林清 . 病毒相关环状 DNA 研究进展 [J]. 病毒学报，2023，39（06）：1740-1746.

[16] 张玉琴，吕志堂，崔恒林，等 . 我国原核微生物分类学七十年 [J]. 微生物学报，2023，63（05）：1724-1740.

[17] 中国科学院微生物研究所放线菌分类组 . 链霉菌鉴定手册 [M]. 北京：科学出版社，1975.

[18] 周琳，张杰 . 群落分析中的 16S rRNA 及其基因 16S rDNA 优化扩增 [J]. 微生物学报，2010，50（01）：7-14.

[19] Bickel D R. Propagating uncertainty about molecular evolution models and prior distributions to phylogenetic trees[J]. Molecular Phylogenetics and Evolution, 2023, 180: 107689.

[20] Cao B, Wang M, Liu L, et al. 16S-23S rDNA internal transcribed spacer regions in four *Proteus* species[J]. Journal of Microbiological Methods, 2009, 77(01): 109-118.

[21] Das S, Dash R H, Mangwani N, et al. Understanding molecular identification and polyphasic taxonomic approaches for genetic relatedness and phylogenetic relationships of microorganisms[J]. Journal of Microbiological Methods, 2014, 103: 80-100.

[22] David B M, Jensen P A. Improving an rRNA depletion protocol with statistical design of experiments[J]. SLAS Technology, 2023, 28(1): 16-21.

[23] Deurenberg H R, Bathoorn E, Chlebowicz A M, et al. Reprint of “Application of next generation sequencing in clinical microbiology and infection prevention”[J]. Journal of Biotechnology, 2017, 250: 2-10.

[24] Fang C, Sun X, Fan F, et al. High-resolution single-molecule long-fragment rRNA gene amplicon sequencing of bacterial and eukaryotic microbial communities[J]. Cell Reports Methods, 2023, 3(3): 100437.

[25] García-Martínez J, Acinas G S, Antón I A, et al. Use of the 16S-23S ribosomal genes spacer region in studies of prokaryotic diversity[J]. Journal of Microbiological Methods, 1999, 36(1): 55-64.

[26] Godini R, Fallahi H. A brief overview of the concepts, methods and computational tools used in phylogenetic tree construction and gene prediction[J]. Meta Gene, 2019, 21: 100586.

[27] González N, Romero J, Espejo T R. Comprehensive detection of bacterial populations by PCR amplification of the 16S-23S rRNA spacer region[J]. Journal of Microbiological Methods, 2003, 55(01): 91-97.

[28] Hassan A A, Vossen A, Lämmler C, et al. PCR amplification of species specific sequences of 16S rDNA and 16S-23S rDNA intergenic spacer region for identification of *Streptococcus phocae*[J]. Microbiological Research, 2008, 163(2): 132-135.

[29] Hecht S M. Expansion of the genetic code through the use of modified bacterial ribosomes[J]. Journal of Molecular Biology, 2022, 434(8): 167211.

[30] Hong Y, Guo M, Wang J. ENJ algorithm can construct triple phylogenetic trees[J]. Molecular Therapy Nucleic Acids, 2021, 23(5): 286-293.

[31] Kim D F, Green R. Base-pairing between 23s rRNA and tRNA in the ribosomal a site[J]. Molecular Cell, 1999, 4(5): 859-864.

[32] Kim M, Morrison M, Yu Z. Evaluation of different partial 16S rRNA gene sequence regions for phylogenetic analysis of microbiomes[J]. Journal of Microbiological Methods, 2011, 84(01): 81-87.

[33] Kundu S, Lahiri A, Thakur R A. Denaturation of supercoiled DNA: a Monte Carlo study[J]. Biophysical Chemistry, 1998, 75: 177-186.

[34] Moore E R, Mihaylova S A, Vandamme P, et al. Microbial systematics and taxonomy: relevance for a microbial commons[J]. Research in Microbiology, 2010, 161(6): 430-438.

[35] Nagpal M L, Fox K F, Fox A. Utility of 16S-23S rRNA spacer region methodology: how similar are interspace regions within a genome and between strains for closely related organisms?[J]. Journal of Microbiological Methods, 1998, 33(3): 211-219.

[36] Rajendhran J, Gunasekaran P. Microbial phylogeny and diversity: small subunit ribosomal RNA sequence analysis and beyond[J]. Microbiological Research, 2011, 166(2): 99-110.

[37] Ren F, Tanaka H, Gojobori T. Construction of molecular evolutionary phylogenetic trees from DNA sequences based on minimum complexity principle[J]. Computer Methods and Programs in Biomedicine, 1995, 46(2): 121-130.

[38] Romalde J L, Balboa S, Ventosa A. Editorial: microbial taxonomy, phylogeny and biodiversity[J]. Frontiers in Microbiology, 2019, 10: 1324.

[39] Said K B, Alsolami A, Alshammari F, et al. Molecular evolutionary model based on phylogenetic and mutation analysis of SARS-CoV-2 spike protein sequences from Asian countries: A phylogenomic approach[J]. Informatics in Medicine Unlocked, 2023, 38: 101221.

[40] Schriefer E A, Cliften F P, Hibberd C M, et al. A multi-amplicon 16S rRNA sequencing and analysis method for improved taxonomic profiling of bacterial communities[J]. Journal of Microbiological Methods, 2018, 154: 6-13.

[41] Kazmi S Y. The etymology of microbial nomenclature and the diseases these cause in a historical perspective[J]. Saudi Journal of Biological Sciences, 2022, 29(11): 103454.

[42] Wada A. Compliance of genetic code with base-composition deflecting pressure[J]. Advances in Biophysics, 1992, 28: 135-158.

[43] Wang H C, Susko E, Roger J A. On the correlation between genomic G+C content and optimal growth temperature in prokaryotes: Data quality and confounding factors[J]. Biochemical and Biophysical Research Communications, 2006, 342(3): 681-684.

第 4 章 环境样品核酸的提取

自引入分子生物学方法研究微生物群落以来，人类对微生物生态学多样性的了解迅速拓展。由于大多数微生物尚未培养，科学家们只能对环境样本进行直接宏观的分析。环境样品包括水、土壤、气体等各种类型的样品，典型的操作就是在环境中根据核酸相关的试验先对其进行提取。近年来，环境样品的核酸提取已成为分子生物学研究中极为重要的步骤之一。

环境样品核酸提取的主要挑战是样品本身复杂性高和污染率高，这些都会导致提取出的核酸量少以及提取得到的核酸质量不佳。基于此，研究者需要选择最适合特定样品的提取方法并进行优化。常用的提取方法包括机械法、化学法和生物学法。机械法通过物理手段将动植物细胞或微生物破碎，使核酸释放并获得；化学法采用化学物质将样品中的细胞壁、细胞膜和其他成分破坏，从而释放核酸；生物学法利用可以降解尾部结构的酶来软化并裂解细胞壁和细胞膜，从而使核酸释放。

在具体操作时，根据不同的试验需求和样品来源，研究者可以选择不同的提取方法进行操作，为了提高提取效率和减少污染，还需注意对提取系统、样品与试剂的接触以及酶等细节进行优化。

4.1 DNA 的提取

4.1.1 技术背景

DNA 提取技术是环境分子生物学研究的基础，它是难度极大、时间消耗长且容易出现污染等问题的一项关键技术。它可以帮助研究者从环境样品中获取目标生物的基因组 DNA。传统 DNA 提取方法主要包括酚-氯仿法、CTAB 法和中和法。这些方法需要使用有机溶剂或去离子水等化学试剂，操作复杂，需要耗费数小时或数天的时间。不过这些方法以其高纯度和高质量的 DNA 提取效果而闻名于世，并广泛地应用在基础和应用研究方面。但是由于使用化学试剂的方法存在引起误差或反应条件影响结果的问题，不同的提取步骤之间可能会产生差异或出现污染等问题，从而影响分子生物学试验的可重复性。

近年来，基于无机颗粒的 DNA 提取法已经成为一种简单、快速且价格便宜的 DNA 提取技术。这种方法基于高效的离子交换或磁珠分离技术来捕获 DNA，其核心是利用对各种质量的 DNA 都兼容的硅树脂材料捕获 DNA，从而避免了化学试剂的使用。另一方面，商业化的 DNA 提取套装也变得越来越流行。这些套装使用人工合成材料或其他固定相进行 DNA 的吸附、洗涤和凝胶分离，具有易操作、快速和重复性强等优点。尽管如此，一些调查表明，这些方法有时可能会存在 DNA 纯度不够和高品质 DNA 产量不足的问题。

DNA 提取技术通常包括以下几个主要步骤：①收集样品；②细胞裂解，使 DNA 暴露在溶液中；③去除其他杂质，如蛋白质、核酸和有机物；④沉淀纯化 DNA，并用缓冲溶液再次溶解。在环境分子生物学中，由于目标生物通常只存在于极少量的样品中，如土壤或水体，因此需要使用敏感的 DNA 提取技术以获取足够数量的 DNA。当前广泛应用的 DNA 提取方法包括 CTAB 法、Qiagen 试剂盒、酚-氯仿（Phenol-Chloroform）抽提法等。其中，CTAB 法是环境分子生物学中最常用的 DNA 提取方法之一，它可以有效去除异物并获得高纯度的 DNA。Qiagen 试剂盒通常用于提取高质量的 DNA 和 RNA，其主要优点是提取速度快、操作简便。酚-氯仿抽提法则需要较多的化学品，并需长时间振荡离心来分离 DNA 和其他有机物。

DNA 提取作为环境分子生物学研究的重要步骤，不仅要求提取的 DNA 纯度高、质量高，还需要考虑试验成本、操作复杂度以及产出数量等方面的问题。因此，在选择合适的 DNA 提取技术时，研究者应该综合评估各种技术的适用范围，从而得出最佳试验流程。

4.1.2 常用方法介绍

近年来，测序技术的发展进步使微生物生态学和群落动态学研究更容易深入。这种分析的第一步是从复杂的环境样品中高效和有代表性地提取特定 DNA 片段。环境样品 DNA 提取方法的选择直接影响到下游 PCR 扩增、测序及数据分析结果的准确性和可靠性。在此，对目前常用的环境样品 DNA 提取方法进行介绍与比较。

4.1.2.1 CATB 法

CTAB 法是一种最早应用于植物基因组 DNA 提取的方法，后逐渐被引入环境样品 DNA 提取中。该方法利用 CTAB（十六烷基三甲基溴化铵）形成的盐沉淀作为分离 DNA 的手段，结合 β-葡聚糖酶和核糖核酸酶 A（RNase A 酶）的处理能够有效去除样品中的 RNA 和多余物质。CTAB 法简单易行，适用于低污染、高 DNA 含量的土壤和水域样品。但针对一些田间或者特定样品比如岩心等，CTAB 法则不适用。

4.1.2.2 Qiagen DNeasy 系列试剂盒

Qiagen DNeasy 系列试剂盒采用了硅基 DNA 纯化技术，通过与硅胶磁珠结合来实现 DNA 的分离、纯化和提取。该方法操作简便，适用于多种样品类型的 DNA 提取，例如土壤、水体以及高度污染的营养缺乏的环境样品。而且 Qiagen DNeasy 系列试剂盒的耗材供应较多，使用非常方便，但偶有文献会提到使用 DNeasy 纯化后测序出现低质量序列的问题。

4.1.2.3 酚-氯仿法

酚-氯仿法是最早应用于全部环境样品提取 DNA 的可靠方法之一，并广泛运用于生态学关键微生物基因组和群落研究中。它通过重力或离心过滤去除固体颗粒，然后利用 Tris-EDTA（TE）-酚溶液与样品混合并离心分离。氯仿沉降后，自上面提取 DNA 并定量。这种方法可以在地下水、土壤等样品中提取高纯度的 DNA，但是需要注意防范氯仿介质对操作者的危害，在操作过程中需要格外小心。

4.1.2.4　PowerSoil DNA Isolation 试剂盒

PowerSoil DNA Isolation 试剂盒采用了天根（QIAGEN）公司的核酸制备技术，结合了 PowerBead DNA 提取技术，能够快速分解难挥发物和避免富集剂、絮凝剂残留对下游 PCR 反应的影响。然而，针对某些样品，PowerSoil 试剂盒的致敏性则可能不如其他纯化前或荧光染色体质量测定等商业套餐。

4.1.2.5　基于 NucleoSpin 试剂盒的自动化 DNA 提取方法

NucleoSpin 试剂盒是一种高通量、低污染、适用于多种环境样品的核酸纯化试剂盒。利用这种方法可以在 30 ～ 45min 内从各种环境样品中提取 DNA，而且不需要进行膜过滤等额外操作，极大地缩短了操作时间。

4.1.2.6　磁珠分离技术

磁珠分离技术是目前环境微生物遗传学研究中较为流行的方法之一。该技术利用硅胶磁珠表面的亲核基团和目标分子反应，实现对目标 DNA 的处理。该方法具有快速且高效的特点，能够有效地去除样品中的干扰物质。

总体而言，环境样品 DNA 提取方法的选择需全面考虑到样品的特征，如样品来源、样品形态、污染程度以及后续操作方式等因素。同时，需要确保提取 DNA 的质量和纯度，并及时确定最佳浓度和保存条件，以保证后续试验操作和数据分析的准确性和可靠性。

4.1.3　不同环境样本的 DNA 提取

DNA 提取是分子生物学和遗传学研究的一个基本步骤。不同的环境样本会对 DNA 提取流程带来挑战，需要针对不同的样本类型选择不同的提取方法。下面将介绍一些适用于不同类型的环境样本的 DNA 提取方法。

4.1.3.1　土壤样品

土壤中的 DNA 提取非常具有挑战性。土壤样本中通常含有大量的杂质，如盐类、有机质、黏土和残留微粒等。通过将样品与表面活性剂混合并回收质量更重的 DNA，可以去除上述杂质。一种广泛的技术是打珠，即在缓冲液中用二氧化硅或玻璃珠或氧化锆珠对样品进行匀浆。然后使用生物体特异性 DNA 结合基质纯化提取的 DNA，随后用合适的缓冲液洗脱。

4.1.3.2　沉积物样品

在沉积物样品中，必须裂解细胞并溶解坚硬的有机物以获得高质量的 DNA。该方案包括向样品中加入裂解液，然后用研磨材料（如玻璃珠）敲打混合物，接着用苯酚-氯仿和乙醇沉淀，基于试剂盒的柱色谱技术或磁珠方法进行一系列纯化步骤。

4.1.3.3 生物膜样品

生物膜由嵌入细胞外聚合物（EPS）中的细胞组成，它们难以分解。一个典型的方案是用分解多糖和蛋白质的酶消化 EPS，然后用玻璃珠或锆珠辅助打碎细胞，然后用液相和固相吸附以及基于硅胶柱和（或）旋转柱的纯化试剂盒来提取 DNA。

4.1.3.4 真菌样品

真菌有细胞壁，使得提取 DNA 具有挑战性。真菌的 DNA 提取需要结合机械破坏、酶解和化学溶解等方法。通常，用纤维素酶和几丁质酶等酶对样品进行均质处理，同时用玻璃珠或钢球进行机械搅拌，然后通过十六烷基三甲基溴化铵（CTAB）的方法或商业试剂盒进行纯化。

4.1.3.5 植物根和叶

使用锤子或研钵等工具将样品粗略地打碎，将细胞壁破坏并使其释放 DNA。将粗破碎后的样品通过切碎器或者搅拌器等进行细微打碎，以进一步释放 DNA（可以加入液氮或琼脂糖使样品更易破碎）。下一步，将样品中的其他成分如蛋白质、多种杂质和其他分子等通过化学试剂分离出来，从而得到纯净的 DNA。常用的是 CTAB 法和标准的商业 DNA 分离试剂盒。最后使用硅胶或磁珠等吸附物，将分离得到的 DNA 纯化，去除其他杂质，并保证 DNA 的纯度和质量。

需要注意的是不同植物的 DNA 质地可能不同，因此在提取前需要设计最合适的方案，例如通过改变分离试剂浓度、添加其他化学试剂等方式来辅助提取。此外，环境样品中可能会存在一定的污染物或者其他难以处理的因素，因此需要根据不同的情况进行相应的改进。

4.1.3.6 革兰氏阳性菌

从环境样品中提取革兰氏阳性菌和孢子的 DNA 时，需要额外的步骤来去除细胞壁的肽聚糖，这可能会增加 DNA 分离的难度。

溶菌酶是一种可分解细菌细胞壁中肽聚糖的酶，可以增加细胞通透性，并使细胞更容易被化学或机械方法裂解。该方案是用溶菌酶处理细菌样品以破坏其细胞壁，接着添加化学试剂如十二烷基硫酸钠（SDS）、NaOH、蛋白酶 K 或者酶混合物进行裂解。经过裂解后，使用商业试剂盒或传统的苯酚-氯仿法纯化 DNA。

此外，机械研磨或超声处理也可用于破坏细胞并释放 DNA。一个优化的均质化方案是首先用溶菌酶处理样品，然后在洗涤剂和混合盐的存在下用打珠或超声处理样品，促使 DNA 析出，接着通过试剂盒的磁珠、硅胶柱或旋转柱纯化进行进一步清洗。

4.1.3.7 孢子

孢子具有独特的物理保护层，对 DNA 提取有特殊的抵抗力。为了提高提取效率，可以通过热冲击或化学品来诱导孢子发芽，打破休眠，使提取液进入孢子核心。此外，可以用上述提到的各种方法进行裂解。

在实际操作中，首先必须通过优化每个处理试剂的浓度和反应时间来最大化分离出的 DNA 的质量、数量、纯度和下游应用（例如 PCR、宏基因组学、基因组学等）适宜性，同时减少对特定菌株的偏倚。已经有多种商业试剂盒（如 Qiagen、Sigma 等）和许多传统实验室的方案可供选择，并且因其良好的质量和有效性而被广泛应用。

综上，不同类型的样品有着各自独特的 DNA 提取挑战。选择正确的方法和最佳试验流程可以确保准确、高质量地提取出纯净的 DNA，并有效促进分子生物学和遗传学的应用。

4.2 RNA 的提取

4.2.1 技术背景

RNA（核糖核酸）提取是分子生物学试验中关键的步骤之一，通常用于研究基因表达、RNA 序列分析和转录组学等领域。相比 DNA 分析，RNA 分析的难度更大，因为 RNA 非常不稳定且极易被分解。同时，与 DNA 相比，RNA 在环境样品中的存在量较少，浓度低，难以从复杂的环境样品中获得高品质的 RNA。因此，正确提取 RNA 至关重要，这需要使用特殊的方法和技术。细胞中与蛋白质合成相关的 RNA 可以分为信使 RNA（mRNA）、转运 RNA（tRNA）和核糖体 RNA（rRNA）三大类。不同组织总 RNA 提取的实质就是将细胞裂解，释放出 RNA，并通过不同方式去除蛋白质、DNA 等杂质，最终获得高纯度 RNA 产物的过程。获得纯度高、完整性好的 RNA，对后续的试验至关重要。

酚-氯仿法、Trizol 法和 RNeasy Kit 法三种主要的 RNA 提取方法被广泛用于环境分子生物学研究。酚-氯仿法是最早发展的 RNA 提取方法，但它需要使用危险的有机试剂，并且对操作者有较高的技能要求。Trizol 法是目前广泛使用的方法之一，它包括使用硝酸胍裂解细胞壁，然后使用有机溶剂提取 RNA。RNeasy Kit 法是商业化的工具，其使用离心柱和硅胶基质分离 RNA，方便易用且操作简单。

近年来，一些新的 RNA 提取技术也被发明并得到广泛应用，如磁珠分选技术。该技术利用类似于 DNA 提取中使用的磁珠和磁性颗粒的工作原理，可以轻松快速地从样品中捕获 RNA。另一个比较新的方法是通过 9-芴甲氧羰基（FMOC）的加入，在自动上样器上执行 RNA 提取。

RNA 提取技术在环境分子生物学研究中扮演着关键角色。选择正确的 RNA 提取方法能够保证抽取高质量的 RNA，使微生物转录组研究更为准确和可靠。随着技术的不断发展，越来越多的 RNA 提取技术或将被开发出来并得到应用。

4.2.2 常用方法介绍

环境样品 RNA 提取是其中重要的步骤之一，其目的是获取足够数量和质量的 RNA，以便进行下游分析。在此，对目前常用的环境样品 RNA 提取方法进行介绍与比较。

4.2.2.1 酚-氯仿法

酚-氯仿法在RNA提取中被广泛使用，它能够同时去除DNA和蛋白质，并获得高质量的RNA。这种方法简单易行，但比其他方法更容易出现干扰物（如未充分去除DNA）。

4.2.2.2 Trizol法

Trizol法是另一个广泛使用的RNA提取方法，它利用酸性酚和2-氯代-2-三氟乙酸从样品中提取RNA。相比于酚-氯仿法，Trizol法提取的RNA纯度更高，对残留的DNA和蛋白质的清除也更彻底，但是操作较为复杂。

4.2.2.3 Trizol联合柱色谱法

Trizol联合柱色谱法结合了Trizol法和单独使用色谱柱的优点。在进行固相分离前，RNA经Trizol溶液处理。这个方法不但简单易行而且能够显著减少样品中的污染物。

4.2.2.4 Qiagen RV（RNeasy Virus Mini Kit）套组提取RNA

针对植物病毒和细菌等极小生物的RNA提取，Qiagen公司开发的这种RNA提取方法去除杂质效果好，灵敏度和RNA回收率都较高。

4.2.2.5 SPRI灵敏分光比色测定法

这是目前一种快速、精确的核酸沉淀技术，主要有“AMPure XP”和“Zymo Clean & Concentrator”两款产品，操作简单，通过加入特殊盐将低分子的杂质等其他物质清除，从而高度纯化目标RNA，并可以选择性地对不同长度的RNA片段进行分析。

4.2.2.6 微流控芯片法

基于微流控芯片（microfluidic chip）的RNA提取技术已经展示出高效、快速和自动化的特点。该技术使用微型流道、混合模块和过滤器等结构，在毫升或亚毫升级别下处理样品，并很快隔离和富集RNA，该技术在分子诊断、检测和疾病预测等领域具有广阔的应用前景。

4.2.2.7 磁珠法

基于磁珠（magnetic bead）的RNA提取方法也逐渐成为研究者们的关注焦点，该技术减少了传统手工操作的复杂性，而且可以将提取和纯化步骤集成到一个步骤中去，从而加快整个RNA提取过程。

此外，在进行环境样品RNA提取的过程中，需要严格按照相关规范操作。选择合适的RNA提取方法和适当的样品处理方法可以很好地保证RNA的完整性和提取效率，并为后续环境分子生物学研究提供可靠的数据基础。因此，在RNA提取的过程中，还需要注意以下几点。

① RNA提取过程中要尽可能地降低RNA降解的风险。例如，操作时需要保持无RNA酶（RNase），使用RNase去除剂彻底清洗安全实验台和仪器设备，以及注意避免样

品长时间暴露于空气或阳光直射等。同时，在加试剂、转移样品、洗涤时应盖紧管盖，并避免振荡过度等。

② RNA 提取完成后，最好使用分光光度计检测 RNA 浓度和纯度，如果是高通量 RNA 测序，还需要进行样品质量检测，如 rRNA 消除、Library 质量评估等。

③ 选择适当的保存方法。为了保证样品中 RNA 的完整性和稳定性，需要在采集后快速将样品冷冻，并在低温（−80℃）下储存样品。

④ 对小样品的处理：如果从小体积或特殊类型的样品（如血液、组织、植物、真菌等）中提取 RNA，则需要使用特殊的试剂盒和技术方法，以保证 RNA 的提取效率和纯度。

⑤ RNA 完整性的检测：RNA 被严重降解会导致后续分析的准确性下降，因此在 RNA 提取后需要评估 RNA 的完整性及质量，并在试验中根据 RNA 完整性的差异对 RNA 进行调整和控制。

总体而言，RNA 提取是 RNA 研究中非常重要的前置步骤，只有得到高纯度、高质量的 RNA，才能进一步进行下游分析，如 RT-qPCR，RNA 测序（RNA-seq）等试验。随着环境分子生物学的快速发展，RNA 提取技术也在不断进步和更新。选择合适的 RNA 提取方法可以提高 RNA 的质量和纯度，从而更好地进行基因表达分析或应用于其他试验。因此，在试验设计和操作时需慎重考虑，认真选择适合的 RNA 提取方法并执行标准化操作流程，从而获得可靠的试验结果。需要注意的是，在 RNA 提取过程中一定要避免环境因素的干扰，以保证 RNA 的提取率和纯度。

4.2.3 不同环境样本的 RNA 提取

对环境样本 RNA 进行提取时，样品的复杂性和异质性（包含了大量的细菌、真菌、病毒和植物等）给 RNA 提取带来极大的挑战。下面将介绍一些适用于不同类型环境样本的 RNA 提取方法。

4.2.3.1 泥土和水样品

泥土和水样品中的 RNA 提取难度较大，通常需要先通过物理或化学方法处理来打散样本并去除残留物，然后再进行 RNA 纯化。市面上有一些专门针对这种样本类型的总 RNA 纯化试剂盒可供选择。例如 MagMAX RNA Kit 可以快速有效地提取出土壤、沉积物和底泥中的 RNA。其原理是加入相应缓冲液，并与试剂盒配套的磁性颗粒结合，该颗粒能够高效地吸附 RNA，也可以去除样品中的其他碎片等杂质。此类试剂盒的提取流程相对简单，能够在获得较高纯度 RNA 的同时减少样品的处理步骤和操作时间。

4.2.3.2 植物

植物的 RNA 提取可能比其他生物组织更加复杂，因为它们通常富含多种杂质并具有刺激性。这些样品可能同时包括细胞壁和囊泡，因此需要打破细胞壁来释放 RNA。市面上有一些 RNA Prep 系列试剂盒可以很好地解决这个问题，例如 Trizol 或者 TRI Reagent

都是应用广泛的总 RNA 纯化试剂盒，能够快速、有效地分离 RNA，并且带有 DNase 处理来确保获取高质量的RNA。同时，还有某些针对特定样本类型的RNA Prep系列试剂盒，如 Plant RNA Isolation Kit 专门用于植物样品的 RNA 纯化等。

4.2.3.3 人体皮肤、唾液和血液

对于人体样本，可通过试剂盒法和手工分选法进行 RNA 提取。手动分选方法要求将样本先按照类型进行分离（如白细胞、血小板或全血），然后使用 Trizol 或相似的试剂进行 RNA 提取。而试剂盒通常包括 RNeasy Mini Kit、RNeasy Plus Kit 和 AllPrep DNA/RNA/Protein Mini Kit 等，它们可以快速地提取稳定的 RNA 并去除杂质，是一种较为常用的 RNA 提取方法。

综上，选择适当的 RNA 提取方法，首先要考虑到具体样品类型的异质性，需要针对不同的样本选择合适的提取试剂（例如其中是否含有高含量的异物质），采用优化的操作方案，最终才能得到纯度高且活性好的 RNA，以满足后续试验的需求。随着科技不断进步和发展，RNA 提取技术也在不断创新和突破，这些优秀的技术能够更好地帮助研究者进行环境分子生物学研究，同时也大大拓展了相关研究的范围和深度。

总之，环境样品的核酸提取是分子生物学研究的必要步骤。随着新技术的涌现，研究者需要根据样品和试验需求选择适合的方法，并对提取过程进行优化，以确保提取效率和核酸质量。

课后习题：

1. DNA 提取技术通常包括哪些主要步骤？
2. 目前常用的环境样品 DNA 提取方法有哪些，各自的特点是什么？
3. 目前常用的环境样品 RNA 提取方法有哪些，各自的特点是什么？
4. RNA 提取过程中如何降低 RNA 降解的风险？
5. 如何保存待提取 RNA 的样品？

参考文献

[1] 曹宁，申炳阳，喻梓瑄，等. 用于 3 种食源性致病菌核酸提取的微流控芯片制备 [J]. 食品与生物技术学报，2022，41（01）：28-35.

[2] 陈涛，柴海云，刘彦，等. 不同病原微生物核酸提取方法的对比 [J]. 广东医科大学学报，2023，41（06）：619-622，627.

[3] 胡稳奇，张志光. 核酸杂交技术在环境微生物检测中的应用 [J]. 微生物学通报，1995（06）：371-374.

[4] 李安一，吕雪飞，邓玉林，等. 基于微流控芯片的核酸提取技术研究进展 [J]. 分析试验室，2021，40（07）：761-771.

[5] 刘科均，赖锡勋，向劲，等. 环境 DNA 技术在水域环境中的应用进展 [J]. 水产养殖，2023，44（11）：16-21，27.

[6] 刘娜，王亚萍，王学硕，等. 九种核酸提取裂解剂对 PCR 扩增效率影响研究 [J]. 中国食品卫生杂志，2023，35（06）：843-848.

[7] 罗忠永，王印，杨泽晓. 实时荧光定量 PCR 模板核酸提取方法的比较 [J]. 动物医学进展，2016，37（11）：53-56.

[8] 王学仁，张改娜，何涛，等. 一种快速有效提取植物和真菌 DNA 和 RNA 的简易方法 [J]. 基因组学与应用生物学，2009，28（06）：1183-1188.

[9] 吴妍，张晓，张良，等 . 水体中致病菌富集和核酸提取方法及优化 [J]. 中国公共卫生，2023，39（11）：1496-1500.

[10] 喻春函，宋辉，曹文刚，等 . 双磁珠法质粒 DNA 提取技术及应用 [J]. 生物工程学报，2023，39（11）：4708-4717.

[11] 张聪，吕霁，刘雨，等 . 病原微生物核酸快速提取及其微流控芯片研究进展 [J]. 食品安全质量检测学报，2023，14（21）：63-70.

[12] Lima Â, Sousa L G V, Macedo F, et al. Assessing recovery rates of distinct exogenous controls for gDNA extraction efficiency using phenol-chloroform or silica-column based extractions[J]. Journal of Microbiological Methods, 2022, 203: 106607.

[13] Cortés-Maldonado L, Marcial-Quino J, Gómez-Manzo S, et al. A method for the extraction of high quality fungal RNA suitable for RNA-seq[J]. Journal of Microbiological Methods, 2020, 170(C): 105805.

[14] Dalla-Costa M L, Morello G L,Conte D, et al. Comparison of DNA extraction methods used to detect bacterial and yeast DNA from spiked whole blood by real-time PCR[J]. Journal of Microbiological Methods,2017, 140: 61-66.

[15] El-Ashram S, Nasr A I, Suo X. Nucleic acid protocols: Extraction and optimization[J]. Biotechnology Reports, 2016, 12: 33-39.

[16] Emaus NM, Varona M, Eitzmann R D, et al. Nucleic acid extraction: Fundamentals of sample preparation methodologies, current advancements, and future endeavors[J]. Trends in Analytical Chemistry, 2020, 130: 115985.

[17] Erê M S P H A, Sanitá M R, José W S, et al. Comparative analysis indicates a simple protocol for DNA extraction of the aromatic plant Lippia alba[J]. Analytical Biochemistry, 2023, 675: 115225.

[18] Drygin Y F, Butenko K O, Gasanova T V. Environmentally friendly method of RNA isolation[J]. Analytical Biochemistry, 2021, 620(prepublish).

[19] Hamilton M L, Conrad C, Guo Z M, Richardson A. Comparison of different DNA extraction techniques to measure oxidative damage in DNA[J]. Free Radical Biology and Medicine, 1998, 25: S74.

[20] Du H X, Xie H Y, Ma M, et al. Modified methods obtain high-quality DNA and RNA from anaerobic activated sludge at a wide range of temperatures[J]. Journal of Microbiological Methods, 2022, 199: 106532.

[21] Galliano I, Daprà V, Zaniol E, et al. Comparison of methods for isolating fungal DNA[J]. Practical Laboratory Medicine, 2021, 25: e00221.

[22] Janabi A H, Kerkhof L J, McGuinness L R, et al. Comparison of a modified phenol/chloroform and commercial-kit methods for extracting DNA from horse fecal material[J]. Journal of Microbiological Methods, 2016, 129: 14-19.

[23] Kofanova O, Bellora C, Frasquilho S G, et al. Standardization of the preanalytical phase of DNA extraction from fixed tissue for next-generation sequencing analyses[J]. New Biotechnology, 2020, 54: 52-61.

[24] Kuhn R, Böllmann J,Krahl K, et al. Comparison of ten different DNA extraction procedures with respect to their suitability for environmental samples[J]. Journal of Microbiological Methods, 2017, 143:78-86.

[25] Lewandowski K, Bell A, Miles R, et al. The effect of nucleic acid extraction platforms and sample storage on the integrity of viral RNA for use in whole genome sequencing[J]. The Journal of Molecular Diagnostics, 2017, 19(2): 303-312.

[26] Liu C W, Tsutsui H. Sample-to-answer sensing technologies for nucleic acid preparation and detection in the field[J]. SLAS Technology, 2023, 28(05): 302-323.

[27] Markusková B, Minarovičová J, Véghová A, et al. Impact of DNA extraction methods on 16S rRNA-based profiling of bacterial communities in cheese[J]. Journal of Microbiological Methods, 2021, 184: 106210.

[28] Rehner J, Schmartz G P, Groeger L, et al. Systematic cross-biospecimen evaluation of DNA extraction kits for long- and short-read multi-metagenomic sequencing studies[J]. Genomics Proteomics & Bioinformatics, 2022, 20(2): 405-417.

[29] Souza M R D, Teixeira R C, Daúde M M, et al. Comparative assessment of three RNA extraction methods for obtaining high-quality RNA from *Candida viswanathii* biomass[J]. Journal of Microbiological Methods, 2021, 184: 106200.

[30] Thomas J C, Khoury R, Neeley C K, et al. A fast CTAB method of human DNA isolation for polymerase chain reaction applications[J]. Biochemical Education, 1997, 25(4): 233-235.

[31] Toni L S, Garcia A M, Jeffrey D A, et al. Optimization of phenol-chloroform RNA extraction[J]. MethodsX, 2018, 5: 599-608.

[32] Verdon T J, Mitchell R J, Oorschot R A V. Evaluating the efficiency of DNA extraction methods from different substrates[J]. Forensic Science International: Genetics Supplement Series, 2011, 3(1): 93-94.

[33] Vorreiter F, Richter S, Peter M, et al. Comparison and optimization of methods for the simultaneous extraction of DNA, RNA, proteins, and metabolites[J]. Analytical Biochemistry, 2016, 508: 25-33.

第 5 章 环境组学

5.1 环境宏基因组学

地球生物圈中的微生物在生物进化、地理变化、气候形成过程中发挥着重要的作用，其总数大约在 $4\times10^{30}\sim6\times10^{30}$。大部分微生物的可培养性非常低，截至目前，通过纯培养的微生物数量仅为显微镜观察到的微生物数量的 1%，其中活性污泥中微生物的可培养率大约为 1% ～ 15%，土壤中微生物的培养率大约为 0.3%，淡水中微生物的培养率为 0.25%，海水中微生物的培养率为 0.001% ～ 0.1%。传统的生物科学是建立在经典“还原论”的基础上，对代谢途径、蛋白质或单个基因进行逐个详细研究，对各种基因表达、调控以及代谢途径的分子机理进行了比较充分的认识。20 世纪 80 年代前，人类在微生物纯培养后对其生理和生化性质进行研究以探讨微生物的多样性、活性等。但是，缺少对系统的基因表达、调控和代谢途径的研究。显然，从研究的整体出发去认识生物整体类型是有必要的，因此，对生物科学的研究发生了由“还原论”向“整体论”的过渡和变化。在哲学研究中，“还原论”和“整体论”并不矛盾和对立，前者可以作为后者的一部分。近两百种“组”和“组学”的思想、概念是由研究哲学转变而引发的。这些组和组学就可以归纳为基因组和基因组学、代谢组和代谢组学、蛋白质组和蛋白质组学、转录组和转录组学，它们之间的相互关系如图 5-1 所示。

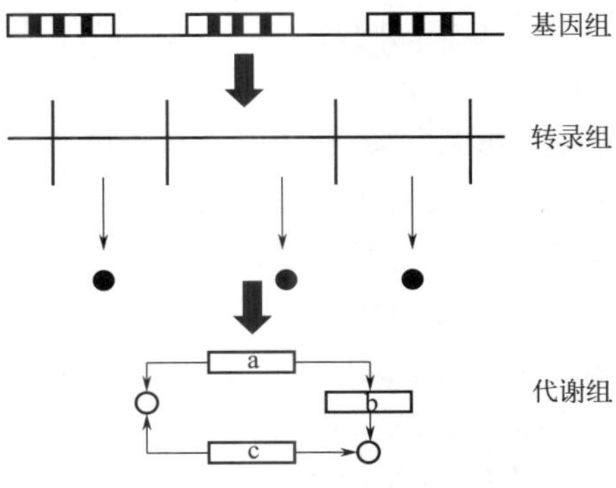

图 5-1 不同组学之间的关系

进入 21 世纪后，生物体系的认识已经从整体（或系统）水平出发，随之诞生了“系统生物学”思想。2003 年，人类基因组计划（Human Genome Project，HGP）的顺利完成，以及物理图谱、遗传图谱、转录图谱和序列图谱的成功绘制，标志着人类完成了基因组计划的全部内容。HGP 的研究已经从结构基因组学进入了功能基因组（后基因组）时代，发生了翻天覆地的变化。从广义来看，功能基因组学是利用基因组定量分析不同时空表达的 mRNA 组、代谢产物组和蛋白质组，所有通过高通量研究基因组的科学都属于功能基因组学范畴，也就是后基因组时代需要研究的 mRNA、DNA、蛋白质和代谢产物等所有水平上的生物信息之间复杂的相互关系。

截至目前，研究人员已经通过纯培养的方法获得了近千种细菌、病毒，甚至上万种真菌，但是同样地，自然界中存在的大多数不能被纯培养的微生物没有得到研究。功能基因组学的研究使研究者对微生物遗传群落结构、多样性以及微生物生态功能产生浓厚的兴趣，拓展了人们对未知领域的认识。

5.1.1 宏基因组学定义

基因组（genome）是生物体细胞中一套完整的遗传信息，一个基因组包含了核内单倍数染色体所涵盖的所有基因，与器官、细胞和组织的种类无关。随着人类基因组计划的完成，基因组功能性的研究随即展开，因此，基因组学的研究进入了后基因组时代。

微生物在生物圈中处于统治地位，在地球物质循环和环境污染物降解等方面扮演着重要角色，研究者对这些微生物的研究引起了人们对了解生命起源和进化的兴趣。自然条件下，微生物通过群落执行一些重要的功能，传统的微生物学研究是以纯培养微生物为基础，而它们仅仅占到自然界中微生物的一小部分。对于微生物群落整体功能的认识远远落后于对个体的认识。近年来，现代分子生物学技术的迅猛发展，尤其是 PCR 技术和 16S rRNA 基因等特定的序列分析技术等的发展，促使人们通过 PCR 扩增出环境微生物的 16S rRNA 基因，通过与数据库中的序列比对从而鉴定出微生物种类，这种分析加深了人们对微生物多样性的认识。

随着基因组学技术的不断发展，研究思路和方法也是层出不穷，基因组学也从单一的微生物扩展到复杂的微生物环境中。1985 年，Pace 等人首次从环境样品中直接提取微生物群体基因组的 DNA，从而规避了传统微生物研究中必需的培养阶段对其进行研究，并且通过这一方法成功获得了大量未知的微生物信息。1911 年，Schadit 等人利用该方法建立了海水样品 DNA 的 λ 噬菌体文库，并对 16S rRNA 基因进行了筛选分析。1966 年，Lenog 克隆了一段来自未知海洋古菌的 40kb 的基因组片段并且进行测序分析，该项目具有里程碑意义。1998 年，Handelsman 等人对该方法进行了定义：以环境样品中的微生物群体基因组作为研究对象，通过功能基因筛选和测序，以微生物种群结构、多样性、功能活性、进化关系、相互协作关系以及与环境之间的相互关系为研究目标而诞生了一种新的微生物研究方法，并且第一次使用了 metagenomics 这个名词，中文翻译为宏基因组学。此外，还有一些文献中使用了环境 DNA 文库（environmental DNA libraries）、微生物基因组学（microbial genomics）、土壤 DNA 文库（soil DNA libraries）以及微生物环境基因组学（microbial environmental genomics）等，但是大部分报道中仍然使用了“宏基因组学”作为正式名称。自此，宏基因组学得到了飞跃式发展。

5.1.2 宏基因组学的研究策略

宏基因组学的研究策略主要包括环境 DNA 提取、宏基因组文库的构建、筛选目标基因 3 个步骤，具体流程如图 5-2 所示。

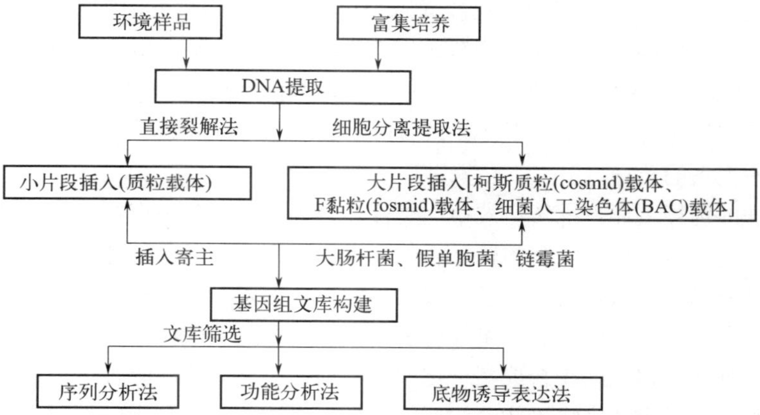

图 5-2　微生物宏基因组研究策略示意图

5.1.2.1 从环境样品中提取并且纯化微生物群体基因组

通过宏基因组文库来真实反映环境中微生物的种类，这就要构建一种能够从环境样品中有效地提取基因组 DNA 的方法，从而得到环境中全部微生物的基因组。截至目前，已经建立了多种提取微生物基因组 DNA 的方法，并且可以大致分为以下 2 类。

① 细胞抽提法。首先对环境中目标类群的微生物细胞进行分类，随即提取基因组 DNA。Venter 等人建立马尾藻海（Sargasso Sea）基因组文库过程中，使用特定孔径的滤膜去除真核生物细胞，使原核微生物基因组在宏基因组文库中的占比提高。同时，还可以利用培养基对特定类群的微生物进行富集，比如在培养基中添加纤维素能够得到与降解纤维素有关的微生物。由于该方法的破碎条件较温和，因此能够得到 DNA 分子量较大的基因组，并且纯度高，适合构建较大片段的文库。但通过此方法获得的基因组 DNA 一般为原核生物的并且数量较少。

② 直接对样品中的基因组进行提取。相比于第一种方法，该方法能够得到更具代表性的 DNA 样品，其应用较为广泛。但通过该方法获得的 DNA 样品容易含有抑制 PCR 以及酶切反应的物质，主要是因为该方法破碎条件剧烈，基因组较易断裂。因此该方法需要进一步纯化来满足文库构建的要求。环境样品中不同种类微生物的有机体对于各种细胞裂解过程的敏感性存在差异，因此基因组 DNA 提取的方法在一定程度上反映样品中微生物的多样性，这就需要对各种提取方法进行一个系统全面的比较。

5.1.2.2 宏基因组文库的构建

（1）载体的选择以及所建库的大小

按照研究目的可以将宏基因组文库分为克隆于质粒载体中的小片段文库（插入片

段 <15kb）以及克隆于 cosmid 载体、fosmid 载体和 BAC 载体中的大片段文库（插入片段 >40kb）。而得到的基因组 DNA 质量决定着载体的选择、构建文库中插入片段的大小、载体拷贝数的要求和所用的宿主以及筛选策略等。单个编码基因簇或操纵子的筛选分离一般选用小片段文库，而基于 cosmid、fosmid 和 BAC 的大片段文库一般用于筛选获得由较大基因簇编码的复杂代谢途径或可以表征环境中未培养微生物基因组的较大基因片段。无论构建上述何种宏基因组文库，主要问题是该文库能否包含样品的所有微生物有机体。如果构建的文库是反映土壤样品中分布稀少微生物（<1%）基因组的存在，那么文库必须包括 1000Gb 的土壤 DNA。目前，较多报道的文库并没有达到相应标准，但是也为研究人员了解某些特定的生态环境提供了许多富有价值的信息。

（2）文库宿主的选择

宿主菌株的选择主要考虑转化效率，是否对异源表达的基因产物有较强的相容性以及能否为相关的功能基因提供所需的转录表达体系。通常，大肠杆菌遗传操作简单以及能够在廉价培养基中迅速生长，所以大多选取大肠杆菌作为宏基因组的宿主。此外，并非所有的基因都适合在大肠杆菌中表达。例如一些基因启动子的（G+C）含量较高无法被识别而使转录受限，或者是宿主缺少合成某种物质的中间体；某些基因的表达产物能够毒害或抑制宿主的生长，或是表达产物不能分泌至细胞外。上述问题对利用宏基因组学发现新功能产物存在限制，从而迫切需要发展、建立新的替代宿主系统。相关研究报道，已经建立了能够在大肠杆菌和链霉菌或假单胞菌之间转移的 cosmid 和 BAC 载体，从而在大肠杆菌中构建的基因组文库就可以转移到链霉菌和假单胞菌中，达到筛选一些特定功能基因的目的。Martinez 等人通过大肠杆菌宿主构建宏基因组文库，利用穿梭质粒的接合作用，建立了以变铅青链霉菌（*Streptomyces lividans*）和恶臭假单胞菌（*Pseudomonas putida*）为宿主的表达文库。

5.1.2.3 目标基因的筛选

建立基因组文库的前提是揭示新基因，随即是对文库中丰富的资源进行有效发掘，寻找新的生物分子。环境基因组高度的复杂性迫使研究者利用高通量和灵敏度高的方法筛选、鉴定有用的基因。筛选技术大致可以分为以下 4 种：①基于核酸序列差异进行序列驱动分析的技术；②以克隆子的特殊代谢活性（功能驱动）为基础的技术；③以底物诱导基因的表达为基础的技术；④包括荧光原位杂交和稳定同位素标记在内的其他技术。

（1）序列分析法

DNA 序列分析技术作为现代生命科学研究的核心技术之一，其不仅是发现和认识基因多态性的前提，还能够得到微生物群落潜在的生态功能信息。PCR 技术通常被用来进行序列分析，而土壤基因文库的筛选一般采用杂交探针技术。

目前，宏基因组学研究的主流 DNA 序列分析技术主要包括：①DNA（cDNA）微阵列和芯片技术；②mRNA 差别显示反转录 PCR（DDRT-PCR）技术；③基因表达的系列分析（SAGE）技术。

微阵列（microarray）技术的原理是集约化和平面处理，通过固相表面化学合成、照相平版印刷以及光导化学合成等技术，在固相表面合成成千上万个寡核苷酸“探针”、基因特异的寡核苷酸、EST（表达序列标签，expressed sequence tag）和 cDNA，并且通过荧光标记或放射性同位素与不同来源的 DNA 或 mRNA 反转录生成的第一链 cDNA 进行杂交，随后对每个杂交点进行定量分析，从而构成 DNA 微矩阵，又被称作基因芯片。自 1995 年 Schena 等人创立以来，该技术已经逐渐成为功能基因组学的核心技术之一。

相比于核酸方法，微阵列技术存在较多的优势，具体包括以下几点。

① 高产量和平行分析：数千乃至数十万的序列和探针能够均一地保存在无孔的固体表面很小的区域。因此，监测基因的表达能够在基因组水平进行，并且同一微阵列能够同时分析一个微生物群落的各个组分。在基因组水平研究基因表达是非常重要的，主要是因为一次微阵列试验可以获得大量的表达数据，研究人员就能够对一个细胞系统进行全面认识。

② 高灵敏度：探针与靶核酸的杂交灵敏度较高，主要是微阵列杂交过程中使用的探针数量较少，并且能够将靶核酸限制在很小的区域。以上特点使得样本的高浓度和快速杂交变成可能。

③ 同时分析不同的阵列：不同的荧光对应不同标记的目标样品，互不交叉地在相同微阵列上杂交，这样就能够在同一块阵列上同时对两个或更多的生物样品进行分析。不延续的试验条件误差通过多种色彩的杂交监测来避免，也可以通过直接比较和定量方法对不同生物样品的目标序列丰度进行比较。

④ 低背景干扰：靶核酸非特异性地连接至无孔表面的概率是非常低的，因此，制造和使用过程中依附的有机和无机荧光能够被快速去除。与传统的有孔膜相比，它能够基本消除背景干扰。

⑤ 实时的数据分析：微阵列的完成能够促使杂交和监测变得相对容易和迅速，保障现场范围内不同环境中数据的动态监测。

⑥ 自动化：微阵列技术能够实现自动化，比传统监测方法的回报率高。

目前，微阵列技术已经被成功运用于纯培养全基因的表达分析中，但是由于定量、特异性和灵敏度等问题，该技术仍存在诸多挑战。依据探针的类型可以将环境中研究的微阵列大致分为系统发育寡核苷酸微阵列（phylogenetic oligonucleotide arrays, POAs）、群落基因组微阵列（community genome arrays, CGAs）、功能基因微阵列（functional gene arrays, FGAs）。其中，关键基因作为功能基因微阵列代谢途径中的探针，对微生物群落中功能菌群的活性以及代谢途径进行研究。通过 PCR 方法在环境样品的克隆中扩增制备探针，才能够建立含有大片段 DNA 的功能基因微阵列，因此，获得不同环境样品的克隆仍具有挑战性。

Rhee 等人开发了一种包含 50 个碱基的寡核苷酸微阵列技术，这种技术借助来自 2402 个已知的生物降解和重金属钝化相关基因中的 1657 个探针，对环境群落生物降解潜力和功能活性进行研究。结果发现该技术的开发为微生物群落功能的探索提供了新的迅速、强大的高通量分析工具，可以用于监测生物修复潜力和功能活性的变化。微阵列技术得到了广泛的应用，主要用于研究废水处理、污染环境中存在的微生物反应和调节过程、富营养作用和营养物循环的微生物多样性、生物学过程中环境胁迫下的基因功能和调节机制以及微生物生态学原理等方面，并且构建了基因表达谱。寡核苷酸微阵列技术是当前研究环境微生物群落的一种有效手段，Wagner 等人利用 DNA 微阵列技术研究了活性污泥中微生物的群落结构，并且得到了大量新信息。但是，该技术对基因监测的灵敏度较低，约为 PCR 法的 1/100000 ～ 1/100，对土壤中丰度较低的微生物序列分析会产生影响。因此，提高灵敏性和专一性是微阵列技术的重要挑战。

（2）DDRT-PCR 技术在宏基因组学中的应用

1992 年，梁鹏和 Pardee 等人构建了 mRNA 差别显示反转录 PCR（DDRT-PCR），这是一种新的显示 mRNA 差异表达的技术。它是基于 PCR 和聚丙烯酰胺凝胶电泳经过 5′ 端和 3′ 端引物合理设计的组合，对不同细胞或组织的总 RNA 反转录生成的 cDNA 进行 PCR 扩增，在 DNA 测序胶上将不同细胞或组织中表达的基因片段进行电泳分离，随即筛选出不同组织或细胞中表达不同的 cDNA 片段。该技术具有灵敏度高、简单易行等优点，主要对 DNA 突变以及多态性进行分析，对同一组织细胞的不同状态或同一状态下多种组织细胞基因表达水平之间的差异进行检测，能够发现新的疾病相关基因、抗性基因、污染物降解基因和致病基因。随着 mRNA 差别显示反转录 PCR 技术的不断进步，已经广泛运用至环境科学研究中的各个领域。

（3）SAGE 技术在宏基因组学中的应用

基因表达系列分析（SAGE）作为一种十分有效的分析基因表达的手段，通过对来自 cDNA 3′ 端特定位置的一段长 9 ～ 11kb 的基因表达序列标签进行比较，以此辨别基因组中的差异表达基因。它能够同时分析两个或多个细胞或组织之间所有差异表达的基因。这些标记序列通过制备的 cDNA、SAGE 标签进行标记，并对其随机连接、扩增、克隆，选择一定数量的克隆产物进行测序分析，不仅可以确定各 SAGE 代表的特定基因在不同细胞或组织中能否表达，而且还可以通过各 SAGE 标签的出现频率评估该基因的表达强度。

环境科学领域主要利用 SAGE 研究污染环境中机体的毒理学以及生物抗逆境胁迫的功能基因。通过构建不同环境和生理病理状态下的表达图谱，定性或定量比较不同状态下基因的表达水平，对基因表达和机体各种癌变、免疫和抗逆性之间的关系进行研究。序列分析法需要根据已经明确的基因和基因表达产物的保守序列进行引物和探针的设计，在鉴定新基因过程中存在一定局限性，但是该技术已经被广泛地应用到鉴定系统发育学中的标志基因和带有高度保守区域的酶基因方面。PCR 仅仅能够扩增部分基因，而对复杂的土壤基因组文库中分离全长基因比较困难。该问题被 Sokes 等人使用整合子 -基因盒系统巧妙地解决。

随着技术的不断发展，不需要大量的测序和分析工作也可以从基因组文库中获取大量的信息。焦磷酸测序（pyrosequencing）技术较适合于仅有几十个碱基对的短序列 DNA 片段。在焦磷酸测序技术的基础上结合一种乳胶材料和皮升级反应孔，诞生了一种新的利用皮升（picoliter）级反应器进行测序的方法，可以随机切割基因组 DNA，批量进行测序反应。该方法比 Sanger 法要快 100 倍，相同的时间内可以破译 6×10^6 组以上的基因序列，提高了测序效率。此外，鸟枪法测序（shotgun sequencing）的发展使得大规模测序得以实现，该方法先随机打断一条完整的目标序列作为小片段，分别进行测序，随即依据序列间的关系使用计算机进行排序和重新组装，并且对基因组中的位置进行确定。该方法对筛选天然产物提供了一种新的途径，并且产生了大量的信息，上百万个新基因被挖掘，明确了无法培养微生物的代谢途径。但是，鸟枪法的缺陷在于需要大量的人力、财力和物力。此外，相比于个体微生物，宏基因文库中含有巨大的序列片段，分析这些序列片段较为困难。最近，研究人员发现了一种经过简化的 PhyloPythia 序列分类技术，其可以通过 340 个复杂基因组的信息对复杂生态环境的序列片段进行组装，以前的方法是无法完成的。

5.1.2.4　功能性筛选法

功能性筛选法是在活性测定的基础上发展起来的，通过构建和优化合适的方式从基因组文库中获得一些含有特殊功能的克隆。通过该方法能够获取大部分新的生物催化剂或分子化合物。功能筛选存在 2 种筛选方式：①直接检测特殊功能的克隆子，该方法灵敏度高，并且精确性高；②在异源基因的宿主菌株和突变体选择性条件下进行功能互补生长。功能性筛选法能够从多个克隆子中快速鉴定出全长基因，并且获取该功能基因的产物，为农业、医药提供了具有潜在活性的天然产物和蛋白质。该方法需要功能基因或编码功能蛋白在外源宿主中表达，但许多基因或基因产物在外源宿主中无法表达或者表达后失效导致筛选效率降低。通过优化方法和选择合适的筛选底物、条件，构建适宜的宿主载体系统，才能加快挖掘和利用新的生物催化剂。大多数研究人员利用大肠杆菌作为宿主进行基因表达获得生物活性物质，近年来，链霉菌以及假单胞菌等其他细菌载体已经成功用于功能克隆子的筛选。为了方便聚酮类物质的异源表达，链霉菌被作为 DNA 文库筛选的替代宿主，并且从重组的克隆子中筛选出一系列 Terragine 抗生素。土壤样品中提取的 DNA 含有大部分真核生物基因组，但是细菌宿主并不利于筛选该部分基因，这也就促使研究人员开发真核表达宿主。

功能性筛选法和序列分析法在土壤微生物多样性的研究过程以及新基因的挖掘中发挥着重要的作用，这两种方法均存在一定的不足，往往这两种方法同时使用才能更全面地挖掘土壤微生物多样性的信息。

5.1.2.5　底物诱导基因表达法

在宏基因组文库中，功能性筛选法和序列分析法对新基因挖掘发挥着重要的作用，但是它们的共同缺点是对目标基因的克隆效率低、耗费时间。尽管已经对该方法进行了多次改进，如富集培养包含目标基因的微生物或使用新宿主，但上述方法均无法提高效率。此外，基因筛选中又出现了一种新的底物诱导基因表达法（substrate-induced gene-expression screening, SIGEX）。在底物存在的条件下相关代谢基因或酶基因才能够表达，反之无法表达，SIGEX 能够利用该原理对代谢基因进行筛选。该过程主要包含以下 4 步：①以 p18GFP 为载体建立宏基因组文库；②在不存在底物情况下将异丙基硫代-β-D-半乳糖苷（IPTG）作为诱导物去除阴性克隆以及绿色荧光蛋白基因（*gfp*）；③添加底物至培养基中诱导代谢相关基因的表达；④通过 *gfp* 基因的表达对基因克隆库进行筛选，筛选出表达代谢基因的克隆子，在琼脂培养板上利用荧光激活细胞分选仪（FACS）分离出 *gfp* 表达的克隆子。该方法的优点是能够保障高通量筛选，并且不需要修饰底物，缺点就是 SIGEX 对目标基因的结构性和适应性较为敏感，并且无法进入也不能利用细胞质的底物，而且 FACS 对于进样设备的要求较高。总之，对 SIGEX 的不足之处进行优化并且选择合适的条件仍然是一种筛选抗体基因和生物化合物的有效方法，尤其适用于工业中。

5.1.2.6 其他技术

（1）稳定性同位素联合宏基因组技术

从复杂环境群落构建的宏基因组文库中得到目标基因，需要对数以万计的克隆进行筛选和测序，工作量极大，耗时费财。虽然利用宏基因组学能够筛选一些功能基因，但是随机性较大。随着稳定性同位素标记技术（stable isotope probing, SIP）的发展，其结合分子生物学技术形成了新型的稳定性同位素探测技术。稳定性同位素联合宏基因组技术（SIP-enabled metagenomics）能够减少克隆数量，无需常规培养就能够把环境中的微生物和其功能进行结合，从而加深了对不同环境中微生物的功能以及参与的特定生物地球化学过程的了解，其流程如图 5-3 所示。

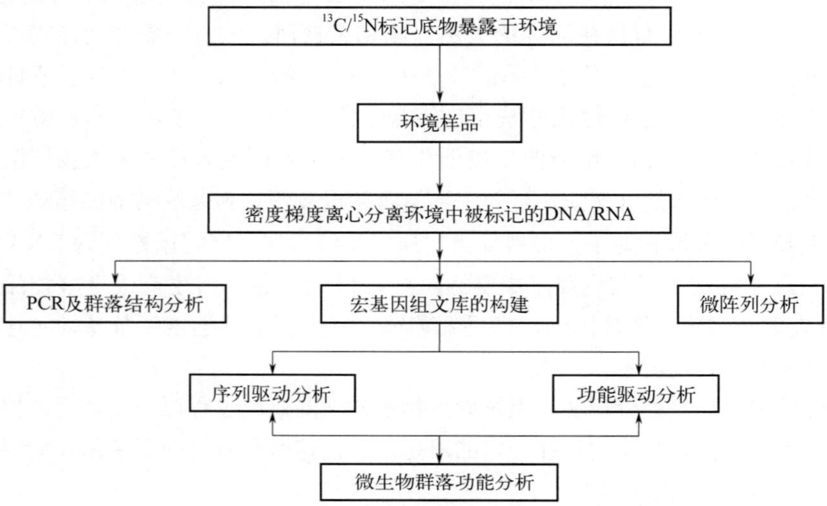

图 5-3 稳定性同位素联合宏基因组技术路线示意图

（2）荧光原位杂交技术

荧光原位杂交（fluorescence *in situ* hybridization, FISH）技术是核苷酸探针技术的重要发展，其建立在已知微生物不同分类级别上种群特异的 DNA 序列或具有特异功能的基因序列基础之上，以合成的荧光标记寡聚核苷酸片段为探针，能够杂交环境基因组中的靶 DNA 分子或 RNA 分子，随之在荧光显微镜或共聚焦激光扫描仪（confocal laser scanning microscope, CLSM）下对荧光信号进行观察，对特异微生物种群的丰度进行检测，或是对荧光探针的 DNA 分子或 RNA 分子在染色体或其他细胞器中进行定位。1988 年 Giovannoni 等人首次将荧光原位杂交技术引入细菌学并且进行研究，当时使用放射性标记 rRNA 寡核苷酸探针进行微生物检测。随着荧光标记的不断发展，非同位素染料代替了放射性标记。1989 年，Delong 首次通过荧光标记寡核苷酸探针对单个微生物细胞进行检测。相比于放射性探针，荧光标记寡核苷酸探针具有更好的分辨力，并且不需要额外的检测步骤，其基本步骤包括以下 7 步：①样品固定；②样品制备和预处理；③进行预杂交；④探针和样品的变性；⑤通过不同的探针进行杂交以检测不同的靶序列；⑥进行漂洗以去除未结合的探针；⑦对杂交信号进行检测，并且进行结果分析。荧光原位杂交技术已被广泛用于微生物群落结构的分析，主要是该技术可以分析细胞水平的微生物群落结构。

研究人员通常使用rRNA作为探针，主要是因为rRNA在生物体内的拷贝数较高、功能稳定以及分布广泛，并且在系统发育中具有保守性。但是rRNA作为探针时，FISH仅仅可以分析群落的遗传结构，无法明确揭示群落功能和结构之间的关系。FISH技术能够定位细胞和组织中的特异性转录物及其相对表达水平，它是用地高辛或生物素标记的非同位素探针与样品中的RNA进行杂交检测。反转录过程中地高辛内标记的反义多聚核苷酸探针杂交至细菌的细胞中，该技术对于研究复杂群落环境中的原位基因表达非常有效。此外，FISH技术结合报告基因分析复杂微生物群落结构和功能是非常便利的。FISH技术将原位杂交和功能研究相结合是微生物群落研究的发展趋势，并且能够研究基因表达和代谢水平。

5.1.3　宏基因组学与相关学科的联系

目前，基因表达产物mRNA分析能够使用cDNA微阵列、DDRT-PCR以及SAGE等功能基因检测技术，其能够在一定程度上反映产物蛋白质的活动。但是，mRNA存在贮存、转运、降解以及翻译调控，同时蛋白质也拥有修饰加工、转运定位、结构形成、蛋白质和核酸相互作用、蛋白质和蛋白质之间相互作用等活动，若无法在基因组水平上获取，而通过单纯的检测mRNA去反映基因的最终产物蛋白质较为困难，随即一种新型的学科蛋白质组学问世，其主要研究细胞内蛋白质的组成以及活动规律。蛋白质组学是在蛋白质水平上探讨和发现生命本质，因此宏基因组学为环境蛋白质组学提供了必要的基础，环境蛋白质组学是环境基因组学的延伸和扩展。

随着对环境功能基因组的深入研究，cDNA微阵列、SAGE分析和DNA芯片等均能够产生高通量和大规模的基因组信息，并且这些基因组的信息量是以天文数字来计的，如此庞大的信息迫切需要一种技术进行分析处理。生物信息学技术正好能够满足环境基因组分析的需求，其以庞大的数据库作为支持，并且对基因组序列中的代表蛋白质和RNA基因编码区进行分析，随之对基因组遗传信息表达和调控的相关转录谱和蛋白质谱的数据进行归纳整理。生物信息学提供了强有力的研究手段和直接的推动力，在功能基因组学的发展中扮演着不可替代的角色。

5.1.4　宏基因组学面临的挑战和发展前景

基因组学技术的发展给环境科学研究提供了一种新的思路和方法。近年来，宏基因组学的发展已经对环境科学理论、鉴定废水处理工艺中的微生物群落、环境污染物的毒性评价方法和模式、发现和界定降解污染物的功能基因及其相关菌株等产成了巨大的影响。由此可见，深入探究宏基因组学在环境污染毒性物质识别与监测，环境疾病的诊断、治疗和污染物的生物修复，环境预警以及毒性机理等过程中扮演着重要角色。

目前，宏基因组学在微生物多样性的研究过程中主要存在以下几种发展方向。

① 研究人员发现DNA片段的插入载体越大，研究环境样品中非培养微生物基因组的结构和功能越容易，基于此，人们开始不断寻找能够提高插入片段长度的方法和载体，促进基因异源表达、文库构建、载体设计筛选等技术的发展。

② 研究范围不断扩大，从陆地到海洋，从简单生物环境到复杂生物环境，研究了许

多环境微生物群落基因组文库以及序列信息。

③ 数据库中 DNA 序列的逐渐增加，促进了比较宏基因组学的发展。探究单个基因的代谢途径以及微生物个体的群落组成等均使用了宏基因组技术，但是相比于其他单基因非培养技术，宏基因组测序已经促进了微生物多样性的研究，并且在研究自然界微生物种群的进化中得到了前所未有的发展。该技术广泛运用于微生物生态学并且对生物技术产业的发展起到了促进作用，能够筛选出一批在工业、农业和医药等领域拥有前景的生物产品，例如新抗生素和酶等。因此，宏基因组技术不仅能够促进基础生物的研究，还能够促进生物技术的发展，随着测序技术的低成本化、自动化和高通量化，宏基因组技术的应用将更加普遍。

5.2 环境蛋白质组学

人类基因组计划的提前完成促进了后基因组时代的发展。1944 年，澳大利亚大学 Wilkins 和 Willhams 提出“proteome”一词，该词是蛋白质（protein）和基因组（genome）的结合，蛋白质组是一个基因组所表达的全部蛋白。蛋白质组的概念提出后，研究人员对其开始了广泛的研究，主要集中在药物开发、医学以及一些模式生物等方面。近年来，人们逐渐认识到微生物对自然界物质循环的重要性，例如一些微生物对各种复杂有机化合物的降解，一些微生物能够存活于极端条件下等，而能够促进微生物起作用的是一些特殊的酶。众所周知，大部分酶的化学本质是蛋白质，因此研究不同自然生态环境中的蛋白质相当重要，宏蛋白质组学由此诞生。1998 年，Handelsman 等人提出宏基因组（metagenome）的概念，其最初是土壤微生物区系中全部遗传物质之和，目前常常指特定生境中真菌和细菌的基因组之和，根据宏基因组学的概念，Rodriguze-Valera 提出了宏蛋白质组学（metaproteomics）或元蛋白质组学，指环境混合微生物群落中全部蛋白质的总和。环境微生物的早期研究主要依赖于纯培养技术，通过纯培养技术揭示了一些环境微生物的组成和多样性的信息，但是，环境中仅有一小部分微生物可以纯培养，其余大部分无法纯培养，宏基因组学的出现很大程度上弥补了传统研究方法的局限性。宏基因组学的研究主要是对环境样品中的总 DNA 进行直接提取，随后对其进行研究。利用各种宏基因组学的研究方法，研究人员在微生物种群结构和自然生存环境的相关研究中取得了较大的成功，但是也存在一些弊端。复杂环境条件下宏基因组学无法揭示环境微生物基因特异性的表达和功能，主要由于基因表达的时空特异性、重复基因的存在以及蛋白质修饰作用等原因，但这种信息通常是环境中的重要部分，宏蛋白质组学能够弥补该弊端。

5.2.1 宏蛋白质组学面临的挑战和发展前景

目前宏蛋白质组学主要存在 2 条研究策略：一条是利用双向电泳结合生物质谱的方法对群落中所有蛋白质的表达谱和表达程度的相对变化进行鉴定；另一条线路则是多维色谱结合生物质谱的技术路线，称之为鸟枪法。宏蛋白质组学的两种策略如图 5-4 所示，分别基于 2D-PAGE 技术和液相色谱技术。研究过程通常为环境总蛋白质的提取纯化、蛋白质的分离和鉴定以及数据对比这 3 个步骤。其中环境总蛋白质的提取和纯化常常是基于经典的生物化学、细胞生物学以及分子生物学技术而构建，蛋白质数据的对比是在生物信息学的基础上，对蛋白质系统发育的起源和功能信息进行全面的获取和分析。

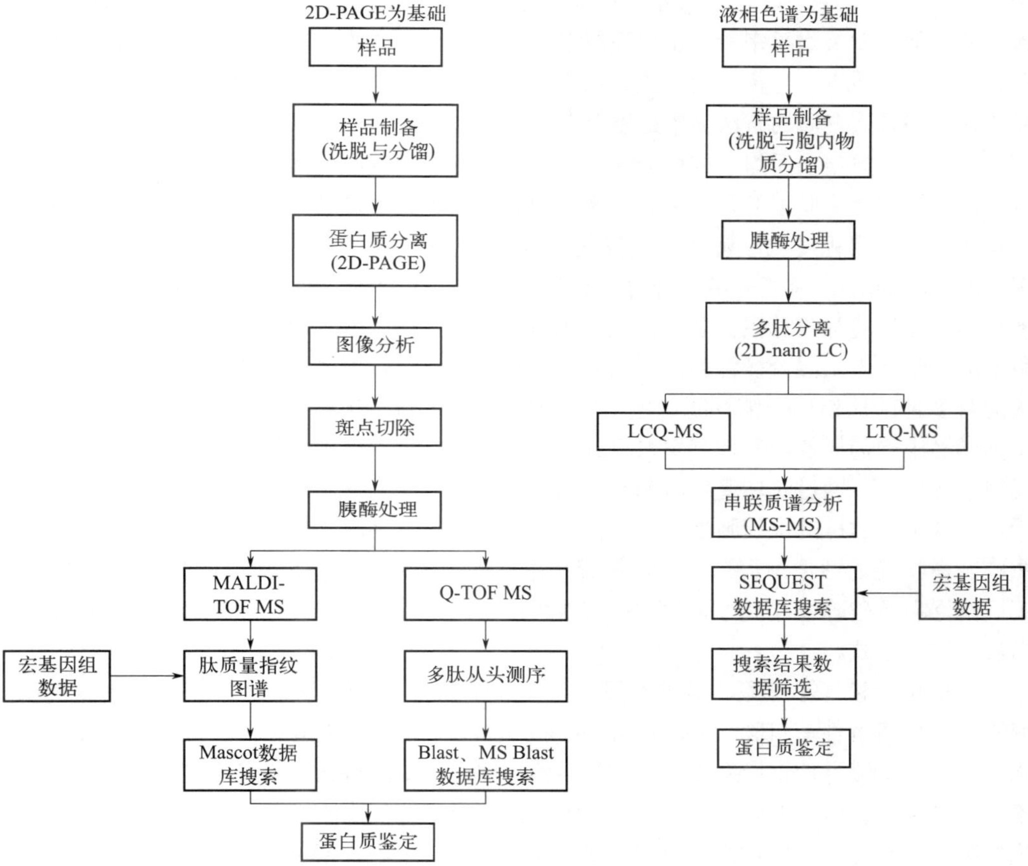

图 5-4　宏蛋白质组学研究策略

2D-nano LC—二维纳米液相色谱；MALDI-TOF MS—基质辅助激光解吸电离飞行时间质谱；Q-TOF MS—四级杆飞行时间质谱；LCQ-MS—多级离子阱液质联用仪；LTQ-MS—多级二维线性离子阱液质联用仪

5.2.1.1　环境总蛋白质的提取和纯化

通常情况下，蛋白质组学研究中的第一步样品制备决定了后续研究的优劣成败，而正是因为宏蛋白质组学的研究对象往往比较复杂，造成第一步样品制备格外困难，这也是宏蛋白质组学研究过程中的瓶颈之一。蛋白质的制备主要包括细胞组织之间的破碎裂解，蛋白质的增溶溶解，非蛋白质和蛋白质之间的共价、非共价之间的相互作用，变性以及还原，去除非蛋白质组分（核酸和脂类）等。不存在一种通用的样品制备方式，不同的样品来源造成提取和裂解技术存在差异。但是蛋白质的分离过程需要遵循几条共同原则：①尽可能利用简单的方式对样品进行处理，避免蛋白质的丢失；②尽可能使蛋白质全部溶解，打断蛋白质之间的非共价键结合，使样品中的蛋白质以分离多肽链的形式存在；③防止蛋白质的修饰和降解作用的发生；④避免盐、核酸以及脂类物质的影响。

通常，环境样品的细胞破碎方法更为剧烈，一些生态环境中重要功能的蛋白质大多是低丰度的蛋白质，但是蛋白质样品无法像 PCR 样品那样进行扩增，无法从少量样本入手。通过大量的样品浓缩，才能促使蛋白质在提取和纯化过程中不至于丢失，才能在去除样品杂质的过程中保持原始样品成分，并且避免受到高丰度蛋白质的影响，该技术的难度较大。从目前的发展水平来看，蛋白质组学仅仅能够对研究体系中丰度较高或者符合样品制备条件的蛋白质进行分析，而宏蛋白质组学的研究过程同样如此。综上，适合于大多数样品的通用制备蛋白质的方法基本是不存在的。

目前，针对蛋白质组学的研究大多集中在“水”领域，例如海水、湖水、土壤渗出液等，此外还有生物除磷活性污泥。以水作为研究对象主要是其具有组成相对简单，容易采集样品，在一定程度上缓解了样品提纯难度，并且较易得到理想结果等优点。Jinjun Kan 等人对 Chesapeake 海湾的海水样品进行宏蛋白质组学研究，通过对单一菌株、人工混合多种菌株和环境样品总蛋白质的提取效果进行比较，研究发现单一菌株总蛋白 SDS-PAGE 胶电泳条带比人工混合多种菌株以及环境样品的电泳条带更清晰。此外，研究人员针对人工混合多种菌株和单一菌株的总蛋白质，通过 2D-PAGE 电泳考察了总蛋白质提取方法在不同样品中的选择性，发现其提取方式对人工混合多种菌株中的每一种细菌提取蛋白质均具有破碎效果。通过对环境样品和单一菌株中总蛋白质的含量以及细胞数量的关系进行分析，发现单一菌株的单细胞蛋白质总提取量要明显高于环境样品。Wimes 等人在研究具有生物除磷功能的活性污泥过程中，探究了不同细胞破碎、不同总蛋白质沉淀以及再溶解、不同洗涤以及破碎缓冲液等条件对提取效果的影响，筛查了一种比较适合于活性污泥总蛋白质提取的方式。

干扰化合物（腐植酸、酚类物质等）增加了土壤样品的提纯难度。Schulze 等人在研究不同环境溶解性有机物（dissolved organic matter, DOM）中的蛋白质成分时，除了对湖水和土壤渗出液进行直接采集外，还利用溶出法对土壤进行研究，发现细菌蛋白的含量在不同环境中存在显著差异，湖水中约 78%，森林土壤溶液中小于 50%。溶出法仅仅适用于胞外蛋白的研究，若要对样品的完整蛋白（细胞蛋白 + 胞外蛋白）进行获取，可以先对样品进行原位裂解，随后再进行纯化、定量和分析，活性污泥、土壤、生物膜以及水等样品的分析均使用了这一策略。虽然利用原位裂解的方式能够获得样品中原生动物、真菌和细菌等产生的全部蛋白混合物，但该混合也会给分类学造成困难。另外，干扰物的存在也会造成直接裂解并对天然环境蛋白的提取产生较大的技术困难。Benndord 等人在 2007 年发现了一种从土壤中进行蛋白分离的方式，即首先通过 0.1mol/L NaOH 对土壤样品中的蛋白质、微生物和腐植酸等进行提取，随后将蛋白质和腐植酸通过酚抽提的方式进行分离，再进行蛋白质组学的研究。

5.2.1.2 环境总蛋白质分离

（1）环境总蛋白质的 2D 电泳分离

1975 年，O’Farrell 和 Klose 等人首先构建了二维聚丙烯酰胺凝胶电泳技术（two-dimensional polyacrylamide gel electrophoresis, 2D 电泳），也被称为双向凝胶电泳技术。2D 电泳第一向电泳通过蛋白质的不同等电点分离出各种蛋白质，即等电点聚焦（isoelectric focusing, IEF）。第二向电泳是利用蛋白质的不同分子量对等电点相同的蛋白质进一步分离，即SDS-聚丙烯酰胺凝胶电泳（SDS-polyacrylamide gel electrophoresis, SDS-PAGE）。

电泳完成后的染色通常使用考马斯亮蓝染色法、银染法、负染色法和荧光染色法等。由于蛋白质对各种染色方法的灵敏度存在差异，并且蛋白质的不同类型也会造成染色法存在特异性，因此每种染色方法均有优缺点。考马斯亮蓝是聚丙烯酰胺凝胶中检测蛋白质点最常见的染料之一，其能染色的蛋白质范围最大，灵敏度较低，为银染法的1/100，但由于其价格便宜，操作流程简单，能够兼容质谱鉴定等，目前仍常用于实验室染色。银染法是一种灵敏度很高的染色方法，但是操作相对复杂，需要高纯度的试剂，并且质谱鉴定与许多银染法不兼容。负染色法的检测限是每个点15ng蛋白，能够很好地与质谱兼容，但是定量的准确性较低。荧光染色法具有较好的特性，在大规模操作的实验室中较受欢迎，常作为一种终点染色法，能够使得核酸不显色，具有灵敏度高、使用方便和背景低等优点。在进行严格的检测过程时，相同的凝胶需要使用至少两种染色方法。

2D电泳获得的蛋白质分离图谱需要使用摄像或扫描，转换为以像素为基础具有不同灰度强弱和一定边界的斑点电脑信号。主要步骤包括：①获取数据；②降低背景；③消除条纹；④点检测并定量；⑤参照图形匹配；⑥构建数据库；⑦数据分析。目前已经存在较多商业化软件，普遍使用的有ImageMaster 2D Elite（GEHealth）、PDQuest（Bio-Rad）和Melanie（Genebio）等。

宏蛋白质组的2D电泳与经典蛋白质组所使用的2D电泳基本相同。2D电泳中，一张凝胶大约可以获得1000个蛋白质点。通过2D电泳对不同环境下的样品进行分析，再比较它们的2D电泳图谱，即可以获得相应环境下发生变化的蛋白质信息，被称为“比较宏蛋白质组学”。2D电泳后凝胶中的蛋白质点经过切割纯化可以便于后续研究，有利于迅速寻找某些特定环境下的生物标志物，并且对胁迫下的宏蛋白质组变化进行分析研究。

（2）环境总蛋白质的色谱分离

环境总蛋白质经过提取纯化后，色谱法是另一种对总蛋白质进行分离的常用方法。色谱法又被称为层析法，其原理是溶解在流动相中的各种组分经过固定相（stationary phase）能够与固定相产生相互作用（离子吸引、吸附、分配、亲和、排阻等），固定相中各组分的停留时间不同主要是因为相互作用的强弱和各组分大小存在差异，造成固定相中流出的顺序存在差异，最终分离流动相中的不同组分。通常液相色谱是研究蛋白质组学的首选方式，该方法同样适用于宏蛋白质组学。大多数情况下，需要用蛋白酶将蛋白质消化成短肽才能进样。

双向高效液相色谱法（2D-HPLC）作为一种蛋白质分离纯化的有效方法。第一向是根据分子大小分离蛋白质，第二向则为反相色谱。双向电泳分离蛋白质的容量低于2D-HPLC，并且速度较慢。而最近发展的HPLC与毛细管等电聚焦相结合的蛋白质分离技术快于双向电泳，并且分辨率较高。利用双向电泳分离蛋白质并且完成图像分析后，将蛋白质斑点的胶块切下，随即蛋白质样品在蛋白酶（通常为胰蛋白酶）的作用下进行胶内酶解，获取肽片段。通过质谱对肽片段进行分析，获得肽指纹图谱。利用生物信息学对质谱分析的结果和蛋白质数据库中的氨基酸序列进行比较，如果数据库中存在研究蛋白质的氨基酸序列，则可以结合已有资料进一步分析，如果蛋白质的数据库中不存在该氨基酸序列，或者序列不完全，其全部氨基酸序列采用埃德曼降解法（Edman degradation），并且将氨基酸的序列输入蛋白质数据库中。

20 世纪 90 年代以来，质谱（mass spectrometry, MS）技术得到了飞速发展，并且成为研究蛋白质组学的核心技术，其基本原理是样品分子在离子化后，通过离子间的质荷比（*m*/*z*）进行分离并且确定其分子量。酶解肽段的分子量和蛋白质的肽质量指纹图（peptide mass fingerprinting, PMF）可以利用基质辅助激光解吸电离飞行时间质谱技术获得，随后对相应数据库进行搜索以鉴定蛋白质。串联质谱法可以进行肽的测序，获得肽段的氨基酸序列。近几年得到迅速发展的表面增强激光解吸电离飞行时间质谱技术，能够直接在固相吸附芯片表面的蛋白质，利用脉冲氮激光能量，使得捕获的靶蛋白从芯片表面电离出来，随后利用靶蛋白在离子装置中的飞行时间计算其分子量。依据定位在固体表面物质之间的性质差异，芯片可以分为生物型和化学型两种类型：生物型芯片是将生物活性分子（如受体、抗体、DNA 等）在芯片表面进行结合，通过抗原-抗体、受体-配体、酶-底物、蛋白质-DNA 间的作用捕获样品中的靶蛋白；化学型芯片来源于经典色谱，其拥有亲水性和疏水性表面、阴离子和阳离子交换表面、混合性表面、固相金属亲和色谱表面，利用疏水力、静电力和共价键等作用力结合样品中的蛋白质。

与 2D 电泳相比，2D-HPLC-MS（双向高效液相色谱质谱联用）进行蛋白质的鉴定并不直观，并且其分辨率较差，但是分离的效果优于 2D 电泳，能够获得非常精确详细的蛋白质信息。然而，相比于电泳分离，色谱分离和鉴定生态环境中丰度较低的蛋白质优势更大，并且在所有表达蛋白中的优势更明显。此外，毛细管电泳和反相毛细管电泳等技术的发展有助于复杂蛋白混合物更为高通量的蛋白分离，在宏基因组学的研究过程中有望获得广泛应用。

2D 电泳和色谱两种分离环境总蛋白质的策略各有优势，主要体现在：2D 电泳的分离直观并且方便，能够分离出较多的蛋白质，但是技术相对复杂，操作较为费时；色谱法的操作比较方便并且迅速，但是直观性较差，对于存在差异表达的蛋白质很难确定，其分辨率也较低。但是，色谱在分离鉴定生态环境中低丰度蛋白质时具有很大的优势，如何克服环境总蛋白质分离过程中的一些弊端也是目前宏蛋白质组学所面临的挑战。目前，相关研究已经将凝胶和色谱分离进行串联使用，并且取得了相关成效，但是它们的缺点还没有完全克服，如何对单一蛋白质进行分离并且获取表达数量的信息也是宏蛋白质组学研究方法中需要解决的重点和难题之一。

5.2.1.3 环境总蛋白质鉴定及数据处理

蛋白质组学的核心研究内容是蛋白质组的解读，这依赖于蛋白质的精确鉴定，这也是当前宏蛋白质组学研究过程中的挑战之一。蛋白质大分子鉴定中的质谱技术是蛋白质组学研究的基础，质谱技术在很大程度上又对蛋白质组学研究的发展起着推动作用。当前，蛋白质组学研究中的质谱技术主要包括基质辅助激光解吸电离技术（MALDI）、电喷雾离子化（ESI）技术以及表面增强激光解吸电离（SELDI）蛋白质指纹质谱技术。电喷雾离子化技术作为多肽和蛋白离子化的技术之一，成为分析复杂样品的首选技术，能够鉴定低丰度蛋白。而反相毛细管 LC-ESI-MS 技术是由 ESI 和反相毛细管电泳技术结合，是当前蛋白质组学研究非常有力的工具之一，能够显著改善监测的灵敏度、监测通量以及分离效率。自动化 ESI-MS/MS 是将 3 个四级杆检测器串联，实现蛋白质的鉴定。样品首先经过第一个检测器，对目标肽段进行检测，随后在第二个检测器中进行片段化，在第三个检测器中进行分析，然后使用特定的算法就可以获取氨基酸的序列信息。除 ESI-MS/MS 外，还存在其他种类的串联设备以鉴定蛋白质。基质辅助激光解吸电离技术是基质吸收短波长激光后促使弥散于基质中的分子离子化，随即通过高压加速后在管道中飞行，记录飞行时间就可以确定分子的大小。MALDI-TOF 结合肽指纹图谱技术是目前应用最为广泛的质谱鉴定技术之一，假如基因组的背景清楚，理论上通过数据库的比对就能够鉴定出所有的蛋白质，而实际应用中进行宏蛋白质组学研究通常存在较大的困难，主要是因为数据库是对已有蛋白质或已有基因进行预测，准确鉴定自然环境中获取的蛋白质较为困难。MALDI-TOF 在很大程度上受到各种蛋白翻译后修饰的影响。相比之下，MALDI-TOF-TOF-MS/MS 在鉴定未知蛋白方面效果更好。

表面增强激光解吸电离飞行时间质谱技术（SELDI-TOF-MS）是基于 MADLI 技术，创造性地增加了特异蛋白芯片的阅读系统，传统基质被改为以色谱原理进行设计的蛋白质芯片，能够将性质不同的待测蛋白质捕获至相应芯片的芯池中，然后芯池中的蛋白质通过解吸等过程，使用质谱监测系统、软件系统分析以及最终对蛋白指纹质谱图进行绘制，以实现大规模的样品分析，再比较对照组和疾病组的谱图，对具有疾病特异性的相关蛋白质进行发现和捕获。该分析技术能够实现多种样品的直接分析，例如血清、组织液和尿液等。SELDI-TOF-MS 目前已经广泛运用于医学领域，能够准确迅速地识别特定蛋白质的表达物，进行蛋白质水平药物的筛选、蛋白质激酶作用的揭示、蛋白质的翻译和修饰，鉴定蛋白质间的相互作用以及测定血清中小分子物质的含量等。

近年来，蛋白质组学研究过程使用了大量的质谱技术，其中包括线性离子阱轨道阱回旋共振组合质谱（LTQ-Orbitrap MS）和线性多级离子阱傅里叶回旋共振质谱（LTQ-FT-ICR-MS）等，这些技术拥有强大的分析能力和极高的分辨率。蛋白质组学对于技术进步的依赖性得以充分显现，这些新的有效的鉴定蛋白的手段将在宏蛋白质组学研究中发挥重要的作用。

在宏蛋白质组学研究过程中，确定一个目标蛋白质的系统发育地位和功能是最有意义的一项工作。通过质谱鉴定蛋白质后，仅仅获得类似肽段序列或分子量等相关信息，对比搜索特定的数据库，能够确定蛋白质确切的相关信息。目前能够进行搜索比对的数据库较多，能够通过具体的研究对象选择合适的数据库。数据库中的蛋白质来源与待搜索的蛋白质来源相似度越高，也会提高结果准确的概率。例如，Banfield 等人对黄铁矿中渗漏出酸性水表面的生物膜表面进行宏蛋白质组学研究时，先研究同一对象的宏基因组，获得该生物膜的大量核酸序列数据，并在此基础上建立宏蛋白质数据库，利用对比试验获取肽段，最终鉴定出 2033 种蛋白质。大多数研究表明，蛋白质组学研究过程中鉴定蛋白质是最为关键的一步。目前现存蛋白质数据库中的大多数蛋白质来自已经培养的微生物，而数据库中包含的未培养微生物蛋白质的信息相对较少，这是目前宏蛋白质组学研究过程中面临的一个重大挑战，因此，目前急需解决宏蛋白质组的数据库问题。当前，宏蛋白质组的研究处于初始阶段，通过全球研究机构的努力，宏蛋白质组数据库将接近宏基因组数据库。

5.2.2　宏蛋白质组学研究展望

宏蛋白质组学技术能够研究环境微生物中的微生态结构和功能。基因组、蛋白质组、代谢组和转录组这 4 个研究层次中，蛋白质组学能够直接研究特定环境以及特定时间中环境微生物生物功能的本质，该研究具有非常大的生物学意义。如果对某一体系中所有蛋白质组成、丰度、新陈代谢和相互作用等信息进行有效监控，那么对于这一体系的具体细节、发展的演变过程、外加干预效果以及生物学本质等将会产生深刻的意义，上述则是宏蛋白质组学研究过程中的目标和期望。虽然对宏蛋白质组学的研究相对较少，但是在环境微生物学的研究过程中已经发挥了巨大的作用。从现在来看，对环境样品中包含所有蛋白质的相关功能进行详细阐述是比较困难的，但是对环境样品中蛋白质的研究已经提供了一种有效的方法。当得到一些研究者感兴趣的蛋白质后，如何阐述其在生态环境中的功能及其作用方式，将有可能成为今后的研究热点之一。

5.2.2.1 环境微生物功能研究

环境中许多未知但是具有重要作用的蛋白质可以通过宏蛋白质组探索和揭示，微生物在自然界的元素循环以及一些环境形成中发挥着重要作用，而自然界中的大多数微生物无法进行培养，对其进行单独研究比较困难，而宏蛋白质组学是以整个微生物群落作为研究对象，克服了无法培养微生物对研究造成的影响。通过宏蛋白质组学技术，能够直接研究拥有特殊功能的微生物群落，以及其特殊功能的生物学本质。目前宏基因组学研究过程包含了大量未知功能的基因，上述功能基因在某些未知功能系统中具有一定的作用。宏蛋白质组学在相关领域能够充分体现其价值，例如在污染环境的治理过程中，微生物起着举足轻重的作用，如何保证特殊功能微生物在污染环境治理过程中稳定并且高效地发挥作用是目前环境学者研究的难点。通过对相应环境系统中宏蛋白质组学等方面的探究，以及微生物在治理污染环境中总蛋白质变化情况进行观察，不仅可以获取微生物处理系统的工作标志物，还能获得一些针对污染物的特性酶，研究这些酶的结构学就能够获得催化活性中心，对酶结构的改造能够增强其催化活力，产生新的降解能力超强的酶制剂。在废水生物处理过程中，活性污泥发挥着重要作用。环境的变化（温度和溶解氧）以及处理废水水质的变化均会造成活性污泥和处理系统的不稳定，利用该系统对宏蛋白质组学进行研究，挖掘出抗冲击力以及加速冲击后恢复速度的助剂，从而起到保障污泥处理系统稳定的作用。研究污染物降解相关的蛋白质酶类并以此为基础，能够研发一批对污染物降解有利的新工艺、技术、产品。极端环境微生物的研究也是宏蛋白质组学研究过程中的重要方向之一，微生物在一些极端环境中的生存、功能的发挥都牵扯到一些特殊酶，而传统的纯培养技术存在很大的缺陷，利用宏蛋白质组学技术对极端环境中总蛋白质进行研究能够发现一些具有特殊功能的蛋白质，对极端环境的形成以及特殊代谢途径起到揭示作用。

5.2.2.2 环境标志物的开发

通过宏蛋白质组学可以对环境中的一些特殊生物分子进行研究。随着生态环境的不断变化，生物体也会做出相应的反应，生成并且释放出一些生物分子，该生物分子被称为环境变化的生物标志物（biomarker）。在环境检测中，生物标志物发挥着巨大的应用价值，并且宏蛋白质组学为开发新的环境标志物提供了一种有效方法。宏蛋白质组学能够迅速发现环境中的一些高表达蛋白质，其中大部分蛋白质拥有重要的生物功能，并且在工业中也具有重要的价值。此外，利用宏蛋白质组学发现的特殊蛋白质结合一些芯片以及杂交技术，能够制成一些蛋白质芯片，对环境中微生物群落进行活性检测或者实现类似于污水处理过程的快速自动控制。当环境受到污染时，环境中微生物所表达的蛋白质也会随之发生较大的变化，自行选取变化较大并且相对稳定的蛋白质作为生物标志物，以此作为标志物反映环境污染程度。目前，宏基因组研究已经成为开发新药物、获取新基因的一个重要方式，同样，在新活性物质以及重要蛋白质产品的开发中，宏蛋白质组的研究具有极高的潜在价值。

5.2.2.3　环境微生物相互作用研究

微生物相互作用的研究过程中，宏蛋白质组学研究技术发挥着重要作用，再结合如稳定同位素标记技术等已经存在的一些微生物相互作用之间的研究方式，促使微生物之间的相互作用关系得以更加充分描述。例如，污染环境、病害防治以及病原微生物相互作用的研究过程中，蛋白质通常作为生物效应的作用点，并且这些效应蛋白质分子可以通过宏蛋白质组技术发掘并且加以研究。由此，探究环境中无法培养微生物之间的相互作用机理将会受到重视。废水生物强化技术的研究中，外加微生物和土著微生物之间的相互作用关系一直作为研究的热点和难点，通过宏蛋白质组学技术可以探究它们之间的相互作用机制，这对提高生物强化技术能力起到促进作用。

5.2.2.4　宏蛋白质组学的其他潜在应用展望

宏蛋白质组学以及另外几个组学的相关联系将会越来越紧密。环境中总 DNA 的信息由宏基因组学提供，环境基因表达的信息由宏转录组学提供，环境功能信息由宏蛋白质组学提供，环境代谢产物的总体信息由宏代谢组学提供。不同组学对环境微生物不同水平的组成、结构以及功能等进行了探究，随后结合数学动力学模型和一些控制模型，则能更精确地对一些环境动态变化进行预测和指导。例如，废水的处理系统中存在动态变化过程，对于一个确定的处理系统，结合以上组学、数学动力模型以及控制模型，就能够实现对废水处理系统的精确预测以及处理系统参数的指导。目前，对各种组学的研究还比较独立，如何将这些组学联系起来构建一个研究体系，将成为今后研究过程中所面临的一项挑战。从基因到代谢产物构成了一个研究链，促使人类对自然界的认识进一步得到加深。宏蛋白质组学作为一种新兴的研究概念和技术，在环境微生物功能的研究中必将发挥越来越大的作用。

5.3　环境微生物转录组学

5.3.1　转录组与转录组学

转录组是基因组表达的最初产物。因此，在概述基因组表达之前理解转录组成分是很有必要的。

一个典型的细菌细胞拥有 0.05 ～ 0.10pg 的 RNA，约占细胞总质量的 6%。哺乳动物的细胞比细菌大得多，约含有 20 ～ 30pg 的 RNA，却占到细胞总量的 1%。值得注意的是，不是所有的 RNA 都能构成转录组（transcriptome）。转录组是指编码 RNA（coding RNA）——

从编码蛋白质的基因转录而来，被翻译为蛋白质的 RNA 分子。大部分细胞 RNA 不是此类，主要是因为它们是非编码 RNA，细胞的 RNA 组成如图 5-5 所示。

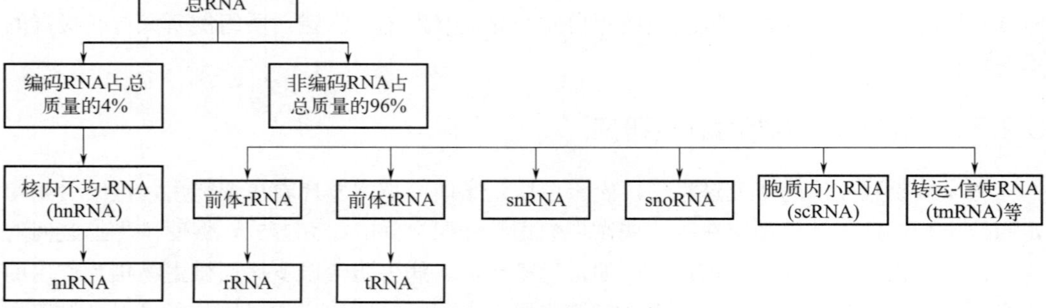

图 5-5 细胞的 RNA 组成

编码 RNA 和非编码 RNA 是最初级的划分，转录组由编码 RNA 构成，仅由一类分子信使 RNA（messenger RNA, mRNA）组成，它作为编码蛋白基因的转录产物，在基因表达的较晚阶段翻译为蛋白质。信使 RNA 较少，占比不足 4%，并且寿命相对较短，合成不久就会被降解。其中，细菌 mRNA 的半衰期仅有几分钟，真核生物大部分 mRNA 在合成数小时后被降解，这种快速的周转则表示转录组是可以变化的，仅仅改变个别 mRNA 的合成速率就能够重新构建。

96% 的 RNA 属于非编码 RNA。这类 RNA 比编码 RNA 样式更多，能够形成具有不同功能的转录物，RNA 分子本身即可完成上述功能。

在原核以及真核生物中，非编码 RNA 均存在 2 种类型。

（1）核糖体 RNA（ribosomal RNA, rRNA）

细胞中最丰富的 RNA 是核糖体 RNA，在较为活跃分裂的细菌细胞中占到 80% 以上。这些分子属于核糖体，蛋白质就是在核糖体上合成的。

（2）转运 RNA（transfer RNA, tRNA）

蛋白质合成过程中，转运 RNA 将氨基酸携带至核糖体，保证其按照被转录 mRNA 核苷酸序列所规定的顺序进行连接。

所有细胞中均存在 rRNA 和 tRNA，而其他非编码 RNA 的分布具有更高的局限性。例如，较短的多种非编码 RNA 存在于真核生物中，通常包含以下 3 类。①核小 RNA（small nuclear RNA, snRNA，又名 U-RNA，主要是因为这些分子中含有丰富的尿嘧啶），发现于真核细胞中，它们涉及剪接（splicing）中的一个关键步骤；②核仁小 RNA（small nucleolar RNA, snoRNA），在 rRNA 分子的加工过程中起着关键作用；③胞质内小 RNA（small cytoplasmic RNA, scRNA），是一个多样化的群体，主要包括一些功能不同的分子，一些功能已知，而另一些功能未知。

图 5-5 描述了所有生物（古菌、细菌和真核生物）中的 RNA 类型以及一些仅在细菌、真核细胞中发现的 RNA 类型。古菌的非编码 RNA 还没有被完全确定。

不同层次发生的基因表达调控主要有：①转录水平的调控，基因转录 mRNA 的时间和地点；②转录后调控，转录产物被剪切、加工成为不同的剪切体，细胞质定位和 RNA 的转运，RNA 稳定性以及降解等；③翻译水平的调节，mRNA 被选择性地翻译成为蛋白质的效率；④翻译后水平的调控，主要指通过蛋白质的修饰或者水解，选择性地激活、灭活、降解或者区域化蛋白质。据不完全统计，超过 90% 的蛋白质的表达水平与 mRNA 呈正相关关系，其中最主要的调控方式为转录水平的调控。

转录组学（transcriptomics）即对转录组进行研究，在特定条件下分析细胞、组织和器官的基因表达。目前转录组的研究技术只能做到高通量以及全基因组的研究，相比于蛋白质组和代谢组，转录组更容易实现高通量。因此，功能基因组学的重点仍是转录组学。

5.3.2　转录组的研究方法

转录组的构成是高度复杂的，其中包含成百上千种 mRNA，每一个转录组都是基因组整体转录信息中的不同部分。描述一个转录组之前就必须确认该转录组中的 mRNA，最理想的是确认 mRNA 的相对丰度。转录组学的常用研究手段包含 DNA 微阵列技术（基因芯片）、基因表达系列分析（serial analysis of gene expression, SAGE）法等。

5.3.2.1　基因表达系列分析法

研究转录组的直接方法是将 mRNA 转变为 cDNA，然后对 cDNA 文库中获得的所有克隆进行测序。cDNA 序列和基因组序列进行对比能够明确哪些基因的 mRNA 位于转录组中，该方法是可行的，但也较为艰巨，主要是因为一个较为完整的转录组在呈现之前需要不同的 cDNA 序列。如果对两个或更多的转录组进行比较，那么就会增加完成项目所需的时间。

1997 年，Veleuleseu 等人构建的基因表达系列分析方法是在全细胞基因组的基础上对基因表达进行研究的有效方法，该方法能够检测表达水平较低的基因。不同于 cDNA 微阵列分析，它可以与一系列 10bp（现已改进至 12bp）的基因独特表达序列标签构成串联体，经 PCR 放大后，通过测序来确定基因的表达量。每个独特标签的转录丰度与测定次数呈正相关，因此可以对细胞内 mRNA 的绝对表达水平进行测定。SAGE 分析的工作量较大，并且需要满足测定序列数才能真实反映基因的实际表达量，它的优点是能够检测到未加注释的所有 mRNA。利用 SAGE 分析能够获得大多数未加注释的 ORF。在基因详情不明确的前提下，通过研究酵母基因组随时间变化的转录动力学获取细胞相应的各方信息。例如，可以通过已知基因的功能对表达较为相似或功能未知的基因进行预测，通过在 ORF 附近寻找能够参与调节基因表达的保守序列模块对基因表达的调节机制进行推断。随着 SAGE 技术的不断进步，其适用于各种条件下基因表达变化的分析。

图 5-6 显示了制备 12bp 标签的流程。首先，mRNA 3′ 端的多聚 A 尾和耦联在纤维素微粒中的寡聚（dT）臂退火，使得 mRNA 固定在色谱柱上，将 mRNA 转变为双链 cDNA，并且利用一种识别 4bp 靶点的限制性内切核酸酶进行处理，因此各个 cDNA 将会被频繁切割。各个 cDNA 的末端酶切片段仍然结合在纤维素微粒上，利用洗脱将其他片段去除。然后，较短的寡聚核苷酸连接各个 cDNA 的游离末端，该寡聚核苷酸中含有一个 *Bsm*F Ⅰ 的识别序列，*Bsm*F Ⅰ 作为一种并不常见的限制性内切核酸酶，其切割位点不在其识别序列的内部，而是在识别位点下游的 10 ～ 14 核苷酸处。因此，通过 *Bsm*F Ⅰ 处理后可将 cDNA 末端切去平均长度 12bp 的片段。收集切割后的片段，将头、尾相连形成

一个串联体进行测序分析。读取串联体中所有标签序列信息并且与基因组中的基因序列进行比对。

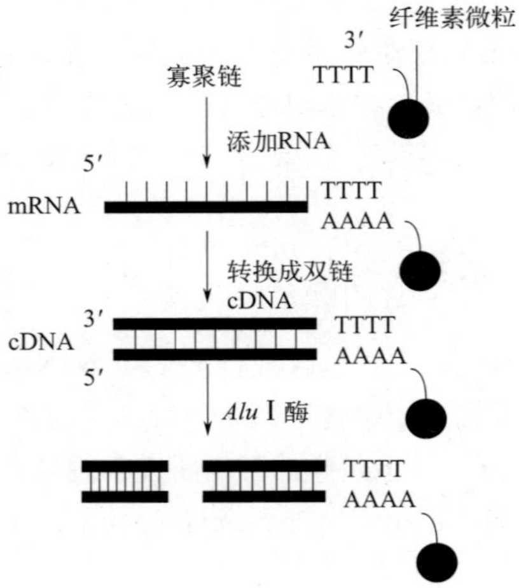

图 5-6 SAGE 方法示意图

该试验中第一个被使用的限制性内切核酸酶是 *Alu* Ⅰ，它能够识别 4bp 的 5′-AGCT-3′ 靶点。cDNA 上的寡聚核苷酸中存在一个 *Bsm*F Ⅰ识别序列，该酶在识别位点下游 10 ～ 14 核苷酸处切割，由此从 cDNA 的末端切下一个片段。连接不同来源的 cDNA 并且构成串联体进行测序。通过这种方式形成的部分串联体序列来自 *Bsm*F Ⅰ寡聚核苷酸，为了防止得到的串联体均由 cDNA 构成，寡聚核苷酸被连接至 cDNA 端，设计为能够被第三个限制性内切核酸酶切割，利用该酶进行处理可以去除 cDNA 片段上的寡聚核苷酸。

5.3.2.2 微阵列和芯片分析法

DNA 芯片和微阵列技术也被用来研究转录组，其两者的差异在于 DNA 芯片是通过微阵列技术使高密度 DNA 片段阵列以一定的排列方式附着在玻璃、尼龙等材料上面。而微阵列技术指将 DNA 分子（通常是 cDNA 或 PCR 产物）点样到尼龙膜或玻片上形成阵列。微阵列和芯片技术的操作方法是一致的，组成转录组的 mRNA 总体被转变成一个 cDNA 的混合物，随后被标记并且被用于微阵列或芯片的监测，能够检测出杂交的位置。相比于 SAGE 技术，该技术的优点在于可以将不同的 cDNA 样品进行杂交至同样的微阵列上比较它们的杂交信号谱，快速评估两个或多个转录组之间的差异。

研究者首先可以考虑微阵列和芯片所研究的技术问题，随后再考虑该方法在实际中的应用，利用一个芯片或者微阵列对一个或者多个转录组进行研究。在分析一个转录组的过程中，确定哪些基因的 mRNA 存在于转录组中以及确定这些不同 mRNA 的相对数量是两个关键目的。其中，第一个目的的要求是微阵列中至少存在一个可以代表每个相应基因的探针分子，对于该技术而言，来自相应基因的 PCR 产物点样到微阵列芯片上，然后将经过荧光标记的 cDNA 样品杂交至微阵列上的产物。而在 DNA 芯片上，每个杂交点通常包含 20 多种寡聚核苷酸链的混合物。第二个目的是能够实现的，主要是因为芯片或微阵列上的探针分子存在成千上万的拷贝数，相比于阵列监测的一个小量转录组 mRNA，其拷贝数均较高，表明任何一个杂交点都不会被饱和。杂交反应的数量并不相同，每一个杂交点的信号强度均依赖于转录组中每一个特定的 mRNA 数量，杂交的信号强度与探针数量之间的关系见图 5-7。

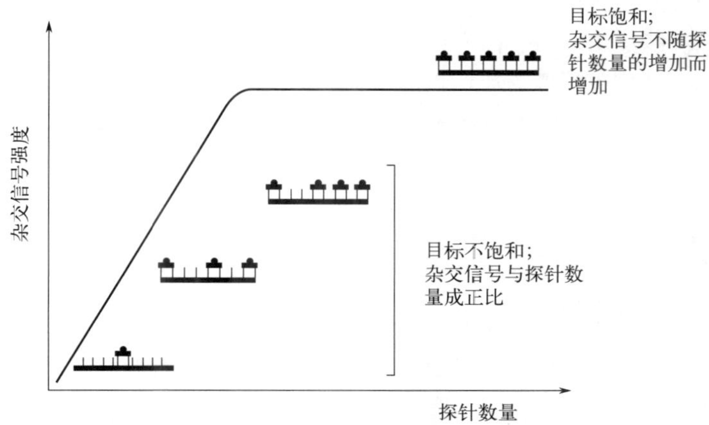

图 5-7 杂交的信号强度与探针数量的关系

通过上述介绍，微阵列和芯片分析看似是简便过程，但实际操作中，出现了一系列难题。首先，相比于最简单的转录组，杂交分析无法形成充分的特异性结合以区分细胞内存在的所有 mRNA。主要是因为两个不同的 mRNA 序列可能相似并且能够与阵列中的另一个特定探针交叉。同一组织中的两个或多个同源基因在表达时可能经常发生类似情况。某一转录组中可能存在一簇相关的 mRNA，其中每个 mRNA 都可能会在一定程度与该基因家族的不同成员进行杂交。因此，当每一个微阵列中的点均包含源于感兴趣基因的 cDNA 或者 PCR 产物，而 DNA 芯片上每一个点均包含了与相应基因不同区段匹配的寡聚核苷酸链混合物时，要确定 mRNA 的相对数量，甚至确定 mRNA 的存在都将十分困难。至少当两个不同 mRNA 来自同一个基因时，类似的问题就出现了。上述情况在脊椎动物中较为常见，其原因是选择性剪接（alternative splicing）来自同一个前体 mRNA 的外显子，其以各种组合形式加工成一系列相关但是又存在差异的成熟 mRNA。

通过仔细设计阵列就能够保证上述变异都检测出并且精确定量。如果研究目的是对两个或多个转录组进行比较，以下所介绍的新难题会进一步凸显，而且较为常见。为了保证比较的有效性，两个不同微阵列或芯片上同一个基因间杂交强度的差异能够真实反映出 mRNA 的数量差异，而不应该是阵列上靶 DNA 的数量、探针标记以及杂交过程的效率等操作过程中的差异导致杂交强度不同。即使在单个实验室，对上述因素进行精确的控制也是难以达到的，而要在不同实验室环境中进行准确的重复基本是无法实现的。这就表明必须包括标准化的数据处理过程，从而对不同阵列的试验结果进行准确的比较。因此，阵列中必须存在阴性对照，以确定每一次试验的背景信号强度。

选择性剪接能够产生不同组合形式的外显子，导致同一个前体 mRNA 无法合成相同的蛋白质，此外，每次都应该得到同样信号强度的阳性信号。设计的试验使用同一芯片进行分析是一种令人满意的选择，能够对两个转录组进行直接比较。通过使用不同种类的荧光探针标记 cDNA 样品，然后在合适的波长范围内对阵列进行扫描，确定所有杂交点上的两种荧光信号的相对强度，由此来判断两个转录组之间 mRNA 的差异。

假设能够精准比较两个或多个转录组之间的差异，那么就能区分不同基因表达模式中极其复杂的差异。很大程度上那些具有相似表达谱的基因是具有相关功能的基因，由此需要一种较为严格的方法对这些基因群体进行确定。系统聚类法（hierarchical clustering）作为一种标准方法，涉及比较分析各个转录组中每对基因的表达水平，并且能够给出一个代表上述表达水平之间相关程度的数值。树状聚类图（dendrogram）能够表示上述数据，将一些具有相关表达谱式的基因聚集在一起。树状聚类图清晰而直观地展示了一个基因间的功能联系。

5.3.3　展望

转录组学在微生物和环境之间相互作用的研究中展示了极大的优势，并且推动了相关研究的迅速发展。通过转录组研究可以在基因水平描绘细菌如何适应环境，以及为适应环境而做出的改变，明确细菌在特定环境中的代谢途径，进一步为控制微生物在环境中的行为奠定基础。

5.4　环境微生物代谢组学

5.4.1　代谢组概述

代谢是生命活动中所有（生物）化学变化的总称，代谢活动是生命的本质特征以及物质基础。因此，分析代谢物就成为研究生命活动分子基础的一个重要方向。近年来，随着基因组学技术的不断发展以及全基因组测序技术的大规模运行，生命科学的研究也随即进入了新的一页。一系列新技术产生了源源不断的基因组数据，并且随着时间的推移不断增加。功能基因组研究已经开始涉及蛋白质组、转录组以及基因组的数据和表型之间的关系。截至目前，人们还无法解释 30% ～ 40% 的典型开放阅读框这一功能，虽然掌握了一些生物体的基因和蛋白质等信息，但无法完全阐述其表型特征。对测序基因组中的一些未知基因功能进行鉴定是功能基因组学中一个重要的任务，生物信息传递的终端层次是代谢物，其在揭示基因功能等方面表现出了巨大的潜力，逐渐引起了科学家们的兴趣，满足了对全部代谢物进行研究的需求，因此代谢组的概念诞生。代谢组指的是生物体内源性代谢物质的动态整体。然而，代谢的传统概念不仅包括生物的合成，也包括了生物的分解，理论上代谢物包括蛋白质、脂类、核酸以及其他小分子代谢物。但为了区分基因组、蛋白质组以及转录组，代谢组目前只关注分子量低于 1000 的小分子代谢物。代谢组学是在定性和定量限定的条件下以特定生物样品中的所有代谢组分为目标，基于系统生物学观点对生物体代谢物反映的所有信息进行集中阐述，为发现生物标志物以及进一步阐明机理提供了新的思路和方法。

在语源学角度中，生理意义上的代谢（metabolism）一词首次出现在 1878 年，来自原意为“变化或者改变”的希腊文“metabole”，与之对应的形容词 metabolic 却来源于德文的“metabolisch”，并且出现在 1845 年，含义为“有关变化的”。代谢组学的概念也有相似的情况，关于代谢组和代谢组学的名词在英文中有两种：metabonome/metabolome 以及 metabonomics/metabolomics。

20 世纪 70 年代，Devaux 等人提出代谢组学的概念，最早起源于代谢谱分析（metabolomic profiling）。1988 年，Tweeddale 等人研究大肠杆菌代谢时首次提出代谢物组（metabolome），简略的定义为“代谢物整体（total metabolite pool）”。此外，分析代谢物组成能够为有关细胞代谢和调控提供重要的信息。20 世纪 90 年代后期，基因组学被提出并且迅速发展。2000 年 Oliver Fiehn 等人和 2001 年 Raamsdonk 等人在公开发表文献中使用了“metabolomics”，强调将代谢物组分析技术应用于植物细胞基因功能研究的重要性。1999 年，Jeremy K. Nicholson 等人提出了“metabonomics”概念，并对其进行定义：生物系统因病理、生理或基因改变等刺激所致的动态多参数代谢应答的定量测序。通过定义来看，代谢组学把生物体作为一个动态的整体，对内因或者外因造成的代谢变化进行研究，整体性以及动态性是该定义的关键。Nicholson 等人基于代谢组学的思想，在疾病诊断和药物筛选等方面做出了大量富有成效的工作，促进了代谢组学的快速发展。通常，metabolomics 是指生物体系受刺激或扰动后代谢产物的变化及其随时间变化的研究，是对生物体系代谢途径进行研究的一种方式。然而，metabonomics 是病理生理刺激或基因修饰对生物体代谢物质的质和量进行动态变化的研究。前者的研究对象一般为细胞，而后者一般是动物的体液和组织。

目前，metabolomics 本质是对给定细胞在给定时间和条件下所有小分子代谢物进行定量分析。仅仅通过定义来看，metabolomics 指静态生物体系代谢物组成分析，可以作为 metabonomics 的一部分。近年来，也有研究人员提出“动态代谢物组学”，表明 metabolomics 正在逐渐靠近 metabonomics。目前，文献资料中 metabolomics 存在混乱使用的情况，时常和 metabonomics 混淆使用。基于两个名词的含义，Tang 和 Wang 认为 metabolomics 可以译作“代谢物组学”，metabonomics 可以译为“代谢组学”，但也有相关预测表明随着科学的不断进步和深入，代谢物组学和代谢组学有可能融合。Nicholson 和 Lindon 认为不应该依据技术方法区分 metabonomics 和 metabolomics 概念，应该依据哲学意义：metabonomics 的关键在于整体性和动态性，对复杂多细胞系统的系统变化或者响应进行探索；metabolomics 是分析复杂的生物样品，对所有小分子物质进行定性和定量分析。随着研究的不断深入，对这两个名词的区分已经越来越少，基本同等使用。

代谢组学作为一门新兴学科得到了迅速发展并且被广泛使用，目前已经成为系统生物学研究的一个重要组成部分，在诊断以及功能基因组的研究过程中发挥着重要的作用。自 1999 年代谢组学诞生以来，该方面的研究论文数量不断增加。

代谢组学的中心任务主要包括检测、量化和编录生物内源性代谢物质的整体及其变化规律，联系该变化规律与所发生的生物学事件或过程的本质。目前，依据对象和目的不同，可以将代谢组学的研究分为 4 个层次：①代谢物靶标分析，分析某个或某几个特定组分；②代谢谱分析，定量分析少数预设的代谢产物；③代谢组分析，限定条件下进行定性和定量分析特定生物样品中所有的代谢组分；④代谢物指纹分析，具体的单一组分不进行分离鉴定，而是对样品进行快速分类。

代谢组学研究的是代谢组的变化。代谢组的变化是生物对遗传变异、环境影响以及疾病的最终回应。进化对代谢组学的影响较小，不同物种间的检测方法对代谢组学相比于其他组学更为通用。以检测果糖二磷酸化酶为例，研究基因组或蛋白质组需要掌握不同物种内酶的编码基因或蛋白质序列，并且依据该信息对芯片或质谱监测技术进行设计。而代谢组不受这个因素限制，酶的底物和产物（1,6-二磷酸果糖和 6-磷酸果糖）是相同的，该检测方法适用于所有物种。

与其他组学的研究类似，代谢组学突破性地将传统代谢途径扩展至研究代谢网络，通过定量分析非目标性识别的全部代谢产物在生物体系内的动力学变化，从而揭示传统方法不能够观测到的代谢网络中不同途径之间的关系。因此，代谢组学成为系统生物学研究过程中的重要组成部分之一。相比于植物和动物代谢组学，微生物生长培养基中代谢物的浓度相对较低，检测浓度较低的代谢物较为困难并且胞内和胞外代谢物的分离也较为困难，这导致微生物代谢组学的发展受到一定程度的影响。但是，相比于高等生物，微生物的优势主要包括系统较为简单以及基因组的数据较为丰富，研究人员已经在基因调节、代谢网络和生理特性方面进行了全面的了解，代谢组学对微生物技术研究领域具有重要的意义。

5.4.2 微生物代谢组学研究流程

完整的代谢组学流程主要包括代谢组数据的采集、数据预处理、多变量的数据分析、标志物识别以及各种途径的分析等。首先对采集的样品（如细胞和培养液等）进行预处理、生物反应灭活，随后利用核磁共振、质谱或者色谱等技术检测代谢物的种类、含量、状态以及变化等，获得代谢谱或者代谢指纹，最后通过多变量数据分析法对复杂数据进行降维以及信息挖掘，并且对代谢物变化所引起的途径和规律进行研究，阐述微生物对相应刺激的响应机制，发现生物标志物。微生物的代谢组学研究流程如图 5-8 所示。

微生物代谢组学的目的是分析生物体系中所有的代谢产物，所以要求整个过程都尽可能地对总代谢产物信息进行保留和反映。代谢组学的研究基础是技术平台精确、灵敏以及高通量。各种模式的识别以及信息发现的计算技术构成研究代谢组学的数据分析平台，其能够从大量的分析信号中找到有用的信息或者特征模式。

5.4.2.1 实验设计

细胞、组织或者生物机体是代谢组学的研究对象。代谢组学的实验设计格外严格，主要是因为研究对象非常复杂，并且相关影响因素较多，采用多变量数据分析方法对数据进行挖掘。在实验设计中，关于样品的收集时间、部位，样本群体以及种类等均需给予充分考虑。实验设计在代谢组学的分析过程中起着重要的作用。系统分析完成后需要精确选择各个研究参数以改善信息的获取质量。在保证实验技术可靠的前提下，一定要进行最优化的实验设计。

相比于传统的微生物实验，代谢组学需要对众多参数进行考察，但是真正有意义的参数在开展实验前是无法准确预知的，需要统计学知识协助完成。具体实验设计在数理统计中的方法较多，常用的包括部分正交设计、中心组合设计、因子设计以及均匀设计等。尽管它们各有特点，但主要目的相同，都是通过具有代表性的少数组合实验对整体变化规律

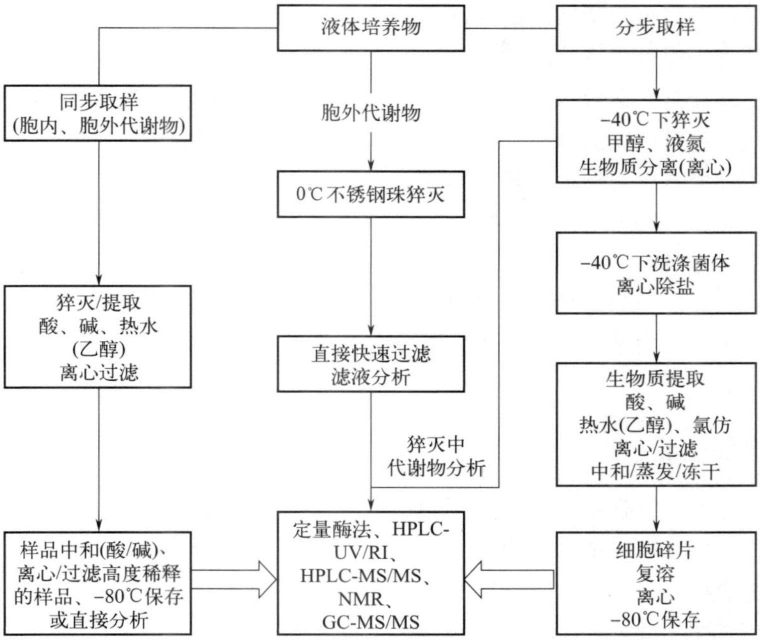

图5-8　微生物代谢组学研究流程

UV—紫外可见光谱法；RI—示差折光检测器；HPLC-MS/MS—高效液相色谱-串联质谱法；
NMR—核磁共振法；GC-MS/MS—气相色谱-串联质谱法

和筛选进行推断。目前一些商用软件能够简化该问题，具体的内容可以参照相关专著。

大多数情况下，绝对量的变化较为显著的一些参数并不代表对扰动应答具有特征意义的指标，不同代谢物和各种调控机制在细胞内组成的复杂代谢网络具有一定的韧性和刚性，某个代谢量的轻微波动都可能造成一些关键酶的抑制或激活，从而影响代谢物水平。即便如此，该酶的下游代谢物水平通常受到多种因素的影响，通过含量波动来看，有可能忽视了具有调节作用的关键代谢物在细胞中的应答机制。

在代谢工程领域，关于转录组和蛋白质组的研究，需要对两种不同条件下的结果进行比较。一般情况下，筛选出表现幅度最大的成倍变化分子，其相关蛋白质或者基因被认定与特定条件之间存在关系。当某组分的产量提高时，随着产率提高的代谢物浓度并非问题所在，而代谢物浓度的锐减可能与产量存在关系，主要是因为它可能是生物合成中一些酶的抑制剂。仅仅依靠两个代谢组学数据之间的比较确定特殊条件下最相关的代谢分子较为困难。量的微小变化可能引起十分显著的效果，因为关键酶极有可能对其施加正调控或负调控且与产量相关。所以，产率极大地受到这些组分产量微小变化的影响。因此浓度的变化量以及方向无法阐明该分子在某一表型的重要程度，而是表型相关性的程度与特定的代谢物变化共同决定该代谢物的地位。通过多因素分析代谢物变化与产量间总是相关的。

设计实验时，应该考虑代谢物的数据以及样本量，使其能够在统计学中具有真实的意义。依据一般的统计学实验，计量资料至少需要20例样本，计数资料至少需要30例样本，在统计学中才具有意义。除非该个案的报道非常有价值，大多数情况下样本例数少于5时，该统计分析对于提供确切推断结果较为不利。一旦确定需要比较的样本数目，随后就是准备样本。从数学角度分析，多因素分析最为经济有效，但是可行性受限。而随机性较大的组合方式大多受到微生物学家的抵触。

实验结果直接受微生物培养技术的影响，主要是分析条件的重复性优于生理条件下的重复性，因此需要对多组数据进行比较以获得真实的生理过程。微生物生长状态的可重复性是微生物代谢组学研究的前提，最理想的是利用恒化器进行培养，其能够促使微生物在恒定和精细的环境下尽可能地生长，但是工业发酵过程中一般采用补料分批培养。在复杂的培养体系中，间歇性地添加底物增加了实验变数，尤其是针对不同营养源的复杂培养基，在进行结果比对时，较容易使问题复杂化。在恒化培养箱中，搅拌速率不均、质粒丢失以及菌体老化等问题同样会对微生物的生长重复性产生干扰。保持真核生物菌丝形成过程的重复性也是较为困难的。实际研究过程中，基于各种利弊条件使得微生物生长的重复性保持相对恒定。

5.4.2.2 样品处理

微生物代谢组学的研究主要是分析胞内代谢物，细胞内酶系活跃以及代谢物转换较快，所以取样和样品制备过程中产生的差异会对分析结果的准确性和重复性造成显著的影响。

（1）快速取样

微生物体内的某些代谢物转换时间极为短暂，通常在 1 ～ 2s，因此对反应器中的样品进行快速收集以及终止细胞代谢是非常重要的，否则取样过程中底物浓度的巨大变化会破坏细胞生理的稳定状态。在连续取样培养的细胞中，培养基中的底物浓度非常低，例如葡萄糖等，导致取样过程中细胞生理状态的变化极为迅速，这就要求优化取样技术。一些分批培养的细胞，在底物浓度足够高的情况下不会造成细胞生理状态的快速变化，其对取样技术的要求较低。1974 年 Weibel 等人提出了一种能够缩短取样、灭活以及提取胞内代谢物时间的快速取样技术，已经成功运用于丝状真菌、酵母菌和细菌的代谢组学研究中。Larsson 和 Tornkvist 新建了一套快速取样和细胞灭活的程序，该方法能够在毫克范围内进行浓度的测定以及短时间内分析大量样品。Hiller 等人研发了一种能够同时进行快速取样和灭活的简单设备，在 *E. coli* 代谢物谱的研究中取得了较好的效果。

（2）灭活

一般情况下，胞外代谢物从细胞中分离后需要置于低温环境下保存以达到抑制代谢物转化的目的。胞内代谢物在取样或者脱离培养后，细胞内的代谢状态将会迅速发生改变，胞内代谢物的种类以及含量也随之发生变化，应当立即对细胞灭活以终止胞内反应，以如实反映培养环境中胞内代谢物的真实信息。通常，理想的灭活技术应该满足以下两个要求：①酶迅速失去活性；②细胞保持完整性。在植物、动物代谢组学的研究中，液氮冷冻技术以及高氯酸灭活技术是主要的灭活方法。Fiehn 研究发现植物组织酶失活的最好方法是液氮冷冻技术。然而，该方法无法区分胞内和胞外代谢物，并不适用于微生物细胞的处理。微生物灭活过程中大多采用冷甲醇及其缓冲溶液，目前乳酸乳球菌 *Lactococcus lactis*、酿酒酵母 *Saccharomyces cerevisiae*、*E. coli*、谷氨酸棒杆菌 *Corynebacterium glutamicum*、*Aspergillus niger*、枯草芽孢杆菌 *Bacillus subtilis* 灭活均采用了该方法。相比于酵母、丝状真菌等真核微生物，利用冷甲醇对细菌等原核微生物灭活更容易引起胞内代谢物的泄漏，细胞壁结构的不同导致革兰氏阴性菌比革兰氏阳性菌更易造成胞内代谢物的泄漏。灭活过程中，微生物代谢组学研究的关键主要包括保持细胞的完整性，防止胞内代谢物的泄漏，以正确反映细胞的生理状态。Bolten 等人研究了传统的冷甲醇对革兰氏阴性菌和革兰氏阳性菌灭活后引起的胞内代谢物泄漏情况，结果发现该方法造成两类细菌的胞内代谢物泄漏超过 60%，说明前期采用的冷甲醇灭活法分析胞内代谢物的结果精确度较低。Silas 等人利用冷甘油-盐溶液分别灭活酿酒酵母、荧光假单胞菌以及链霉菌，研究其胞内代谢物的泄漏情况，结果表明冷甘油-0.9% NaCl 溶液对胞内代谢物的泄漏能够起到有效的抑制作用，这一研究结果对微生物灭活剂的研究具有一定的推动作用。Faijes 等人通过碳酸铵来提高甲醇溶液的离子强度以降低植物乳杆菌在灭活过程中胞内代谢物的泄漏情况，结果表明碳酸铵 -甲醇溶液能够造成轻微的胞内代谢物泄漏，并且碳酸铵在冷冻干燥过程中可以挥发去除，便于代谢物的进一步分析。为了提高分析胞内代谢物状态的精确度，需要进一步研究合适的灭活方法。

（3）代谢物的提取

为了从整体上对代谢物进行分析，提取的方法应该满足以下 3 个要求：①最大限度地提取代谢物；②无偏向性，不排除具有特殊物理、化学性质的分子；③代谢物的物理或化学特性不会受到破坏或改变。

目前，代谢物主要的提取方法包括热乙醇、冷甲醇、热甲醇、高氯酸或碱、乙腈以及甲醇-氯仿混合液等。其中，酸碱提取法是传统的代谢物提取方法，一般提取对酸或碱稳定的代谢物；高氯酸提取法一般适用于提取细菌的代谢物，通常对水溶性代谢物以及核苷酸类物质的提取效果较好，较容易实现自动化，缺点是 pH 较低容易造成代谢物不稳定；甲醇-氯仿法对非极性代谢物的提取效果较好，但甲醇和氯仿在高极性代谢物中的溶解度较低，可能会影响提取效果，并且氯仿有毒且该方法耗时；甲醇和乙醇提取法的优点主要包括简单快速且无盐加入、代谢物易于浓缩、pH 变化小以及提取试剂易于去除等，但是热甲醇和热乙醇提取过程中的高温对不稳定代谢物具有破坏作用。Maharjan 和 Ferenci 等探究了提取方法对 *E. coli* 代谢物谱的影响，分析了高氯酸或碱、冷和热甲醇、甲醇-氯仿以及热乙醇 6 种不同提取方法提取的代谢物，发现冷甲醇能够提取更多的代谢物。在特定的厌氧条件下对大肠杆菌进行培养，以电喷雾电离质谱直接进样测定作为评价标准，对 3 种提取大肠杆菌代谢物的方法进行了比较，发现冷甲醇提取的样品在电喷雾电离质谱的实验中同样表现出了良好的重复性以及最高的峰强度。

截至目前，通用的胞内代谢物提取方法还未建立。代谢物质的多样性使得采取一种方式提取全部的胞内代谢物尚无法实现。因此，要尽可能多地获得胞内代谢物，并且同时组合不同提取和分析方法。Vander Werf 等人研究了冷甲醇-水溶液和氯仿提取代谢物，并且利用 6 种不同的方法对 *E. coli* 胞内代谢物的组成进行分析，定性分析了 235 种胞内代谢物，其中首次鉴定或 *E. coli* 数据库中不存在的代谢物有 61 种。

5.4.3 微生物代谢组学的分析平台

当样品的采集和预处理完成后，通过适宜的方式对样品中的代谢产物进行测定。代谢组学分析具有无偏向性、灵敏度高以及高通量的特点，之前的各种组学技术只分析特定类型的化合物差异，而代谢组学所分析的样品大小、数量、挥发性、官能团带电性、极性、电迁移率以及其他的物理化学性质的差异较大，样品生物体系以及代谢产物拥有复杂性，但是目前的分析技术均有各自的适用范围以及优势。因此，根据样品的属性和研究目的去选择多种技术平台并且进行综合利用是非常重要的，代谢组学的研究过程出现了质谱、色谱、核磁共振、紫外吸收谱、红外光谱、光散射以及荧光散射等分离分析手段及组合手段。代谢组学常见的分析平台如图 5-9 所示。

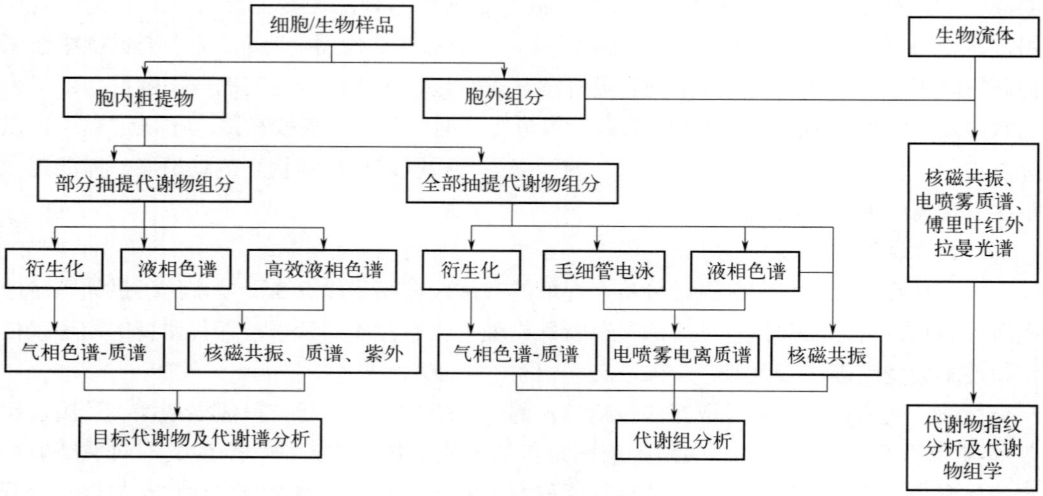

图 5-9　代谢组学常见分析平台

微生物代谢组学的分析平台主要基于质谱（MS）和基于核磁共振（NMR）两种。其中，色谱-质谱联用技术兼备了色谱和质谱的优势，NMR 分析平台尤其是 ^{1}H-NMR 成了最主要的分析工具，主要是因其对含氢代谢产物的普适性。

5.4.3.1　质谱

质谱（MS）技术经过不断发展，已经成为研究代谢组学的重要手段之一。质谱可以对植物和微生物的代谢物进行直接检测，样品可以直接进行 MS 分析而不用经过分离。该方法主要适用于代谢物指纹分析、代谢物靶标分析以及代谢物足迹分析等。

Castrillo 等人利用直接进样质谱（DI-MS）的方法分析酵母代谢物组，并且对该方法进行了优化。Smedsgaard 和 Nielsen 利用 DI-MS 分析方法对酵母菌和真菌进行代谢谱研究，结果表明 DI-MS 是一种较为有效的分析方法，但若要得到完整的代谢图谱还需与其他分析手段进行结合。代谢组学分析的对象种类复杂、性质差异大、浓度范围分布较为广泛，并且还包括离子化程度和基质干扰等一系列问题，因此需要对它们进行没有偏向的全面分析，单一分析手段是无法完成的。

色谱-质谱联用技术为代谢组学中常用的方法，拥有分离效率高和灵敏度高等优点。目前，气相色谱-质谱联用（GC-MS）和液相色谱-质谱联用（LC-MS）是最为有效并且广泛应用的技术。糖、有机酸、糖醇、氨基酸和大量次级代谢物在内的数百种化合物均可以使用上述两种检测技术。

（1）气质联用（GC-MS）

GC-MS 在微生物代谢组学的分析过程中具有分辨率高和灵敏度高的优点，是发展最为成熟的技术，并且较早运用于代谢组学的研究。飞行时间质谱仪（TOF-MS）和 GC 联用能够进行高通量分析，TOF 的检测时间较短，一个月能够对 1000 个以上的样品进行分析，并且在对植物叶片提取物的研究中，GC-TOF 图谱一次能够解析出 1000 种以上的化合物。GC×GC-MS 能够促使分离性得到很大提高，并且可以增加单次分析分离的代谢物种类。而传统的 GC-TOF-MS 能够对 100 ～ 500 种化合物进行检测，GC×GC-TOF-MS 分析 1200 种化合物大约需要 65min。

同样，GC-MS 存在诸多缺陷，样品的分子量限制了 GC 的分离，GC-MS 主要用于分析挥发性和热稳定性化合物，大分子以及难挥发物质无法分离，GC 条件下对热不稳定性的物质更容易分解。难挥发性物质或半挥发性物质经过衍生化处理后才能进行分析，主要是因为衍生化过程可以降低样品的通量，该方法可以有效解决上述问题。

Nielsen 等人在 GC-MS 微生物代谢组学方面做了大量的工作，利用氯甲酸甲酯衍生化法和 GC-MS 技术同时测定了氨基酸和非氨基酸有机酸化合物的标样，进一步通过衍生化法和分析平台测定酵母中心的碳代谢以及氨基酸合成的代谢物，并且结合代谢组学和转录组学的数据分析高通量代谢状态。Koek 等人利用 GC-MS 对代谢组的研究构建了一套完整的方法，这一方法适用于 *B. subtilis*、*Propionibacterium freudenreichii* 和 *E. coli* 等，能够测定包括乙醇、乙醛、胺、氨基酸、脂肪酸、糖和芳香化合物等在内的代谢物。

（2）液质联用（LC-MS）

代谢组学研究的另一重要分析平台是 LC-MS，其分离能力较为强大，广泛地应用于一些难挥发性物质的分析中，具有检测样品来源广泛、灵敏度高和选择性较好以及样品制备简单等优势。

Buchholz 等人利用 LC-ESI-MS 检测高氯酸提取的 *E. coli* 胞内代谢物，定量分析了部分糖酵解途径的代谢物和核苷酸，并且利用酶法以及紫外可见光谱法检测证实了该方法的有效性。Mashego 等人通过 LC-MS 定量分析了 *S. cerevisiae* 糖酵解、TCA 循环和氨基酸的代谢物浓度。Coulier 等人利用离子对液相色谱电喷雾电离质谱联用技术同时对多种极性代谢物进行定量分析，发现该方法对于 *B. subtilis* 和 *E. coli* 代谢组学的研究是非常有效的。Dalluge 等人利用 LC-MS/MS 检测未衍生的氨基酸，发现氨基酸代谢谱和微生物发酵阶段有关，该方法能够鉴定细胞的生长阶段，如延滞期以及细胞裂解期。尽管目前存在许多关于 LC-MS 在微生物代谢组学研究中的应用，但是该分析平台依旧存在一些尚无法解决的问题，如高盐浓度会抑制 ESI 的离子化效率甚至阻塞蠕动泵等。目前，一些研究者利用 ^{13}C 对代谢物进行标记等方式在一定程度上削弱了盐的抑制作用。

同时，LC-MS 中 HPLC 柱的化学物质以及三维结构会对色谱的分离度以及敏感度造成影响。最常用的反相色谱柱对极性代谢物的保留时间非常小，导致代谢物和流动相共同洗出，这将极大缩小数据的分析空间。利用其他种类色谱柱对极性代谢物进行分离，Tolstikov 等人开发出了一种亲水作用液相色谱法（hydrophilic interaction liquid chromatography, HILIC），运用（整体硅胶 C_{18}）长柱提高分辨率，更易于对接 MS，能够检测到许多极性物质。除较为普通的 LC-MS 外，还有超高效液相色谱-质谱（UPLC-MS）以及毛细管液相色谱-质谱技术。UPLC 利用 1.7μm 的填料提高柱效，得到较好的分离效率，一般能够检测到几百个色谱峰。除了对色谱柱的选择外，Xu 等为了提高样品的分离度发明了一个柱切换二维液相系统，利用两根液相色谱柱，通过阀的切换实现了一次进样亲水和疏水代谢产物的同时检测，解决了复杂生物样品中亲水以及疏水性代谢产物无法同时检测的问题。

利用 HPLC-MS、UPLC-MS、毛细管液相色谱-质谱和多维色谱等技术逐渐对代谢产物进行研究，明显提高了分辨率、灵敏度以及通量。

基于 GC-MS 和 LC-MS 的代谢组学研究，色谱条件的轻微变化通常造成保留时间的差异，从而对谱峰位置的重现性造成了影响。在模式识别前需要对谱图进行峰匹配，促使各个样本之间的数据得到正确比较。HPLC 保留时间的重复性优于 GC，峰匹配也相对容易。代谢物的定量分析主要包括内标法、标准曲线法、标准加入法以及同位素法。标准加入法和标准曲线法需要存在可以利用的标准样品，内标法对于排除系统微小变化而带来的影响有优势，但是对于内标物的选择较为困难。与内标法相比，标准曲线法对于色谱条件的一致性要求较高。

（3）毛细管电泳 -质谱联用（CE-MS）

毛细管电泳技术在分离代谢物方面是一个新的发展方向，其效率高于 LC 和 GC。最近几年 CE-MS 技术发展较为迅速，因其具有灵敏度高、高通量、分析迅速、样品需要量少以及无需特殊处理等优点，逐渐受到代谢组学研究者的重视。CE-MS 最大的优势是灵敏度高，其次是样品的需要量较少，仅仅需要几纳升。对于极性较强以及离子化的代谢物 CE-MS 具有很好的分析效果。Soga 课题组对 CE-MS 在微生物代谢组学方面的应用进行了深入的研究，对 *B. subtilis* JH642 中提取的阳离子性代谢物进行了 CE-MS 检测，并且定性定量分析了其中的 27 种代谢物。进一步优化了 CE-MS 对核酸、辅酶 A、阳离子、阴离子等代谢物的分离分析条件，分析了 *B. subtilis* 168 的代谢物，共检测到了 1692 种代谢物，并且定性分析了其中 352 种代谢物。近年来，他们通过压力辅助 CE-MS 对 *E. coli* 的 *pykA* 和 *pykB* 基因缺陷菌株胞内核苷和辅酶 A 等代谢物进行了定量分析，推测 *pykA* 是主要的功能酶基因。

5.4.3.2 核磁共振

核磁共振（NMR）是利用高磁场中原子核分析射频辐射的吸收光谱来鉴定化合物结构的一种技术。氢谱（^{1}H-NMR）、磷谱（^{31}P-NMR）以及碳谱（^{13}C-NMR）是生命科学领域中常用的三种技术，该技术能够同时定性和定量分析复杂样品中的代谢物，并且大多数用于哺乳动物样品的检测。NMR 技术作为研究代谢产物组最有力的工具之一，其重复性较好。NMR 技术广泛运用于代谢组学，也运用于分析动物体液的代谢过程以及植物和微生物代谢组学。此外，^{1}H-NMR 对含氢的化合物均有响应，能够检测样品中的大多数化合物，符合代谢组学中尽可能多地对化合物进行检测的目标。NMR 技术虽然能够对复杂样品如尿液和血液等进行非破坏性分析，但是微生物胞内代谢物包含的浓度范围跨越了 9 个数量级（从 pmol 到 mmol），相比于质谱法，NMR 的灵敏度较低并且动态范围有限，同时测定生物体系中共存浓度相差较大的代谢产物较为困难；NMR 高昂的设施费用以及人力资源缺乏等，限制了其在微生物代谢组学中的应用。

NMR 技术应用于微生物代谢组学的研究中也有较多的成功案例。Raamsdonk 等人通过 ^{1}H-NMR 技术揭示了 *S. cerevisiae* 6000 多个基因中沉默基因的突变体表型，该确定功能基因的方法为代谢工程改良菌种奠定了基础。Boersma 等人通过 ^{19}F-NMR 分析了微生物降解污染物过程中代谢产物的变化情况，并且对该过程的代谢途径进行了全面的阐述。研究者们通过增强场强、使用低温探头以及微探头等方法提高 NMR 技术的灵敏度。使用多维核磁共振技术以及液相色谱 -核磁共振联用技术去解决分辨率的问题。

生物体内的代谢物能够随时间和空间的变化而不断发生变化，因此代谢组学研究的重要方向是时间动力学和空间分布的变化。通过连续取样的方法对时间动力学进行研究，但是该方法费时费力，而 NMR 和 FTIR 等技术介导的非介入性的研究是目前新的发展方向。

5.4.4 数据挖掘

硬件平台的不断发展使得代谢组学的研究获得了海量的数据。对这些数据的解析、储存以及从中提取有用的信息至关重要。因此，处理代谢组学的数据已经成为生物信息学的一个重要分支。

数据的挖掘主要包括数据前处理、数据分析以及数据转换（生物学解释）。

5.4.4.1 数据前处理

数据前处理主要用于排除一些与生物问题无关的因素对色谱的影响，并且通过校正使数据集进行标准化或调整处理。数据处理的过程主要包括滤噪、峰对齐、峰匹配、标准化和归一化等。通过分析各种手段，研究者们对原始谱图的预处理开发了相应的算法，例如 MSFACTs、MetAlign、MET-IDEA、MZmine 和 XCMS 等。MetAlign、MET-IDEA 以及 MZmine 能够对 LC-MS 和 GC-MS 数据进行预处理，包括滤噪和峰对齐等。然而，MetAlign 和 MZmine 无法对重叠峰进行解析处理；MET-IDEA 不仅能够解析重叠峰，还能提取原始数据的半定量信息。MSFACTs 是一款基于 GC-MS 的数据分析软件，能够实现输入 GC-MS 的原始数据，输出代谢物清单。XCMS 应用于 LC-MS 的数据分析，能够实现对 LC-MS 数据的非线性保留时间对齐、滤噪以及峰匹配等。

5.4.4.2 数据分析

代谢组学得到的通常是大量的多维信息。目前代谢组学研究的关键环节和难题是如何从大量的数据中对有用的信息进行挖掘，并且将其与细胞表型进行关联。多变量数据分析（MVDA）技术揭示了包含在数据集中的信息、分析哪些变量对于数据分类存在贡献以及贡献的大小，从而发现与表型相关的生物标志物，发现代谢物的调控信息或代谢途径。

多变量数据分析是统计数据分析算法的工具，它能够对数据集中系数的降维以及可视化系数的簇行为形成科学假设。当前，主要的数据分析技术有寻找模式的非监督法和监督法两种。应用在此领域的常见方法主要包括监督法中的线性判别分析（LDA）、人工神经网络（ANN）、偏最小二乘法（PLS）和偏最小二乘法判别分析（PLS-DA），以及非监督法中的聚类分析（CA）和主成分分析（PCA）。在分析代谢组学数据的过程中，最常用到的是 PCA 和 PLS-DA，这两种方法通常是以得分图（score plot）对获得的样品进行分类，载荷图（loading plot）能够获得对分类有贡献的变量（代谢物）及其贡献大小，从而挖掘能够作为生物标志物的变量（代谢物）。不同样品之间的代谢物进行方差分析或者 t 检验就可以统计显著性差异。

在 NMR 代谢组学研究过程中，统计总相关谱（STOCSY）是一种分子识别的新方法，其利用各种强度变量拥有较多共振线的优势，一个准 2D-NMR 谱是从一套波谱中产生的，显示各种峰强度和整个样品之间的相互关系。这一方法不仅可以通过光谱强度之间的相关性识别相同分子的峰，而且可以利用校验较低的相关系数得到更多同一生化途径中至少两个分子之间的相互关系信息，这些信息在生物标志物的分析和鉴定中具有重要的意义。STOCSY 思想的诞生以及方法学的突破，不仅建立了疾病和毒理相关代谢途径的研究方法，而且为蛋白质组、代谢组和转录组的整合提供了重要的方法。

5.4.4.3 数据转换（生物学解释）

（1）数据库

代谢组学分析离不开各种代谢途径和生物化学数据库。相比于基因组学和蛋白质组学的数据库，代谢组学尚不存在类似功能的完备数据库，主要有生物化学数据库以及代谢物谱数据库。一些生物化学数据库可以鉴定未知代谢物的结构或者解释已知代谢物的生物功能。理想的代谢组学数据库应该包括各种生物体的代谢物组信息和代谢物的定量数据，例如人类代谢组数据库中人类体液的代谢产物超过了 1400 种，数据库中的每种代谢产物均包含其相应的化学、临床、生化以及分子生物学数据。目前，类似基因组研究中 GenBank 作用的代谢物数据库还未建立，未来的发展方向是构建综合关联基因组、代谢组以及蛋白质组数据的超大型数据库。生物体中存在的代谢物大多是相同的，因此，可以共享或借鉴不同的代谢组学数据库。

（2）代谢途径图

数据的可视化能够展示数据集的特性，助力科研工作者迅速发现数据集中最重要的信息。对于微生物代谢组学而言，一般绘制代谢网络的某一部分代谢途径图使数据可视化。这种图反映了连接代谢物的网络，有助于揭示代谢物之间的关系，也可以结合基因表达数据研究功能基因组学。正确解释代谢组学数据，应该绘制完整代谢途径，即包括了代谢物相关的全部反应。传统的代谢途径图如常用的数据库 KEGG，可能不包括所有的平行反应，这增加了解释代谢组学数据的难度。

除生化反应代谢途径外，研究者还构建了菌株代谢网络模型。Oh 等人基于高通量表型和基因数据构建了 *B. subtilis* 的代谢网络，包括 1020 种代谢反应以及 988 种代谢物。Kell 等人建立的 *S. cerevisiae* 代谢网络包含 1168 个代谢物、832 个基因、96 个催化蛋白复合物、888 个蛋白质以及 1875 个反应，可以通过 BIO 数据库访问该代谢网络模型。Zamboni 等人成功开发了“anNET”软件，该软件可以分析代谢网络的热力学特征，同时能够对代谢物的浓度进行测定，发现潜在的调控代谢通量的点反应。

5.4.5 展望

代谢组学尚处在萌芽期，它整合了分析化学、基因组学以及信息科学等多个领域，但是功能基因组的研究仍处于核心位置。未来的发展趋势主要是发现一种更灵敏的、更通用的以及更广谱的检测方法，鉴定各种谱峰对应的化合物结构，还包括整合其他虚拟模型，从而全面阐述各种细胞功能的分子基础。

此外，代谢组学方法在环境微生物领域的应用，将开拓出新的研究方法和方向。微生物对胞外污染物的降解以及对胞内代谢物的利用，构成了微生物代谢污染物的复杂网络。

胞内外整合的代谢网络对代谢途径相互作用与影响的研究，将全面深入地阐明微生物降解污染物的能力和途径，从而对环境中有毒代谢物的去除和积累进行有效预测。而代谢途径的代谢物组分析对阐述代谢物动力学的过程以及微生物降解机理，分析、评价微生物在环境污染修复中的潜力发挥着重要的作用。

微生物代谢组学作为一个新的发展领域，其还有较多的基础需要完善：①构建标准化的微生物灭活以及代谢物提取方法，并且对灭活过程中存在胞内代谢物泄漏问题进行正确处理；②代谢组学标准化计划（MSI），完善和规范代谢组学标准化计划，构建规范化的数据报告形式，发展标准化分析方法，组建功能齐全的代谢组学数据库；③开发相关数据分析软件，形成数据处理平台的自动化；④组建高通量的代谢物分析平台。目前，尚无一种能够完全满足代谢物组分分析需要的分析手段，主要是因为代谢物理化性质较为复杂，另一方面可能与分析平台的广泛性、分辨率以及灵敏度等有关，应进一步研发高通量和高灵敏度的自动化定性定量分析平台。

目前，代谢组学逐渐成为研究的热点，国内外关于代谢组学的研究机构以及公司纷纷成立。随着计算机技术和分析手段的发展、代谢组学理论不断完善以及代谢组学研究逐渐深入，代谢组学的研究范围和对象将会更加广阔，从而使其数据和信息量大大增加，其在生物学大多数领域的价值也会进一步体现。为了深入研究不同条件下微生物的状态，代谢组学应联合其他组学，以综合的方式分析生物系统变化的试验结果，从而得到更多的有用信息。代谢组学作为全面认识生物系统不可缺少的一部分，是全局系统生物学的基础，也是系统生物学的一个重要组成部分。

课后习题：

1. 请简要描述宏基因组学的研究步骤。
2. 宏基因组学中的目标基因有哪些筛选方式？
3. 宏蛋白质组学的研究策略是什么？
4. 请简要描述蛋白质样品提取的步骤及注意事项。
5. 请简要描述不同转录组学研究手段的差异。
6. 请简要描述代谢组学的发展历程及其研究重点。
7. 代谢组学的分离手段及其组合手段有哪些？

参考文献

[1] 陈晨，刘彦来，陶方稳，等．基于代谢组学分析的 *O*-琥珀酰-L-高丝氨酸发酵调控 [J]. 微生物学报，2023，63（12）：4783-4799.

[2] 高世勇，魏新瑞，唐博琪，等．基于宏基因组学的肠道微生物研究进展 [J]. 中药药理与临床，2024，40（03）：115-119.

[3] 郭圆圆，孙雅如，张和平．微生物转录组学技术研究进展 [J]. 生物工程学报，2022，38（10）：3606-3615.

[4] 韩丽丽，吴娟，马燕天，等．环境微生物转录组学研究进展 [J]. 基因组学与应用生物学，2017，36（12）：5210-5216.

[5] 何昌飞．基于宏基因组学的海洋微生物对溶解有机碳的代谢潜力研究 [D]. 济南：山东大学，2023.

[6] 李莹，吴兴杰，贺治斌，等．宏转录组学在环境微生物生态学中的应用 [J]. 中国环境科学，2021，41（09）：4341-4348.

[7] 凌鋆超，曹瑞芳，李亦学，等 . 多组学大数据共享平台研究进展 [J]. 生命科学，2023，35（12）：1553-1560.

[8] 刘祎，朱云平 . 蛋白质组学大数据研究进展 [J]. 生命科学，2023，35（12）：1561-1569.

[9] 彭玺，冯凯，厉舒祯，等 . 宏基因组学技术与微生物群落多样性分析方法 [J]. 科技导报，2022，40（03）：99-111.

[10] 邱菲，韩依辛，魏琦麟，等 . 培养组学在动物肠道微生物应用的研究进展 [J]. 中国畜牧兽医，2023，50(02)：598-605.

[11] 周璐祺，崔婷茹，郝楠，等 . 化学蛋白质组学在天然产物分子靶标鉴定中的应用 [J]. 生物技术通报，2023，39（09）：12-26.

[12] Akacin İ, Ersoy S, Doluca O, et al. Comparing the significance of the utilization of next generation and third generation sequencing technologies in microbial metagenomics[J]. Microbiological Research, 2020, 264: 127154.

[13] Anzai H, Terai T, Jayathilake C, et al. A novel immuno-PCR method using cDNA display [J]. Analytical Biochemistry, 2019, 578: 1-6.

[14] Bertrand G, Coste J, Segarra C, et al. Use of serial analysis of gene expression (SAGE) technology reveals new granulocytic markers[J]. Journal of Immunological Methods, 2004, 292(1/2): 43-58.

[15] Boezen D, Johnson M L, Grum-Grzhimaylo A A, et al. Evaluation of sequencing and PCR-based methods for the quantification of the viral genome formula[J]. Virus Research, 2023, 326: 199064.

[16] Chaleckis R, Meister I, Zhang P, et al. Challenges, progress and promises of metabolite annotation for LC-MS-based metabolomics[J]. Current Opinion in Biotechnology, 2019, 55: 44-50.

[17] Choi Y S, Pack S P, Yoo Y J. Development of a protein microarray using sequence-specific DNA binding domain on DNA chip surface[J]. Biochemical and Biophysical Research Communications, 2005, 329(4): 1315-1319.

[18] Culligan E P, Sleator R D. From genes to species: Novel insights from metagenomics[J]. Frontiers in Microbiology, 2016, 7: 1181.

[19] Datta S, Rajnish K N, Samuel S M, et al. Metagenomic applications in microbial diversity, bioremediation, pollution monitoring, enzyme and drug discovery. A review[J]. Environmental Chemistry Letters, 2020, 18(04): 1229-1241.

[20] Desai N, Antonopoulos D, Gilbert J A, et al. From genomics to metagenomics[J]. Current Opinion in Biotechnology, 2012, 23(1): 72-76.

[21] Elseblani R, Cobo-Golpe M, Godin S, et al. Study of metal and organic contaminants transported by microplastics in the Lebanese coastal environment using ICP MS, GC-MS, and LC-MS[J]. Science of the Total Environment, 2023, 887: 164-111.

[22] Forero D A, Chand V. Methods in molecular biology and genetics: looking to the future[J]. BMC Research Notes, 2023, 16(01): 26.

[23] Gihawi A, Cardenas R, Hurst R, et al. Quality control in metagenomics data[J]. Methods in Molecular Biology, 2023, 2649: 21-54.

[24] Höcker O, Flottmann D, Schmidt T C, et al. Non-targeted LC-MS and CE-MS for biomarker discovery in bioreactors: Influence of separation, mass spectrometry and data processing tools[J]. Science of the Total Environment, 2021, 798: 149012.

[25] Hou Q Z, Pucci F, Pan F M, et al. Using metagenomic data to boost protein structure prediction and discovery[J]. Computational and Structural Biotechnology Journal, 2022, 20: 434-442.

[26] Hu L H, Luo J M, Wen G Q, et al. Identification of the active compounds in the Yi-Fei-San-Jie formula using a comprehensive strategy based on cell extraction/UPLC-MS/MS, network pharmacology, and molecular biology techniques[J]. Phytomedicine, 2023, 115: 154843.

[27] Johnson M L, Zwart M P. Robust approaches to the quantitative analysis of genome formula variation in multipartite and segmented viruses[J]. Viruses, 2024, 16(2): 270.

[28] Laudadio I, Fulci V, Stronati L, et al. Next-generation metagenomics: methodological challenges and opportunities[J]. Omics-A Journal of Integrative Biology, 2019, 23(07): 327-333.

[29] Nam N N, Do H D K, Trinh K T L, et al. Metagenomics: an effective approach for exploring microbial diversity and functions[J]. Foods, 2023, 12(11): 2140.

[30] Neelakanta G, Sultana H. The Use of metagenomic approaches to analyze changes in microbial communities[J]. Microbiology Insights, 2013, 6: 37-48.

[31] Ni X M, Lyu J F, Wang Y J, et al. Simultaneous detection of five viruses and two viroids affecting apples through a DNA macroarray chip[J]. Journal of Virological Methods, 2023, 316: 114730.

[32] Ortiz-Villanueva E, Benavente F, Piña B, et al. Knowledge integration strategies for untargeted metabolomics based on MCR-ALS analysis of CE-MS and LC-MS data[J]. Analytica Chimica Acta, 2017, 978:10-23.

[33] Purushothaman S, Meola M, Egli A, et al. Combination of whole genome sequencing and metagenomics for microbiological diagnostics[J]. International Journal of Molecular Sciences, 2022, 23(17): 9834.

[34] Sharon I, Banfield J F. Genomes from metagenomics[J]. Science, 2013, 342(6162): 1057-1058.

[35] Song J X, Chen L J, Chen H D, et al. Characterization and high-throughput sequencing of a trichlorophenol-dechlorinating microbial community acclimated from sewage sludge[J]. Journal of Cleaner Production, 2018, 197: 306-313.

[36] Sun Z Y, Ji Q Q, Evans R A, et al. High-throughput LC-MS quantitation of cell culture metabolites[J]. Biologicals, 2019, 61: 44-51.

[37] Van-Ruissen F, Baas F. Use of serial analysis of gene expression (SAGE) technology[J]. Methods in Molecular Biology (Clifton, N.J.), 2007, 383: 41-66.

[38] Wan M, Faruq J, Rosenberg N J, et al. Achieving high throughput sequencing of a cDNA library utilizing an alternative protocol for the bench top next-generation sequencing system[J]. Journal of Microbiological Methods, 2013, 92(2): 122-126.

[39] Wei F W, Wu Q, Hu Y B, et al. Conservation metagenomics: a new branch of conservation biology[J]. Science China Life Sciences, 2019, 62(2): 168-178.

[40] Wiemann S, Mehrle A, Bechtel S, et al. cDNAs for functional genomics and proteomics: the German Consortium[J]. Comptes Rendus-Biologies, 2003, 326(10/11): 1003-1009.

[41] Xu Y, Zhao F Q. Single-cell metagenomics: challenges and applications[J]. Protein & Cell, 2018, 9(05): 501-510.

[42] Yao L Y, Zhang J, Lu J, et al. Revealing the influence of microbiota on the flavor of kombucha during natural fermentation process by metagenomic and GC-MS analysis[J]. Food Research International, 2023, 169: 112909.

[43] Zhang Y P, Lu G P, Zhang H C, et al. Enhancement of nitrogen and phosphorus removal, sludge reduction and microbial community structure in an anaerobic/anoxic/oxic process coupled with composite ferrate solution disintegration[J]. Environmental Research, 2020, 190: 110006.

[44] Zhao S, Zhang L J, Hu Z Y. Integrated bioinformatics and information technology platform for high-throughput sequencing in microbial metagenomics based on big data processing[J]. Journal of Medical Imaging and Health Informatics, 2018, 8(2): 325-330.

第6章 环境分子生物学技术

6.1 PCR技术

聚合酶链式反应（polymerase chain reaction, PCR）是一种在体外选择性扩增已知DNA片段的方法，是现代分子生物学三大主流技术之一（另外两大技术为分子克隆和DNA测序）。自发明以来，PCR技术对分子生物学和生物技术产业的发展起到了革命性的推动作用，其发明者Kary Banks Mullis因此获得了1993年的诺贝尔化学奖。

6.1.1 PCR技术的原理

PCR的原理与细胞内的DNA复制原理相似，但反应体系更简单。它通过DNA聚合酶的作用，以待扩增的DNA分子为模板，以与模板互补的寡核苷酸片段为引物，按照半保留复制机制进行DNA合成。通过不断重复这一过程，可以在几小时内将极少量的基因组DNA或RNA样品中的特定基因片段扩增上百万倍。

6.1.2 PCR反应体系的组成

PCR反应体系包括以下几种基本成分：模板、引物、耐热DNA聚合酶、脱氧核苷三磷酸（dNTP）、反应缓冲液、二价阳离子及PCR促进剂等。

6.1.2.1 模板

模板指的是待扩增的核酸。几乎所有形式的DNA和RNA，包括基因组DNA、质粒DNA、噬菌体DNA、预先扩增的DNA、cDNA和mRNA等，都可用作PCR反应的模板。模板应高度纯化，避免蛋白酶、核酸酶、DNA聚合酶抑制剂及能与DNA结合的蛋白质和多糖等物质的污染。此外，PCR反应还可直接利用细胞作为模板。PCR所用模板量取决于模板类型，哺乳动物基因组DNA、酵母DNA、细菌DNA和质粒DNA在PCR中的用量分别为1μg、10ng、1ng和1pg。

6.1.2.2　引物

引物是与靶 DNA 的 3′ 端和 5′ 端特异性结合的寡核苷酸片段，起着决定 PCR 特异性的关键作用。PCR 需要高质量和高纯度的引物。不同的反应体系对引物有不同的要求，这取决于模板的组成、待扩增片段的长度和使用目的。在 PCR 中，引物的设计是影响扩增反应的最关键因素。引物设计的基本原则是提高扩增效率和特异性，同时抑制非特异性扩增的发生。

6.1.2.3　耐热 DNA 聚合酶

耐热 DNA 聚合酶具有良好的热稳定性，在 93℃反应 2h 后仍保留 60% 的活性，且在较宽的温度范围内保持着催化 DNA 合成的功能，故无需每轮循环添加新酶。目前应用最多的是 *Taq* DNA 聚合酶，其具有高热稳定性、高催化活性，以及较强的专一性、反转录活性和非模板依赖的聚合酶活性等特点。若要求更高的准确性，或扩增片段长度超过几千个碱基对，以及进行反转录 PCR 时，推荐选择其他耐热 DNA 聚合酶，如 Pfu DNA 聚合酶、Pwo DNA 聚合酶、Deep Vent DNA 聚合酶。一些制造商还将多种耐热 DNA 聚合酶混合制成“鸡尾酒”产品，这种产品结合了不同 DNA 聚合酶的特点。

6.1.2.4　dNTP

标准 PCR 反应体系中包含 4 种 dNTP——dATP、dTTP、dCTP 和 dGTP。每种 dNTP 的物质的量浓度相等，一般都在 50 ～ 200μmol/L。高浓度的 dNTP（>4000μmol/L）虽可提高反应速率，但会增加碱基的错误掺入率，同时还会与 Mg^{2+} 结合，降低游离 Mg^{2+} 浓度，从而影响 *Taq* DNA 聚合酶的活性。因此，应严格控制 dNTP 的浓度及其与 Mg^{2+} 间的浓度关系。

6.1.2.5　反应缓冲液

反应缓冲液为 PCR 提供适宜的酸碱度和某些离子。目前最常用的缓冲液是 Tris-HCl（10 ～ 50mmol/L，pH8.3 ～ 8.8，20℃），在实际反应中，其 pH 范围在 6.8 ～ 7.8。标准的缓冲液中还含有 KCl。50mmol/L 的 KCl 有利于扩增超过 500bp 的 DNA 片段，将其浓度提高到 70 ～ 100mmol/L，则有利于扩增较短的 DNA 片段。此外，还可在缓冲液中加入 *Taq* DNA 聚合酶保护剂。

6.1.2.6　二价阳离子

耐热 DNA 聚合酶作用的发挥依赖游离的二价阳离子，常用 Mg^{2+} 或 Mn^{2+}，Mg^{2+} 更优。因为 Mg^{2+} 可以与 dNTP 和寡核苷酸结合，所以反应体系中 Mg^{2+} 的浓度必须高于 dNTP 和引物来源的磷酸盐基团。需要根据不同的引物和模板进行试验来确定二价阳离子的最佳浓度。

6.1.2.7　PCR 促进剂

将助溶剂和添加剂加入 PCR 反应体系中可减少碱基错配的发生，提高富含 GC 模板的扩增效率。在高浓度时，大多数 PCR 促进剂会抑制 PCR 反应，在试验中应根据具体情况选择合适的浓度。

6.1.3 PCR 反应过程

PCR 与细胞内的 DNA 复制相似，模板解链、引物与模板结合以及 DNA 聚合酶催化新的 DNA 链形成，反复进行。它是通过控制反应温度来完成这些过程的。PCR 反应包括变性、退火、延伸三步。

6.1.3.1 变性

将反应体系加热至 94℃，保持 15 ～ 30s，目标 DNA 双链的氢键便会断裂，生成单链 DNA 作为模板。

6.1.3.2 退火

将反应体系冷却至接近或低于引物 T_m 的温度，使引物与模板的互补区域结合形成模板-引物复合物。为确保引物只与模板的特定序列结合，退火温度必须精确计算。因为引物量远超模板量，且模板链较引物复杂，模板单链很少互补结合。

6.1.3.3 延伸

将反应体系升温至 72℃，持续一段时间，耐热 DNA 聚合酶便以引物为起点，以 dNTP 为底物，合成新 DNA 链，且新合成的 DNA 单链具有不同的延伸长度。

上述变性、退火、延伸步骤作为一个循环反复进行，每个循环的产物成为下个循环的模板。经过 20 个循环，原始 DNA 会扩增 10^6 倍左右，30 个循环后则扩增 10^9 倍左右。整个过程仅需 1 ～ 2h。扩增产物主要是位于引物与原始 DNA 结合位点之间的片段，随着反应的进行，在最初几轮循环中形成的超过引物结合位点的较长 DNA 链会被逐渐稀释到可忽略的程度。

6.1.4 常用的 PCR 技术

近年来，新的 PCR 技术层出不穷，PCR 技术的应用日益广泛。下面对环境领域中常用的几种 PCR 技术做简单介绍。

6.1.4.1 定量 PCR

定量 PCR（quantitative PCR, qPCR）以外参或内参作为标准，通过对 PCR 终产物的分析或 PCR 反应过程的监测，对起始模板量进行定量。实时荧光定量 PCR（real time quantitative PCR）是在 PCR 反应体系中引入荧光化学物质，根据荧光信号的变化对扩增产物进行实时监测，从而精确计算起始模板量，常用于基因拷贝数和表达量的定量分析。

6.1.4.2　反转录 PCR

反转录 PCR（reverse transcription PCR, RT-PCR）是将反转录与 PCR 结合的一种 PCR 技术。它以 mRNA 为起始模板，在反转录酶的作用下合成 cDNA，再以 cDNA 为模板进行 PCR。RT-PCR 可对基因转录产物进行定性、定量分析，常用于基因分离、cDNA 扩增、RNA 病毒检测、cDNA 探针合成等。

6.1.4.3　多重 PCR

多重 PCR（multiplex PCR）在同一反应中使用多对引物，对同一模板的不同区域进行扩增，适用于检测单拷贝基因缺失、小片段缺失或插入以及重排等。

6.1.4.4　数字 PCR

数字 PCR（digital PCR, dPCR）将待测模板分成单个分子各自进行 PCR 反应，并在扩增期间加入荧光探针检测靶分子序列。在含有靶分子的阳性反应中，单分子模板可被扩增 1000000 倍以上，而不含靶分子的阴性反应中则无荧光信号累积，通过分析荧光信号计数发生扩增反应的分子，从而确定待测模板量。dPCR 具有灵敏度高、精确度高、耐受性高和可绝对定量的优点，在稀有突变分析、高精度拷贝数变异分析、复杂样本基因表达检测、病毒载量定量分析、低含量病原体检测等方面已有广泛应用。

6.1.5　PCR 技术在环境领域的应用

PCR 技术在环境领域的应用主要集中在环境微生物的检测上。传统的微生物检测方法有赖于对微生物进行分离培养，这一过程耗时甚久，并且一些微生物人工培养极其困难，此法检测难度较大。而 PCR 技术（特别是 qPCR 和 dPCR）给环境微生物学研究带来了革新，其在环境微生物研究领域已得到广泛应用，主要有以下 4 种。

6.1.5.1　检测环境中的致病微生物

水、土壤、大气中存在多种致病微生物，它们可能导致一些传染性疾病的传播和流行，因此很有必要定期检测它们的种类、数量、变化趋势等。PCR 技术用于环境微生物检测时可直接取样分析而无需培养，具有迅速简便、灵敏度高、特异性强、精确度高的优点。实时荧光定量 PCR 可快速、特异性地检测食品及食品相关环境中的沙门菌等食源性致病菌。

6.1.5.2　研究环境微生物群落分布

以往对环境微生物进行研究主要依靠培养，因此其结果存在局限性，而基于 rDNA 或 rRNA 的分析技术使得微生物种群结构分布的描述不再困难。终点 PCR、实时荧光定量 PCR 及 dPCR 可以检测具有污染物降解功能的微生物，分析其数量、丰度和相关功能基因的表达水平。

6.1.5.3 构建和检测基因工程菌

PCR 是基因工程中不可或缺的技术，可用于构建和检测具有环境污染物指示或清除能力的基因工程菌。比如，细胞表面表达金属硫蛋白的工程菌株 *Alishewanella* sp. WH16-1-MT 可高效吸附重金属镉，降低镉污染土壤中水稻的镉含量，有利于水稻生长。此外，出于研究需要和安全考量，对于进入人类环境的基因工程菌，必须监测其动态，而 PCR 技术为这项工作的完成提供了便利。

6.1.5.4 克隆环境微生物基因

一些对人类十分重要的细菌基因使用常规基因克隆方法难以获得，而 PCR 技术解决了这一问题。它可以简单方便地对突变基因进行克隆和分析，从不同生物中克隆类似的基因，对序列已知的基因进行再克隆，从环境中直接分离基因或构建新的基因序列和表达序列。

此外，PCR 技术还可与变性梯度凝胶电泳（DGGE）技术或单链构象多态性（SSCP）技术联用，分析原位生物修复微生物群体或研究微生物群落多态性。

除了上述在环境微生物中的应用，PCR 技术在环境领域尚有其他用途。例如，qPCR、多重 PCR、多重 qPCR 技术可以检测有害藻类，为赤潮的预防以及渔业监测提供依据。

6.2 分子标记技术

分子标记技术在现代生命科学中扮演着至关重要的角色，是研究和理解生物体内分子的有效工具。①分子标记技术能够揭示生物体内发生的重要过程。DNA、RNA 和蛋白质是生物体中最基本的分子，它们的结构和功能对生命的各个层面至关重要。通过分子标记技术，能够研究这些分子的变化、相互作用和调控机制，从而深入理解细胞和生物体的生物学过程。②分子标记技术在疾病诊断和治疗中具有重要作用。通过检测和分析 DNA、RNA 和蛋白质的异常变化，能够诊断疾病、评估疾病进展，并为治疗提供指导。例如，基于 PCR 技术的分子诊断方法能够检测基因突变和病原体感染，为临床决策提供重要依据。③分子标记技术在生物多样性和环境研究中具有广泛应用。通过分析环境样品中的 DNA 和 RNA，能够鉴定和定量不同物种的存在，并了解它们的生态功能和相互作用。这对于生态系统监测、环境保护和生物资源管理具有重要意义。④分子标记技术在基因组学和转录组学研究中扮演着关键角色。通过测序和分析 DNA 和 RNA 序列，能够了解基因组的组成、结构和功能，揭示基因的调控网络和基因表达的变化。这为研究基因功能、疾病机制和生物进化提供了有力工具。⑤分子标记技术的不断发展推动了研究方法的创新。新的分子标记技术和高通量技术的出现使得我们能够更快、更准确地获取和分析分子信息。例如，单细胞测序和蛋白质组学等技术的发展，为研究细胞和组织的异质性提供了新的方法。

6.2.1 DNA 指纹图谱技术

分子标记技术的历史最早可追溯到 1980 年，Wyman 和 White 首先从人类 DNA 基因文库筛选出的随机片段中分离到一个高度多态的重复序列，之后有许多学者从人的 α-珠蛋白基因、胰岛素基因、脂蛋白基因等多种基因片段中发现其他几个这种高变的 DNA 序列。1985 年，英国学者 Jeffreys 发现了一个接近人类肌红蛋白基因的小卫星区域。Jeffreys 从肌红蛋白中提取出了这个小卫星区域，并利用它的 DNA 作为基因探针，通过 DNA 印迹（Southern blot）杂交技术获得了由多个位点上的等位基因组成的长度不一的杂交带图纹，这种图纹像指纹一样在不同种属与个体间具有高度的个体特异性，可用于生物个体与种属的鉴别，Jeffreys 将这一技术命名为 DNA 指纹图谱（DNA fingerprinting）技术。

DNA 指纹图谱技术一般通过以下步骤来实现。①首先从样本中提取 DNA，可以使用多种来源的样本，如血液、唾液、毛发、皮肤组织等，裂解有核细胞的细胞膜和核膜，释放染色体 DNA，去除蛋白质后沉淀得到纯的 DNA。②选用与探针配对的限制性核酸内切酶，在长链 DNA 位置上加以切割，将分子量很大的 DNA 长链切短，形成许多长度不同的小片段。③在凝胶板尺寸较长的凝胶电泳仪中，对完全酶解后的 DNA 片段进行电泳，各酶切片段就会按其长度大小在电场中进行分离。④先用碱性溶液使凝胶板中分离开的双链 DNA 片段变性为单链片段，然后将凝胶板夹在尼龙膜中，使这些单链 DNA 片段印渍、转移并永久性地固定在尼龙膜上。⑤让放射性 DNA 探针与尼龙膜上的单链 DNA 片段进行分子杂交。⑥将放射性胶片与尼龙薄膜叠放，尼龙膜上的放射性探针便会发出 X 射线使胶片曝光，从而使杂交有不同长度 DNA 片段的探针显影在胶片上。这样的特征 DNA 片段条状图谱，便是所谓的 DNA 指纹。⑦将目标个体的 DNA 条带与其他个体的 DNA 条带进行比对，比对通常基于条带的长度和位置，以确定是否存在相应的亲缘关系或身份匹配。

DNA 指纹图谱技术有以下特点。①高度的个体特异性。每个人的 DNA 指纹都是独一无二的。DNA 指纹是由多个核酸片段组成的，这些片段在不同个体之间的长度和序列上存在差异。这种高度个体特异性使得 DNA 指纹图谱技术成为一种可靠的个体鉴定工具。②遗传性。DNA 指纹图谱中的图带可以遗传，这不同于人的指纹，DNA 指纹图谱遵循简单的孟德尔遗传方式。除了因基因突变而产生的个别新带，后代图谱中的每一条带都可以在双亲之一的图谱中找到。③稳定性。DNA 指纹是在分子水平上进行的监测，其分析结果不受环境和发育阶段的影响，同一个体的不同组织（无病变）、不同年龄阶段产生的 DNA 指纹完全相同。④高灵敏度。DNA 指纹图谱技术具有高灵敏度，能够从微量的 DNA 样本中提取和分析出有用的信息。仅需极少量的 DNA，如几微克甚至更少，就足够进行分析。这使得 DNA 指纹图谱技术在犯罪现场的证据收集、古代 DNA 研究和其他应用中非常有效。⑤多位点性。高分辨率的 DNA 指纹图谱常由 15 ～ 30 条组成，一个 DNA 指纹探针能够同时监测基因组中数十个位点的变异类型。⑥大规模比对能力。DNA 指纹图谱技术具备大规模比对的能力。通过建立 DNA 数据库，可以比对大量的 DNA 样本，识别嫌疑人或确定个体之间的亲缘关系。在进行犯罪调查和人群遗传学研究中非常有用。⑦完整性和可持续性。DNA 指纹图谱技术可以从各种来源的样本中提取 DNA，例如血液、唾液、毛发、骨骼等。这种广泛的样本适用性使得 DNA 指纹图谱技术在不同场景下具有广泛应用。此外，DNA 样本可以长期保存，便于后续的比对和分析。

总体而言，DNA 指纹图谱技术以其高度个体特异性、遗传性、高稳定性、高灵敏度、多位点性、大规模比对能力以及完整性和可持续性等特点，成为一种重要的个体鉴定和犯罪调查工具，它在法医学、科学研究等方面发挥着重要的作用。

6.2.2 常见的分子标记技术及应用

6.2.2.1 限制性片段长度多态性技术

限制性片段长度多态性（restriction fragment length polymorphism, RFLP）技术是一种用于分析DNA序列变异和遗传多态性的分子生物学技术。它利用限制性内切酶切割DNA，生成特定长度的DNA片段，然后通过电泳分离和检测这些片段，从而获得DNA指纹图谱。

基本原理：RFLP技术利用限制性内切酶切割DNA序列，根据目标DNA序列中的限制性酶切位点的差异，生成不同长度的DNA片段。这些片段可以通过电泳分离，形成特定的DNA指纹图谱。试验步骤：RFLP试验包括DNA提取和纯化、限制性酶切反应、电泳分离和检测生成RFLP图谱。数据分析：通过比较不同个体或群体的RFLP图谱，可以评估它们之间的遗传多样性和遗传关系。

在环境科学研究中，RFLP技术被广泛应用于多个领域。

① 种群遗传结构研究：通过比较不同个体或群体的RFLP指纹图谱，可以确定种群之间的遗传差异程度，了解基因流、迁移和遗传漂变等过程对种群结构的影响。

② 污染源追踪：通过比较受污染地区和未受污染地区样本的RFLP指纹图谱，可以确定特定污染源或特定群体的存在，帮助确定传播路径。

③ 微生物生态学研究：通过分析环境中微生物群落的RFLP指纹图谱，可以了解微生物多样性、群落结构和功能特征，这有助于揭示微生物对环境变化的响应、生态功能和生物地球化学循环过程。

④ 动植物遗传资源研究：通过比较不同动植物个体或品种的RFLP指纹图谱，可以确定动植物种质资源的遗传差异和亲缘关系，为动植物保护、遗传改良和品种鉴定提供依据。

⑤ 环境监测和评估：通过分析环境样本的RFLP指纹图谱，可以评估生物群落结构和组成的变化，了解环境干扰和生态系统健康状况。

总体而言，RFLP重复性好，且具有高度多态性，然而RFLP技术相对复杂，需要做探针制备等大量准备工作，且需要较大的DNA样本量，分析成本较高。RFLP技术在环境科学研究中被广泛应用于种群遗传结构分析、污染源追踪、微生物生态学研究、动植物遗传资源研究以及环境监测和评估等领域。它提供了一种有效的分析工具，用于研究环境中的遗传多样性和生物群落结构，并为环境保护和管理提供科学依据。

6.2.2.2 随机扩增多态性DNA技术

随机扩增多态性DNA（randomly amplified polymorphic DNA, RAPD）技术是目前最常用的分子标记技术，用8～10个碱基随机合成的单一引物在低温条件下与模板DNA序列随机配对实现扩增，通过电泳分离获得DNA指纹图谱，从而对研究对象的基因组DNA进行多态性分析。RAPD技术操作简单、费用低、速度快且对DNA质量要求相对较低，但它主要为显性标记，其稳定性和重复性相对较差，这在一定程度上限制了RAPD在实际中的应用和发展。

RAPD 技术的基本原理是利用 PCR 扩增特定长度的 DNA 片段。它使用随机引物，即短的单链 DNA 片段，通过与 DNA 模板中的互补序列结合，引发 PCR 扩增反应。随机引物的选择是关键，因为它们会在基因组中寻找多态性位点，即具有变异的 DNA 区域。RAPD 实验包括准备 DNA 模板，设计随机引物，进行 PCR 扩增反应，然后通过电泳将扩增产物分离成条带图谱。通过观察 PCR 扩增产物的大小、存在或缺失的条带，可以获得样本之间的 DNA 指纹图谱，进行数据分析。

在环境科学研究中，RAPD 技术被广泛应用于多个领域。

① 种群遗传结构研究：通过比较不同个体或群体的 RAPD 指纹图谱，可以评估种群间的遗传差异程度，了解基因流、迁移和遗传漂变等过程对种群结构的影响。

② 污染监测：通过比较受污染地区和未受污染地区生物样本的 RAPD 指纹图谱，可以评估污染对基因组的影响程度，进而了解生物种群对环境变化的响应和适应能力。

③ 生物多样性保护：通过研究 RAPD 指纹图谱，可以确定受威胁或濒临灭绝的物种的遗传多样性水平，从而指导保护策略和资源分配。

④ 植物遗传改良：通过 RAPD 分析不同植株的遗传多样性，可以鉴定具有目标性状的亲本，用于杂交育种和选择性育种。

⑤ 生态毒理学研究：通过比较受毒物暴露的生物样本和未暴露的样本的 RAPD 指纹图谱，可以评估毒物对基因组的影响，并研究遗传适应机制和毒理作用的分子基础。

总体而言，RAPD 技术在环境科学领域中被广泛应用于遗传多样性研究、污染监测、生物多样性保护、植物遗传改良和生态毒理学研究等，为研究者深入了解环境系统和生物群体的遗传特征提供了重要手段。

6.2.2.3 扩增片段长度多态性技术

扩增片段长度多态性（amplified fragment length polymorphism，AFLP）技术是一种用于研究基因组中多态性的分子标记技术。

AFLP 技术将 PCR 与 RFLP 技术相结合。先使用一对特定的限制性内切酶对基因组 DNA 进行切割。这些内切酶识别特定的 DNA 序列，并在其识别位点上切割 DNA。不同的内切酶会产生不同长度的 DNA 片段。切割后的 DNA 片段会接受两个处理步骤。首先，在片段的两端引入适配器序列，这些序列包含引物结合位点和 PCR 扩增所需的序列。然后，进行 PCR 反应，引物与适配器序列结合，选择性地扩增特定长度的片段。PCR 扩增后的产物将进行聚丙烯酰胺凝胶电泳分离。电泳后，通过可视化技术检测 DNA 片段的大小和多态性。由于不同个体之间可能存在基因组 DNA 序列的差异，因此在特定片段上可能会出现不同的 DNA 片段长度。AFLP 技术结合了 RFLP 技术和 RAPD 技术的优点，既具有 RFLP 技术的可靠性，又具有 RAPD 技术的方便性。

AFLP 技术在环境科学研究中的应用包括以下 5 种。

① 环境监测：对不同环境样本（如土壤、水体或植物组织）进行 AFLP 分析，可以了解不同地点或区域的遗传多样性，并评估环境变化对生物群体的影响。

② 种群遗传学：在种群遗传学研究中，使用 AFLP 技术来研究不同种群之间的遗传差异，评估种群结构、迁移模式和遗传漂变。这对于保护和管理濒危物种、评估环境影响

和指导保护策略非常有价值。

③ 污染生态学：比较受污染区域和非受污染区域的遗传结构，评估污染对种群健康和遗传健康的潜在影响，并揭示生物群体对环境压力的响应机制。

④ 生态系统功能评估：分析物种的遗传多样性和遗传相似性，探索物种之间的遗传联系、物种丰富度以及与生态系统稳定性的关系。

⑤ 物种鉴定：比较 AFLP 指纹图谱，识别和区分不同的物种，特别是对于形态上相似或难以区分的物种而言，这种技术尤其有用。

6.2.2.4 单核苷酸多态性技术

单核苷酸多态性（single nucleotide polymorphism, SNP）技术是一种在基因组中分析单个核苷酸变异的分子生物学技术。其基本原理是通过 PCR 扩增、DNA 测序或基于杂交的方法，检测和分析特定位点上的 SNP 变异。SNP 位点上的不同碱基可以被编码成不同的等位基因，用于描述个体或种群之间的遗传差异。SNP 技术具有高度多态性、高稳定性和高度自动化的特点，但是相对于 RFLP 技术和 STR 技术而言，SNP 技术对分析设备和技术要求更高，并且其多态性较低。SNP 技术产生的数据可以用于评估个体或种群之间的遗传差异、种群结构、亲缘关系和遗传变异等。通过分析不同个体或不同地理区域的 SNP 位点上的 SNP 类型和频率，可以揭示种群遗传结构、基因流和进化过程。此外，SNP 技术还可以用于疾病遗传研究、基因组选择和个体识别等领域。SNP 技术的实验步骤通常包括 DNA 提取和纯化、SNP 位点的选择和分析、PCR 扩增、测序和杂交检测等。

SNP 技术在环境科学研究中有广泛的应用。

① 种群遗传结构和种群动态研究：通过分析多个 SNP 位点的变异，可以了解物种的种群结构、亲缘关系和种群健康状况，为生物多样性保护和种群管理提供科学依据。

② 物种鉴定和溯源：通过分析物种特定的 SNP 位点，可以准确鉴定和区分不同物种，解决物种识别中的问题；此外，通过比较不同地理区域或市场中样本的 SNP 类型，可以追溯物种的来源、传播途径和市场买卖活动，对于监管非法野生动植物贸易和控制入侵物种具有重要意义。

③ 环境适应性和生态系统响应研究：通过分析环境相关的 SNP 位点和基因型频率变化，可以揭示物种对环境压力的遗传适应机制，如温度、湿度、盐度等，这对于预测物种对未来气候变化和环境变化的响应、生态系统的稳定性和生物适应性具有重要意义。

④ 污染监测和生态风险评估：通过比较污染源和非污染源中的生物样本的 SNP 变异的情况，可以了解污染物对遗传多样性和遗传结构的影响，评估生物种群的健康状况和生态风险。

⑤ 物种保护和生物多样性研究：通过分析关键物种的 SNP 位点，可以评估物种的遗传多样性、种群状态和遗传连通性，为保护区域的规划和管理提供科学依据，此外，SNP 技术还可以用于构建物种分布模型、研究物种的起源和进化历史，帮助了解和保护生物多样性。

综上所述，SNP 技术在环境科学领域中具有广泛的应用。它提供了一种高分辨率、高效和高准确性的遗传分析方法，可以揭示物种间的遗传关系、种群结构、遗传多样性和适应性，为环境监测、生态学研究和生物多样性保护提供重要的工具和信息。

6.2.2.5 短串联重复序列技术

短串联重复序列（short tandem repeat，STR）技术是一种基于 DNA 序列上的重复序列片段的分析方法，通过 PCR 扩增和电泳分离来生成 DNA 条带。短串联重复序列是指在 DNA 中重复出现的短片段序列，它通常由 1 ～ 6 个碱基对组成。STR 图谱分析的原理是通过检测这些短重复序列的重复次数差异来进行分析。在人类基因组中，这些 STR 位点通常会在个体之间发生变异，这使得每个人的 STR 重复次数都是独特的。

STR 的工作原理涉及 DNA 提取、PCR 扩增、电泳分离和基因型分析等步骤。首先，从血液、唾液等生物样本中提取 DNA，这可以通过化学方法或自动化 DNA 提取设备完成。接下来，进行 PCR 扩增，通过特定的引物和核酸酶来扩增目标 STR 序列。引物设计成与 STR 序列的两侧精确匹配的短 DNA 片段。在 PCR 扩增过程中，温度周期性地升高和降低，使得 DNA 双链周期性地解离并和引物结合。每个 PCR 循环将产生两倍数量的 DNA 分子，使得目标 STR 序列得以扩增。然后，进行电泳分离。PCR 扩增产生的 DNA 片段具有不同的长度，这些长度差异取决于目标 STR 序列的重复次数。PCR 扩增产物经过电泳后，通过电场作用，DNA 片段在凝胶中移动，较短的片段移动更快，较长的片段移动较慢。最后，进行基因型分析。通过使用自动 DNA 测序仪或毛细管电泳仪测定不同 STR 位点上的重复次数，可以得到个体的短串联重复序列图谱。测序仪会读取每个 STR 位点上的 DNA 片段长度，并将其转换为数字码以表示重复的次数。通过对个体的 STR 图谱与参考数据库中已知个体的图谱进行比对，可以进行数据解读。根据不同 STR 位点上的重复次数差异，可以推断个体的基因型，即特定的 STR 位点上重复次数的组合。总的来说，STR 的工作原理是基于 DNA 序列中短重复序列片段的重复次数差异，通过 PCR 扩增、电泳分离和基因型分析等步骤，获得个体的 STR 图谱，从而进行亲缘关系分析、身份鉴定和种群遗传学研究等。

短串联重复序列主要在以下应用领域具有重要作用。

① 人类遗传学：用于研究人类基因组的多样性和个体间的亲缘关系，如确定亲属关系和人口遗传学研究。

② 法医学：用于犯罪调查、身份鉴定和人类遗骸的识别，通过样本与嫌疑人或失踪人员的 STR 图谱比对来确定身份。

③ 种群遗传学：用于研究不同人群或物种之间的遗传差异和演化关系，对于了解人类历史迁移和种群分化具有重要意义。

④ 动植物遗传学：用于研究动物和植物品种的遗传多样性和亲缘关系，有助于保护濒危物种、开展畜牧业改良等。

⑤ 基因治疗和药物研发：STR 图谱分析可以帮助确定个体对药物的反应性，对于个体化药物治疗和研发具有重要意义。

6.2.2.6 随机引物 PCR 技术

随机引物 PCR（arbitrarily primed polymerase chain reaction, AP-PCR）可用于生成 DNA 指纹图谱。通过无特定序列要求的引物进行 PCR 扩增，从而产生与目标 DNA 序列上任意位置相关的扩增产物。

AP-PCR 技术的基本步骤有引物选择、DNA 提取和 PCR 扩增、凝胶电泳分析以及染色或探针杂交等。通过比较不同样品的 AP-PCR 指纹图谱，可以确定样品之间的遗传相似性或差异。每个样品的指纹图谱由一系列的 DNA 条带组成，每个条带代表一个扩增产物。根据条带的位置和强度，可以推断样品中特定 DNA 片段的存在或缺失。

AP-PCR 技术在环境科学研究中有多种应用。

① 微生物群落分析：生成微生物的 DNA 指纹图谱，评估不同样品之间的微生物多样性和相似性。

② 污染源追踪：比较样品中的 DNA 指纹图谱，确定特定源头的指纹特征，从而确定污染源和传播途径。

③ 生态系统功能评估：分析不同样品的 DNA 指纹图谱，推断微生物在生态系统中的功能组成和相对丰度，进而评估其对生态系统功能的贡献。

④ 基因流行病学研究：比较不同病原微生物菌株的 DNA 指纹图谱，评估它们之间的遗传相似性和变异程度，有助于了解病原微生物的传播途径、菌株来源以及抗药性的传播情况。

⑤ 生物多样性评估：比较不同样品的 DNA 指纹图谱，评估样品之间的遗传相似性和差异，推断是否存在不同物种，这有助于了解生物多样性的空间分布、丰度变化以及生态系统的健康状况。

总之，AP-PCR 技术在环境科学领域中是一种有力的工具，可用于微生物群落分析、污染源追踪、生态系统功能评估、基因流行病学研究和生物多样性评估等。它提供了对环境样品中遗传信息的初步了解，并为研究者揭示环境中微生物的多样性、功能和相互关系提供了重要线索。需要注意的是，AP-PCR 技术并不能提供关于物种或基因型的详细信息。因此，在分析和解释 AP-PCR 指纹图谱时，通常需要结合其他分子生物学或生物信息学技术进行进一步的鉴定和分类。

6.2.2.7 扩增核糖体 DNA 限制性分析技术

扩增核糖体 DNA 限制性分析（amplified ribosomal DNA restriction analysis, ARDRA）技术是一种常用于环境微生物学和微生物生态学研究的分子生物学方法。它基于核糖体 DNA（ribosomal DNA，rDNA）的特征序列和限制性酶切技术，用于快速鉴定和比较环境样品中的微生物群落组成。

ARDRA 技术的基本原理是通过扩增目标 DNA 片段，然后使用限制性酶对扩增产物进行切割。限制性酶是一类能够识别特定的 DNA 序列并切割 DNA 分子的酶。不同的限制性酶对 DNA 的切割位点和产物长度有特异性。

ARDRA 技术通常包括以下几个关键步骤。DNA 提取并扩增目标 DNA 片段：使用特定引物对 rDNA 进行 PCR 扩增，这些引物一般是靶向 16S rDNA（细菌）或 18S rDNA（真菌）的保守区域。酶切反应：将 PCR 扩增产物与特定的限制性酶一起孵育，限制性酶会识别特定的 DNA 序列并切割产物，生成一系列的 DNA 片段。电泳分析：将酶切产物经过琼脂糖凝胶电泳分离，通过电泳，可以根据 DNA 片段的大小进行分离和可视化。片段分析：观察电泳分离后的 DNA 片段模式，由于不同的微生物群落具有不同的 rDNA 序列，它们会在切割产物中产生特定的 DNA 片段模式，通过比较不同样品的片段模式，可以推断它们之间的微生物群落组成差异。

以下是 ARDRA 技术在环境科学研究中的应用。

① 微生物群落结构分析：比较不同环境样品（如土壤、河流、湖泊等）中微生物群落的组成和结构差异，分析 ARDRA 的片段模式，了解不同环境条件下微生物的多样性、丰度以及群落组成的变化。

② 生物指示器研究：在环境监测和生物指示器研究中，对特定环境指标的响应微生物进行 ARDRA 分析，评估环境的健康状况、污染程度或生态系统的恢复情况。

③ 生态功能研究：帮助确定环境中参与特定生态功能的微生物群落，比较不同环境样品的 ARDRA 模式，可以推断微生物功能群的存在和丰度，从而揭示微生物在生态系统中的功能作用。

④ 生态系统响应研究：比较受干扰的环境样品和未受干扰的环境样品的 ARDRA 模式，评估环境干扰对微生物多样性和群落结构的影响。

⑤ 生物修复监测：比较修复前后样品的 ARDRA 模式，评估微生物群落结构的变化，并推断微生物对污染物的处理效果。

总之，ARDRA 技术为环境科学研究提供了一种快速、高通量和相对低成本的方法，用于研究微生物群落结构、生态功能、生物指示器和生态系统响应等。它为研究者深入了解环境中微生物的多样性和功能提供了有价值的工具。

6.2.2.8　变性梯度凝胶电泳技术

变性梯度凝胶电泳（denaturing gradient gel electrophoresis, DGGE）技术是一种常用于环境微生物学和微生物生态学研究的分子生物学方法。它基于 DNA 序列的变性性质和凝胶电泳分离原理，用于分析和比较复杂样品中微生物群落的组成和结构。

DGGE 的基本原理是利用 DNA 片段的变性性质来分离和鉴定微生物群落中的不同成员。在 DGGE 分析中，DNA 样品首先通过 PCR 扩增目标 DNA 片段，通常是微生物 16S rRNA 基因的特定区域。然后，PCR 扩增产物经过变性处理，在含有变性梯度的凝胶中进行电泳分离。变性梯度由一系列浓度逐渐增加的变性剂（如尿素和甲酰胺）组成。在变性梯度的作用下，DNA 片段在凝胶中形成一条梯度。由于不同的 DNA 片段具有不同的序列，它们在特定的变性条件下会在凝胶中停留或迁移到特定位置。随后，凝胶中的 DNA 片段通过染色或探针杂交等方法进行可视化和定量分析。通过比较不同样品的 DGGE 图谱，可以判断微生物群落组成的差异和相似性。每个条带或峰代表一个不同的 DNA 片段，对应一个微生物。

DGGE 在环境科学研究中有广泛的应用。

① 微生物群落结构分析：通过比较 DGGE 图谱，可以识别和定量不同微生物成员的存在和相对丰度，揭示不同环境条件下微生物多样性和群落结构的变化。

② 生物指示器研究：在环境监测和生物指示器研究中，通过对特定环境指标的响应微生物进行 DGGE 分析，可以评估环境的健康状况、污染程度或生态系统的恢复情况。

③ 生态功能研究：DGGE 可以帮助确定环境中参与特定生态功能的微生物群落，通过比较不同环境样品的 DGGE 图谱，可以推断微生物功能群的存在和丰度，从而揭示微生物在生态系统中的作用。

④ 生态系统响应研究：通过比较受干扰的环境样品和未受干扰的环境样品的 DGGE 图谱，可以评估环境干扰对微生物多样性和群落结构的影响，揭示生态系统的响应机制。

⑤ 水体和土壤质量评估：通过分析 DGGE 图谱中的微生物群落结构，可以评估环境中的生物多样性和生态系统功能状态，为水体和土壤的健康状况提供指示性信息。

总之，DGGE 技术在环境科学研究中是一种重要的工具，可用于分析微生物群落的组成、结构和动态变化。它为研究者深入了解环境中微生物的多样性、功能和生态系统响应提供了有价值的信息。

6.2.2.9　小卫星 DNA 检测技术

可变数目串联重复序列（variable number of tandem repeat，VNTR）又称小卫星 DNA（minisatellite DNA），是一种重复 DNA 小序列，由 10 到几百个核苷酸组成，拷贝数 10 ～ 1000 不等。小卫星 DNA 技术是一种用于研究和分析基因组中高度可变的 DNA 序列重复区域的分子生物学技术。

小卫星 DNA 由 15 ～ 65bp 的基本单位串联而成，总长通常不超过 20kb，重复次数在群体中是高度变异的。小卫星 DNA 技术利用 PCR 扩增和分析这些重复区域，通过测量 DNA 片段的长度差异来评估个体之间的遗传变异和多态性。小卫星 DNA 技术的实验步骤包括 DNA 提取和纯化、PCR 扩增、电泳分离和分析等。通过比较不同个体或群体的小卫星 DNA 片段的长度或序列，可以评估它们之间的遗传差异和多态性。

小卫星 DNA 技术具有许多优点，包括高度可变的性质、高分辨率、高灵敏度和高特异性。它可以分析整个基因组中的多个小卫星位点，并提供大量的遗传信息。然而，小卫星 DNA 技术也存在一些局限性。由于小卫星 DNA 序列的高度可变性，需要设计特异性引物和优化 PCR 反应条件。此外，解读和比较小卫星 DNA 数据需要复杂的数据分析和统计方法。

小卫星 DNA 技术在环境科学研究中具有多种应用。

① 种群遗传结构研究：通过分析不同个体或不同地理区域的小卫星 DNA 片段的长度或序列差异，可以确定种群之间的遗传差异程度，揭示基因流、迁移和遗传漂变等遗传过程。

② 生物多样性监测：通过分析目标物种或群落的小卫星 DNA 多态性，可以评估物种的遗传变异、种群状况和遗传连通性，这有助于了解物种的分布范围、种群动态和生物环境连通性，从而指导保护和管理策略。

③ 环境污染评估：通过分析污染区域和非污染区域的小卫星 DNA 片段的长度或序列差异，可以确定特定污染源或污染物的存在，并了解其在环境中的传播和影响，这有助于识别污染源、评估污染的范围和影响，并指导环境修复和监管措施。

④ 自然资源管理：通过分析不同个体或不同地理群体的小卫星 DNA 多态性，可以评估物种的遗传变异和亲缘关系，从而指导种质资源的保护和遗传改良工作。

⑤ 物种鉴定和溯源：通过目标物种的小卫星 DNA 特征与数据库中已知物种的对比，可以确定物种的身份。此外，通过分析不同地理区域或市场中样本的小卫星 DNA 多态性，可以追溯物种的来源和市场买卖活动。

小卫星 DNA 技术在环境科学研究中的应用广泛，它提供了一种快速、准确和可靠的遗传分析方法，用于研究和保护环境中的生物多样性和生态系统健康。

6.2.2.10　微卫星 DNA 技术

微卫星 DNA（microsatellite DNA）技术是一种常用于研究和分析基因组中短重复序列区域的分子生物学技术，又称为简单序列重复（simple sequence repeat, SSR）。微卫星 DNA 的序列重复单位较小卫星 DNA 技术更短，只有 2 ～ 6bp，串联成簇，长度 50 ～ 100bp，又称为短串联重复序列。微卫星 DNA 技术通过 PCR 扩增和分析这些重复区域，利用测量 DNA 片段的长度差异来评估个体之间的遗传变异和多态性。该技术是近年发展起来的建立在 PCR 基础上的第二代分子标记技术。其基本原理是根据微卫星重复序列两翼的特定短序列来设计引物，用来扩增重复序列本身，因为重复序列的长度变化极大，所以是检测多态性的一种有效方法。SSR 标记技术对 DNA 数量及质量要求不高，即使是部分 DNA 降解的样品也可以进行分析，实验程序简单，结果重复性好。但是与 RAPD 技术和 AFLP 技术相比，微卫星 DNA 技术的开发成本大、耗时较长，从而限制了它的应用。

微卫星 DNA 技术在环境科学研究中具有广泛的应用。

① 种群遗传结构研究：分析不同个体或不同地理区域的微卫星 DNA 片段的长度或序列差异，确定种群之间的遗传差异程度，揭示基因流、迁移和遗传漂变等遗传过程，这对于了解物种的分布范围、种群动态和遗传连通性非常重要。

② 物种鉴定和溯源：通过分析物种特定的微卫星位点，可以确定物种的身份，并解决物种鉴定中的问题，此外，通过比较不同地理区域或市场中样本的微卫星 DNA 多态性，可以追溯物种的来源、传播途径和动植物的市场交易活动。

③ 生态系统功能和稳定性评估：评估生态系统中关键物种的遗传多样性和种群结构，从而了解物种对生态系统功能和稳定性的贡献，可以揭示物种的遗传适应能力、种群健康状态和对环境变化的响应能力。

④ 生物入侵研究：分析入侵物种和其原产地种群的微卫星 DNA，确定入侵物种的来源和扩散途径，评估其在新生境中的遗传变异和适应性，这对于制定入侵物种管理和控制策略具有重要意义。

⑤ 生物多样性保护和管理：分析目标物种的微卫星 DNA 多态性和遗传结构，评估物种的遗传变异、种群状态和遗传连通性，指导保护区域的规划和管理措施。

微卫星 DNA 技术在环境科学研究中的应用是多样而广泛的。它为研究者提供了一种高分辨率、高敏感度的遗传分析方法，有助于揭示物种间的遗传关系、种群结构和遗传多样性，从而为生态系统保护、物种管理和环境监测提供科学依据。

6.2.2.11　单链构象多态性技术

单链构象多态性（single-stranded conformation polymorphism, SSCP）技术是一种用于检测 DNA 中单链构象多态性的分子生物学技术。

SSCP 技术的基本原理是基于 DNA 的空间构象多态性，DNA 单链在特定条件下可以形成不同的二级结构，如单链环、支链、股状结构等，这些结构导致了 DNA 片段在凝胶电泳中呈现不同的迁移速率。通过 PCR 扩增目标 DNA 片段，并使其单链形式稳定，然后在凝胶电泳中进行分离，根据单链构象的差异，可以观察到不同的迁移带，从而分析DNA序列的多态性和变异。SSCP技术的实验步骤通常包括DNA提取和纯化、PCR扩增目标DNA片段、凝胶电泳分离和可视化等。通过观察凝胶中的迁移带的形态和数量，可以分析目标DNA片段的多态性和变异。通过比较不同样品之间的SSCP图谱，可以检测基因型的差异和变异，评估种群结构、亲缘关系和遗传多样性等。此外，SSCP技术还可以用于疾病相关基因的筛查、药物敏感性的评估和个体识别等领域。

SSCP技术在环境科学研究中有广泛的应用。

① 生物多样性研究：分析环境样品中的DNA片段，评估物种多样性、种群分布和地理遗传结构，为生物多样性保护和保护区域的规划提供基础数据。

② 污染监测：比较受污染环境和非污染环境中生物样品的SSCP图谱，可以检测到污染物暴露对遗传多态性的影响，评估生态系统的健康状况和生态风险。

③ 水体和土壤微生物群落分析：通过分析微生物样品的SSCP图谱，可以了解微生物的多样性和结构，评估环境因子对微生物群落的影响，确定微生物在生态过程中的功能角色。

④ 入侵物种监测：通过分析入侵物种与本地物种或其他入侵种群的遗传差异，可以确定入侵物种的来源、传播途径和扩散动态，为入侵物种的管理和控制提供科学依据。

⑤ 环境适应性研究：比较不同环境条件下的物种或种群的SSCP图谱，了解物种在环境压力下的遗传变异和适应机制，探讨物种的适应策略和生态系统的稳定性。

综上所述，SSCP技术在环境科学研究中可用于评估生物多样性、监测污染、研究微生物群落、监测入侵物种和探索环境适应性等，为环境保护和生态研究提供重要的工具和信息。

6.2.3　分子标记技术在环境科学领域的应用前景

高通量测序技术的迅猛发展，为科学研究提供了新的手段，分子标记技术在环境科学研究中可以整合高通量测序技术、引入新一代测序平台并加强数据分析，以实现更高效、更全面和更精确的遗传多样性分析和物种鉴定。同时，将分子标记技术与其他环境参数、功能基因组和群体遗传学方法相结合，深入研究遗传变异与环境响应、生态功能和适应性的关联，为环境保护、物种保育和生态系统管理提供更深入的科学支持。

6.3　荧光标记技术

跟踪生物分子（蛋白质、抗体、氨基酸和肽）通常需要用报告基因或传感器进行标记，目前，常用的标记方法包括同位素标记、生物传感器、光开关生物材料、光致变色化合物、电化学传感器和荧光标记，其中，荧光标记因其具有非破坏性和荧光技术的高灵敏度以及能够满足荧光材料小测量体积和低浓度的要求的特点而占优势。荧光标记技术指利用荧光物质共价结合或物理吸附在所要研究分子的某个基团上，利用它的荧光特性来提供被研究对象的信息。目前，在环境微生态学中，荧光标记技术的应用主要集中在单细胞水平的研究，这也是标识微生物种类和功能的方法。目前环境中常用的原位监测方法，主要包括荧光原位杂交、实时荧光定量 PCR 和扩增子测序技术。

6.3.1　荧光原位杂交技术

荧光原位杂交（FISH）技术是将荧光染料与 RNA 进行共价结合，用做了特别标记的寡核苷酸探针在固定位置与需要探测的细胞中的特殊序列结合，再使用荧光素分子偶联的特异性抗体与探针结合，使表达特殊序列的位置发光。通过这种方法可以得到 DNA 序列在染色体上的位置、表达部位、表达的细胞种类等信息。随着荧光显微镜和荧光标记技术的改进，FISH 技术在过去几十年中得到了广泛发展，并对生物技术、基因组学和生物信息学产生了相当大的影响。

医学研究方面，FISH 技术不仅用于检测和定位染色体内特定基因的存在与否，以及诊断染色体异常和癌症预后，并定量研究细胞和组织内基因表达的时空模式，还可用于物种鉴定和研究复杂样品中的微生物多样性。FISH 技术同样可应用于其他样品，比如哺乳动物细胞或患者组织样品，以及食物或环境样品中的微生物种群。

在环境研究方面，FISH 技术可将微生物的数量、种类和功能以及一些微生物之间的相互作用进行可视化展示。显微放射自显影术（microautoradiography）是最早的微生物单细胞活性的测定方法之一，其灵敏度高，放射性底物的检测量可达 10^{-10}～10^{-15}mg，然而，该方法的应用受到标记元素的限制，其标记元素需要同时具有放射性和合适的半衰期两个条件。拉曼光谱学（Raman spectroscopy）和纳米二次离子质谱（nano-scale secondary ion mass spectrometry, NanoSIMS）技术的发展，使单细胞成像的方法得到补充。这些方法目前主要应用于相对简单的环境，如水体、纯培养微生物或富集培养物等，在土壤微生物方面的应用还需要更多的探索。

Raman-FISH 作为一种在单细胞水平进行非破坏性研究的方法，在微生物生态学研究中的应用还较少。到目前为止，只有关于 ^{13}C 标记的研究结果。^{13}C10-萘标记结果表明，地表水中假单胞菌（*Pseudomonas* spp.）可以显著吸收同化 ^{13}C10-萘，且单个铜绿假单胞菌细胞之间 ^{13}C 的含量不同，说明这种方法除了可以同时检测微生物的种类和功能外，还具有识别微生物细胞代谢异质性的潜力。NanoSIMS-FISH 在微生物生态学中的应用较 Raman-FISH 广泛，在微生物碳、氮和硫循环的研究中均有应用。Musat 等研究寡营养湖水中 3 种厌氧光合细菌，闪囊菌（*Lamprocystis purpurea*）、奥氏着色菌（*Chromatium okenii*）和泥生绿菌（*Chlorobium clathratiforme*）对无机碳（$H^{13}CO_3^-$）和氮（$^{15}NH_4^+$）的吸收特征，结果表明，仅占细胞总数 0.3% 的奥氏着色菌贡献了光合细菌碳吸收总量的 70% 和氮吸收总量的 40%，说明丰富度较低的奥氏着色菌对该湖水的碳氮循环过程起着主要作用。Dekas 等采用 $^{15}N_2$ 标记培养实验与 NanoSIMS-FISH 分析相结合，发现厌氧甲烷氧化团聚颗粒可以进行生物固氮，且生物固氮由厌氧甲烷氧化古菌完成，此外，部分固定的氮可以转运至与其共生的非固氮的硫还原细菌中，该研究不仅揭示了全球碳、氮和硫循环之间的联系，还显示出将同位素标记技术与 NanoSIMS-FISH 联合使用的应用前景，具有将微生物细胞的生理组成元素及其相关代谢和转运过程的研究可视化的潜力。

6.3.2 实时荧光定量 PCR 技术

PCR 技术作为经典的分子生物学研究手段，如今仍在被广泛使用。常规 PCR 可以实现产物的回收和定性分析，但是只能通过条带的灰度对产物进行粗略定量。随着技术的进步，1996 年美国 Applied Biosystems 公司推出了实时荧光定量 PCR（RT-qPCR）技术，该技术是在定性 PCR 技术的基础上引入荧光基团，利用荧光信号积累实时监测整个 PCR 过程，通过 Ct 值和标准曲线对样品中的 DNA 起始浓度进行定量。RT-qPCR 以 RNA 作为起始材料，总 RNA 或信使 RNA（mRNA）首先通过逆转录酶转录成互补 DNA（cDNA）。随后，以 cDNA 为模板进行 qPCR 反应。

与 PCR 技术相比，RT-qPCR 技术最大的优势体现在定量和实时荧光监测两个方面，它克服了传统 PCR 法在进入平台期后定量的较大误差，实现 DNA/RNA 的精确定量。

RT-qPCR 技术在分子生物学领域中被广泛应用，其中包括基因表达分析、RNA 干扰验证、微阵列验证、病原体检测、基因测试和疾病研究。RT-qPCR 在环境方面的应用主要是作为微生物水质的分子诊断工具，微生物水质对人类、动物和环境健康至关重要，致病性污染会导致严重的公共健康问题，从而造成巨大的经济和社会损失。因此，及时发现微生物污染并采取适当的干预措施至关重要。

RT-qPCR 技术能够精确定量不可培养和未知微生物的含量，控制污水处理程度。在与脱氮有关的污水处理研究中可以定量监测功能细菌的丰度，如检测污泥中的功能菌丰度、检测载体生物膜中的功能菌丰度，分析水凝胶中的全程氨氧化菌、厌氧氨氧化菌、好氧氨氧化菌和亚硝酸盐氧化细菌，检测 *narG*、*napA*、*nirS*、*nirK* 和 *nosZ* 等功能基因。Dae-Young Lee 等开发了一种简单而具有特异性的检测水样中的选定肠道病毒的 RT-qPCR 检测方法，这个方法能够用于同时定量地下水、河水和废水样品中的轮状病毒、腺病毒和诺如病毒。实验结果显示，对于所有三个病毒组，单重和多重 RT-qPCR 产生了几乎相同的 PCR 效率、动态定量范围和检测灵敏度，这也表明多重 RT-qPCR 检测在量化环境水样中的三种肠道病毒方面具有相当大的应用前景。

随着科技的进步，PCR 技术也在不断更新，从终点 PCR 逐渐发展为 DNA 微阵列、实时定量 PCR（qPCR）、多重 PCR、环介导等温扩增（LAMP）、微滴式数字 PCR（ddPCR）和高通量下一代 DNA 测序（HT-NGS），未来的 PCR 技术一定可以为微生物检测做出更多贡献。

6.3.3 扩增子测序技术

扩增子测序是一种高靶向性方法，用于分析特定基因组区域中的基因变异。PCR 产物（扩增子）的超深度测序可以有效地识别变异并对其进行特征分析。总体思路是靶向捕获目标区域，然后进行新一代测序（NGS），分析测序结果，得到相应信息。

扩增子测序主要包括 16S rDNA 测序、18S rDNA 测序、ITS 测序及目标区域扩增子测序等，是对特定长度的 PCR 产物或捕获的片段进行测序，分析序列中的变异。其原理为采用第二代高通量测序平台测定的 16S/18S /ITS 某个高变区域的序列，来反映环境样品在细菌、真菌、古菌分类方面物种之间的差异，对研究海洋、土壤、肠道粪便等环境中的微生物构成有重要的指导作用，同时也是系统发育学和分类学研究中一种广泛使用的方法，特别是应用于不同的宏基因组学样本中。目前在微生物多样性扩增子测序研究中 16S rDNA（即 16S rRNA 基因）应用较多，此方法不需要对微生物进行分离纯化培养，提取的总 DNA 即可用于开展丰富的微生物群落研究。

扩增子测序方法也可用于研究微生物组，有助于了解环境中微生物的多样性、功能和群落组合。重要的是，微生物组分析推断了微生物群落提供的生态系统服务，从而有助于深度了解环境变量与微生物组结构之间的关联。目前，基于 16S rRNA 的扩增子测序方法已广泛用于微生物组研究，一些研究强调了微生物组研究中可能由各种因素引入的偏差。

研究发现，扩增子测序深度对环境微生物组影响较大。Meganathan P. Ramakodi 以 SRA 获得的孙德尔本斯红树林地区 9 个水生样本的微生物组数据为研究对象，解释了测序深度变化对环境微生物组数据分析的影响，即环境研究中样本或组之间测序深度的差异可能会在 α 或 β 多样性和核心微生物群落结构等参数方面提供误导性结果。Concepcion Sanchez-Cid 等使用了四种 DNA 提取方法，并为每个 DNA 样品生成测序重复，对 16S rRNA 基因的 V3 ～ V4 区域进行测序，以确定每种方法在扩增子序列变异（ASV）水平上测量的分类丰富度。通过宏基因组学测序评估整体功能丰富度和抗生素抗性基因（ARG）丰富度。他们也得出了类似的实验结果，即测序深度对土壤细菌丰富度比 DNA 提取方法对土壤细菌丰富度有更强的影响。这也提示研究者，在使用扩增子测序时，需要优化试验样本以便进行宏基因组学工作流程，从而在足够和相等的深度上进行测序。这将提高宏基因组比较和描述土壤微生物组概况的准确性。

6.4 基因差异表达研究技术

基因差异表达（gene differential expression, DEG）研究技术、下一代测序技术使研究人员能够访问比以前更多的海量数据，具体而言，RNA 测序（RNA-seq）因其高分辨率的特点提供了多种条件下各种生物体基因表达水平的大量信息。从这些信息中自然产生的是 DEG 的概念，DEG 是在两种或多种条件下显著差异表达的基因。DEG 分析可以深入了解表型差异的生物体遗传机制，包括植物生长模式、肿瘤起源检测和微生物组研究，目前 DEG 分析常用的技术有 DDRT-PCR、GeneFishing、基因芯片等。

6.4.1 mRNA 差别显示反转录 PCR 技术

mRNA 差别显示反转录 PCR（differential display reverse transcription PCR）简称为 DDRT-PCR，它是将 mRNA 反转录技术与 PCR 技术二者相互结合发展起来的一种 RNA 指纹图谱技术。

基因差异表达是细胞分化的基础。mRNA 差别显示反转录 PCR 技术正是对组织特异性表达的基因进行分离的一种快速而有效的方法。DDRT-PCR 的基本原理是选取不同的组织样品、不同发育阶段的同一组织样品或同一组织样品经不同药物处理诱导的样品，经总 RNA 提取后，进行 mRNA 反转录合成 cDNA。接着对每一类 cDNA 进行随机引物和反转录引物 PCR 扩增，通过对组织样品的同一类 cDNA 的 PCR 选择性扩增产物进行凝胶电泳分析，从而反映出不同样品间基因在时间和空间上的组织特异性表达。与此同时，还能快速有效地鉴定并克隆两个或多个平行材料之间的差异表达基因，目前 DDRT-PCR 技术在环境分子生物学方面应用较少，但是这项技术的前景广阔，值得深入研究。

6.4.2 GeneFishing 技术

基因组技术的快速发展带来了丰富多样的数据，通过应用强大的统计和计算方法，可以从中收集新的发现。而 GeneFishing 技术就是一种在生物过程中“捞出”候选基因的方法。该方法使用一组“诱饵”基因（即已知的与同一过程相关的基因）进行“半监督”。GeneFishing 技术有效地结合了现代和传统的统计思想，利用基因 -基因共表达信息重建生物过程的特定背景“肖像”。GeneFishing 技术结合了多种高维统计思想，包括降维、聚类、子采样和结果聚合，从而产生可靠的结果。

GeneFishing 技术是一种使用地高辛标记多核苷酸探针并结合酶信号放大［催化报告分子沉积（CARD)］检测功能基因的方法。这种方法仅在少数研究中得到应用，用于检测单个物种或一组密切相关的微生物中的功能基因。在不同的细菌中使用 GeneFishing 技术存在许多潜在的挑战。其主要的挑战之一是找到能够检测靶基因的多个等位基因的探针序列和杂交条件。另一个挑战在于开发一种适当的透化方法，使大型多核苷酸探针能够访问靶基因，特别是在具有坚韧细胞壁的细菌中。GeneFishing 技术主要用来检测不同样品间的表达差异，其主要技术包括芯片技术和差异显示技术。

研究表明，GeneFishing 技术在检测好氧功能基因 *etnC* 在生物修复方面的作用具有显著效果，这种方法也适用于其他功能基因，并且在研究自然和工程系统中的微生物群落方面具有广泛的应用。Patrick Richards 等提出了一种用于检测功能基因 *etnC* 的 GeneFishing 方法，该基因编码需氧乙烯和氯乙烯氧化细菌（嗜氧菌）使用的烯烃单加氧酶的 α 亚基。该方法能够检测包括分枝杆菌和诺卡氏菌在内的多种生物体中的 *etnC*，首次证明单个 GeneFishing 探针可以检测多个物种的多种等位基因（>80% 序列相似性）。

近来一项研究发现，GeneFishing 技术可将环境微生物中的基因存在和细胞身份联系起来，目前主要用于研究测序发现的新基因以及寻找与之相关的尚未培养的微生物之间的关系，即将特定基因（如 rRNA 基因）分配给系统发育分支，为其找到相对应的细胞。Cristina Moraru 等开发了一种将基因存在位置与环境样品中的细胞“身份”联系起来的协议，其信号可以在单个细胞水平上可视化。该协议结合了 rRNA 靶向催化报告基因沉积-荧光原位杂交和原位基因检测，设计了基于每个海水样品制备的泉古菌门（Crenarchaeota）*amoA* 克隆文库混合物，选择混合物中的每个探针以结合错配率高达 5% 的靶标。结果表明，这些样品中至少 30%，但可能存在的大多数 Crenachaeota 含有 *amoA* 基因，因此可能催化氨的氧化。

Jimena Barrero-Canosa 等对 FISH 与特异性 rRNA 靶向寡核苷酸的检测和鉴定微生物的方法进行改进，提出了新的方案，即直接基因 FISH（direct-GeneFISH），它允许在不到 6h 的时间内检测特定的基因和 rRNA。对于直接基因 FISH，去除催化报告分子沉积（CARD）步骤，同时杂交荧光染料标记的多核苷酸基因探针和 rRNA 靶向寡核苷酸探针。

该方案允许量化每个细胞的基因拷贝数，直接标记探针的信号使 rRNA 和靶基因的亚细胞定位成为可能。此项研究结果表明，直接基因 FISH 的细胞和基因检测效率在统计学上与原始 GeneFishing 获得的效率相同，证明了更简单、更快速的方案对环境样品的适用性较好，这也促进了直接基因 FISH 用于功能基因检测的进程。同时，完整的微生物基因组和比较基因组分析工具的可用性使得能够设计菌株特异性基因探针，这些探针可以补充基于 rRNA 的鉴定方法，例如，在 rRNA 探针无法区分密切相关的菌株的情况下。总之，这为直接基因 FISH 在环境样品中的常规应用打开了大门。此外，直接基因 FISH 具备量化每个细胞的基因拷贝数以及改进亚细胞定位和多重化的潜力，例如，通过 rRNA 和多个基因同时进行杂交。

6.4.3 基因芯片技术

基因芯片（DNA microarray）（又称 DNA 芯片、生物芯片）是 20 世纪 80 年代中期提出的，其原理与计算机芯片类似，只是固体基质上集成成千上万的基因探针，而不是各种半导体管。即采用微阵列（microarray）技术将高密度 DNA 片段通过高速机器人或原位合成方式以一定的顺序或排列方式使其附着在膜、玻璃片等固相表面，以同位素或荧光标记的 DNA 探针，借助碱基互补杂交原理，进行大量的基因表达及监测等方面研究。

基因芯片可用于基因表达检测、突变检测、基因组多态性分析和基因文库作图以及杂交测序等方面，在疾病诊断和治疗、药物筛选、农作物的优育优选、司法鉴定、食品卫生监督、环境检测、国防、航天等许多领域都能发挥作用。目前环境领域较为前沿的研究是功能基因芯片，这种芯片是以编码各种微生物生理功能的基因为探针的前沿微阵列技术，可以对环境样品进行快速、灵敏的高通量检测。

大量研究表明，功能基因芯片可从功能基因的视角探索土壤微生物在不同生态类型中和不同环境压力下的分布及规律，以及土壤微生物在污染物处理、降解和土壤修复等方面的作用和机理，并深入了解碳、氮等营养物质在土壤微生态系统中循环、转化的作用机理。

朱永官等在环境中致病菌毒力基因高通量检测方面取得新进展，即基于 SmartChip 高通量 RT-PCR 平台开发了一种致病菌毒力基因芯片（VFG-Chip），这种芯片主要的检测对象为环境中 4 种典型人畜致病菌。此种芯片的检测效率极高，其可在 2h 内一次性检测 42 个样品的毒力组，且大于 91% 的引物扩增效率为 90% ～ 110%。目前，VFG 芯片已成功地应用于城市污水处理系统以及土壤等环境样品毒力组的检测，未来有望在致病菌毒力组特征及其健康风险与生态风险评估等相关研究中发挥重要作用。

6.5 高通量测序技术

6.5.1 高通量测序技术的发展历程

高通量测序技术是一种能够以高效、快速和经济的方式测定 DNA 或 RNA 序列的技术。它能够同时处理大量的样本，并在较短的时间内获得大规模的测序数据。

人类基因组序列深刻地改变了人类对生物学、人类多样性和疾病的理解。从第一个草图序列到个人基因组和基因组医学的新生时代，这之所以成为可能，DNA 测序技术在过去二十年取得的非凡进步是重要原因之一。

高通量测序技术的发展经历了以下几个重要阶段。

① 第一代测序技术：以 Sanger 测序为代表，该技术基于链终止法原理，通过测定 DNA 链延伸过程中释放的荧光标记的核苷酸来确定序列。虽然 Sanger 测序是革命性的进步，但其速度慢、成本高以及对较短的 DNA 片段进行测序的缺陷，限制了其在大规模测序中的应用。

② 第二代测序技术：也称为高通量测序技术。该技术以 Illumina（前身为 Solexa）、Ion Torrent、Roche 454 等测序技术为代表，通过并行测序和大规模的样本处理，实现了高效的测序。这些技术在测序速度、成本和样本处理能力方面取得了重大突破，广泛应用于基因组学、转录组学、表观遗传学等领域。

③ 第三代测序技术：也称为单分子测序技术，该技术以 Nanopore 和 SMRT（single-molecule real-time）测序技术为代表，通过直接测量单个分子的 DNA 或 RNA 序列，实现了更快的测序速度和更长的读长。这些技术在单细胞测序、长读长测序等领域展示了强大的潜力。

6.5.2 常见的高通量测序技术

6.5.2.1 一代测序技术

Sanger 测序（Sanger 法）又叫作双脱氧链终止法，它以 DNA 合成反应为基础。Sanger 法测定 DNA 序列的原理如下。首先，在每个反应体系中加入同位素标记的引物、待测的 DNA 片段、足够量的脱氧核苷三磷酸（dATP、dGTP、dCTP 和 dTTP）和 DNA 聚合酶。然后，在四个反应体系中分别加入少量的双脱氧核苷三磷酸（ddATP、ddGTP、ddCTP 和 ddTTP）进行 PCR 反应。以加入 ddATP 的反应体系为例，在每次合成反应中，如果配对的为 ddATP，反应就会停止，如果配对的为 dATP，反应可以继续，直到与 ddATP 配对时反应才会停止，所以在该反应体系中会得到长短不一的以 ddATP 结尾的片段。再利用聚丙烯酰胺凝胶电泳分离四个反应体系中的产物并进行放射自显影，得到图谱后就可以读取核苷酸的排列顺序了。

6.5.2.2 二代测序技术

二代测序技术，也被称为下一代测序技术（next-generation sequencing，NGS），是指一系列高通量、并行化的 DNA 或 RNA 测序技术，能够在较短的时间内以较低的成本生成大量的测序数据。

与传统的 Sanger 测序技术相比，二代测序技术具有以下显著特点。①高通量：二代测序技术可以同时处理大量的 DNA 或 RNA 分子，使得测序过程更加高效，每次测序运行可以产生数百万到数十亿个短序列。②并行化：二代测序技术使用并行化的方法，将 DNA 或 RNA 样本分割成小片段，并在同一时间内进行大规模的并行测序，从而提高了测序的速度和效率。③低成本：由于高通量和并行化的特点，二代测序技术大大降低了测序的成本，与传统的 Sanger 测序相比，每个测序碱基的成本大幅降低。

（1）Illumina 测序技术

Illumina 是目前应用最广泛的二代测序技术。它基于桥式 PCR 扩增和荧光检测原理，通过在玻璃芯片上合成短 DNA 片段，并使用荧光标记的核酸碱基来进行测序。

Illumina 测序的工作流程如下。

① 文库构建：首先，从待测样本中提取 DNA 或 RNA，并进行碎裂或逆转录反应，生成 DNA 片段或 cDNA；接着，这些片段会经过末端修复、加入特定的测序适配器和连接等步骤，构建成文库。

② 聚合物桥式 PCR：文库中的 DNA 片段会固定在玻璃芯片表面，并与引物形成桥状结构，随后，进行聚合物桥式 PCR 扩增，使用 DNA 聚合酶以桥为模板，合成新的 DNA 链。

③ 测序：在扩增的 DNA 桥上进行测序。Illumina 测序使用四种不同的荧光标记的核酸碱基（A、C、G、T）以及特定的反应条件。在每个测序循环中，一种荧光标记的核酸碱基会被加入，并且通过摄像机记录下该位置产生的荧光信号。

④ 图像分析：测序过程中，荧光信号会被摄像机捕获下来，并转化为数字信号。这些图像数据会经过图像分析，将每个位置的碱基识别出来，并生成原始的碱基序列信息。

⑤ 数据处理和分析：经过碱基识别后，得到的原始序列数据需要进行质量控制，去除引物序列和低质量的碱基，以及进行序列比对、变异检测等后续的数据处理和分析步骤。

（2）Ion Torrent 测序技术

Ion Torrent 测序技术是一种基于半导体芯片的二代测序技术，该技术利用电化学信号来实现测序，具有快速、低成本和简化的特点。

相比于其他二代测序技术，Ion Torrent 测序不需要使用荧光标记的核酸碱基，也无需使用光学设备进行信号检测，从而简化了测序过程。此外，Ion Torrent 测序还具有较短的试验时间和相对较低的设备成本，使其在某些应用场景下具有竞争优势。

Ion Torrent 测序技术被广泛应用于基因组测序、外显子组测序、转录组测序、病原体鉴定等研究领域。它在快速筛查疾病相关变异、个体化医学和研究性测序等方面具有重要的应用前景。

（3）Roche 454 测序技术

Roche 454 测序技术使用边合成边测序的原理，避免了 Sanger 法存在的宿主菌克隆问题。即先将目的 DNA 片段打断成 300 ～ 800bp 的小片段，然后在 5′ 端加上一个磷酸基团，并将 3′ 端变成平端，再在两端加上衔接子组成目的 DNA 的样品文库。之后将目的 DNA 片段固定到磁珠上，将磁珠包被在单个油水混合小滴中进行独立的扩增，从而实现所有目的 DNA 片段进行平行 PCR 扩增。随后将这些 DNA 放入 PTP 反应板中进行后续测序，这里面包含了化学光反应所需的各种酶和底物。测序开始时，将 T、A、G、C 按顺序循环引入 PTP 板，如果发生配对，则会释放一个焦磷酸盐分子，其在后续与 ATP 磷酸化酶和荧光素反应产生光信号，此光信号被捕获以确定碱基序列。

6.5.2.3 三代测序技术

三代测序技术（third-generation sequencing techniques）是指最新一代的测序技术，与

传统的二代测序技术相比，它具有更长的读长、更低的偏倚性、更高的准确性和更高的分辨率。三代测序技术以其突破性的创新，为基因组学和生物学研究带来了更广阔的可能性。

目前常见的三代测序技术包括以下几种。

（1）Pacific Biosciences（PacBio）测序

PacBio 利用实时单分子测序技术，通过监测 DNA 聚合酶合成 DNA 链时释放的荧光信号来进行测序。PacBio 具有极长的读长，可达数千个碱基，从而可以解析复杂的基因组结构和重复序列。

（2）Oxford Nanopore Technologies（ONT）测序

ONT 利用纳米孔测序技术，通过将 DNA 分子引导穿过纳米孔并检测电流变化来实现测序。ONT 测序具有极长的读长，可以达到数十万个碱基，同时具备实时测序的能力。

（3）Single-Molecule Real-Time（SMRT）测序

SMRT 指的是一种实时单分子测序技术。它利用 DNA 聚合酶合成 DNA 链时释放的荧光信号，并通过激光脉冲持续时间来识别和测量碱基。SMRT 测序具有长读长和高准确性的特点。

6.5.3 高通量测序技术的工作流程

高通量测序技术的工作流程包括以下主要步骤。

① 文库构建：先从待测样本中提取 DNA 或 RNA，并进行逆转录、PCR 扩增或其他适当的处理，以获得目标分子的文库。文库中的分子可以是完整的基因组、特定基因的外显子区域、转录本或其他感兴趣的片段。

② 簇化：文库中的 DNA 或 RNA 分子会被固定在测序平台上的表面上，并通过特定的方法进行簇化。在这一步骤中，分子会聚集，每个聚集中包含多个重复的目标分子，形成簇。

③ 测序：在簇化后，测序反应会进行，具体的测序方法和技术会根据所采用的测序平台而有所不同。在二代测序中，荧光标记的核酸碱基会被逐个加入，并通过光学设备记录下每个位置的荧光信号。在三代测序中，可以利用电化学信号或其他方法实时监测核酸合成过程。

④ 图像获取和信号分析：测序过程中，荧光信号（或其他信号）会被相应的设备（如摄像机或探测器）记录下来，这些图像数据会经过图像分析，将每个位置的碱基识别出来，并生成原始的测序结果。

⑤ 数据处理和分析：经过碱基识别后，得到的原始序列数据需要进行质量控制，去除引物序列和低质量的碱基，以及进行序列比对、变异检测和其他相关的分析步骤，这些处理和分析过程旨在解读测序结果和提取有用的生物学信息。

⑥ 结果解读：最后，根据具体的研究目的和问题，对测序结果进行解读和分析，以获得对生物学问题的深入理解。这可能涉及基因组结构和变异的注释、基因表达和调控的分析、功能注释等。

不同的高通量测序平台和技术的工作流程可能会有略微不同，但总体上遵循类似的步骤。此外，随着技术的不断发展，新的工作流程和分析方法也在不断涌现，以满足更复杂和多样化的研究需求。

6.5.4 高通量测序技术在生物学研究中的应用

高通量测序技术在生物学研究中具有广泛的应用，涵盖了基因组学、转录组学、表观基因组学、进化生物学、疾病研究等多个领域。以下是高通量测序技术在生物学研究中的一些主要应用。

① 基因组测序：高通量测序技术可以用于对各种生物体的基因组进行测序，从而揭示基因组的结构、功能和变异，这包括全基因组测序、全外显子组测序和基因组重测序等，用于研究基因组变异、基因组演化和基因与疾病之间的关系。

② 转录组测序：通过高通量测序技术，可以对细胞或组织中的所有转录本进行测序，即 RNA 测序，从而了解基因的表达模式、转录本多样性以及转录调控机制。转录组测序可用于研究基因表达的差异、转录调控网络和细胞发育过程等。

③ 表观基因组学：高通量测序技术可以用于研究 DNA 甲基化、组蛋白修饰和其他表观遗传标记的分布和变化。通过测序分析，可以揭示表观基因组学在研究基因调控、发育、疾病等方面的重要作用。

④ 疾病研究：高通量测序技术可以用于研究与疾病相关的遗传变异、突变和基因表达异常，通过测序分析，可以鉴定疾病相关的基因变异、寻找致病基因、揭示疾病发生机制，并为个体化医学提供基础。

⑤ 微生物学研究：高通量测序技术可以用于研究微生物群落的组成和功能，例如肠道菌群、土壤微生物和海洋微生物等。通过测序分析，可以揭示微生物多样性、微生物群落结构和功能在健康与疾病、生态系统等方面的重要作用。

⑥ 进化生物学：高通量测序技术可以用于研究物种间的遗传差异和进化关系，包括种群遗传学、基因组比较、分子进化和系统发育等。

6.5.5 未来发展方向与挑战

6.5.5.1 高通量测序技术的未来发展方向

① 单细胞测序：随着技术的进步，高通量测序技术在单个细胞水平上的应用越来越广泛，未来的发展方向是实现更高的单细胞测序分辨率和更全面的单细胞多组学研究，以揭示细胞类型、细胞状态转换和细胞组织结构等更详细的信息。

② 长读长测序：当前的高通量测序技术的读长仍然相对较短，限制了对复杂基因组区域和重复序列的解析。未来的发展方向是实现更长的读长，以提供更准确、更全面的基因组重构和变异检测。

③ 更低成本：高通量测序技术的高成本限制了其广泛应用的可能性，未来的发展方向是降低测序成本，提高技术的经济性，以促进更广泛的应用和推动个体化医学的发展。

④ 数据分析和解释：高通量测序技术产生的数据量巨大，对数据的处理、存储和分

析提出了巨大的要求。未来的发展方向是发展更高效、更精确的数据处理和分析方法，以从海量数据中提取更有意义的生物学信息。

6.5.5.2 高通量测序技术所面临的挑战

① 数据处理和存储：高通量测序技术产生的数据量庞大，需要大规模的计算和存储资源来处理和存储数据，数据处理和存储是未来发展需要解决的关键问题。

② 数据质量和准确性：高通量测序技术在测序过程中存在一定的误差率，对于复杂基因组区域和低频变异的检测仍然具有一定的挑战性，提高数据质量和准确性是未来发展要解决的关键问题。

③ 标准化和比较：由于不同平台和实验条件的差异，高通量测序数据的标准化和比较仍然是一个难题，建立标准化的实验流程和数据处理方法，以及开展多中心的比较研究是未来的挑战。

④ 隐私和伦理问题：高通量测序技术涉及个体的基因信息，涉及隐私和伦理问题，未来的发展需要制定相关的政策和法规，保护个体的隐私并确保数据的合理使用。

⑤ 多组学集成：随着多组学研究的兴起，将多种高通量测序技术与其他组学技术（如蛋白质组学、代谢组学等）进行集成分析是未来的发展趋势，整合不同数据类型和建立多层次的数据模型是未来发展的挑战之一。

解决这些挑战需要技术改进、方法创新、资源投入以及跨学科的合作和交流。随着技术的不断发展和应用的深入，高通量测序技术将在生物学研究中发挥越来越重要的作用。

课后习题：

1. PCR 技术扩增产物出现多条带（杂带）的原因有哪些？
2. 简述分子标记技术的种类及发展状况。
3. 荧光标记技术的原理及操作步骤是什么？
4. 转录组测序后如何从差异表达基因中锁定目标基因？

参考文献

[1] 曹彬，宋燕华．功能基因组学在苯并 [*a*] 芘毒性研究中的应用进展 [J]. 预防医学，2022，34（02）：151-155，160.

[2] 曾邦哲．分子系统生物学与细胞发生动力学 [J]. 生物技术通报，2011（8）：30-35.

[3] 陈永华，严钦泉，余建蒲，等．mRNA 差异显示技术的研究进展 [J]. 西北农业学报，2005，14（02）：9-12，43.

[4] 奉水东，谭红专．肺癌 EGFR 基因突变检测方法的研究进展 [J]. 中国肺癌杂志，2008，11（03）：462-464.

[5] 高丽霞．分子生物学技术与实践应用研究 [M]. 北京：中国原子能出版社，2019.

[6] 侯刚，强劳明．RNA 原位杂交技术难点及针对措施 [J]. 四川解剖学杂志，2006，14（01）：60-61.

[7] 胡佳，曾文婕，刘春林．叶片中 GUS 染色观测油体含量技术体系的建立 [J]. 植物生理学报，2017，53（02）：185-190.

[8] 黄骥，张红生，王东．基因表达系列分析 [J]. 遗传，2002，24（02）：203-206.

[9] 李文涛，王俊东，杨利峰，等．实时荧光定量 PCR 技术及其应用 [J]. 生物技术通讯，2006，17（01）：112-114.

[10] 王恒樑．PCR 最新技术原理、方法及应用 [M]. 北京：化学工业出版社，2021.

[11] 王力华，戴晓枫．抑制性减法杂交技术及其应用 [J]. 分子植物育种，2003，1（04）：551-554.

[12] 王廷华，刘佳，夏庆杰 . PCR 理论与技术 [M]. 北京：科学出版社，2013.

[13] 熊伟 . 基因芯片技术在生命科学研究中的应用进展及前景分析 [J]. 生命科学仪器，2010，8（02）：32-36.

[14] 许志茹，那冬晨，李永峰，等 . 环境分子生物学研究技术与方法 [M]. 哈尔滨：哈尔滨工业大学出版社，2012.

[15] 姚琳，白亮，吴亮其，等 . 微流控芯片技术在细胞生物学研究中的应用进展 [J]. 中国细胞生物学学报，2011，33（11）：1254-1266.

[16] 张松，黄波，夏学峰，等 . 蛋白质亚细胞定位的生物信息学研究 [J]. 生物化学与生物物理进展，2007，34（06）：573-579.

[17] 张晓晖，黄高 . cDNA 代表性差异分析：方法及其应用 [J]. 国外医学（生理、病理科学与临床分册），2002，22（06）：628-630.

[18] 郑琳，赵明光，毕玉蓉 . cDNA 微阵列技术：一种有效的差别表达基因克隆新方法 [J]. 生命的化学，2003，23（01）：73-75.

[19] Ahmad J, Baig M A, Ali A A, et al. Comparative assessment of four RNA extraction methods and modification to obtain high-quality RNA from *Parthenium hysterophorus* leaf[J]. 3 Biotech, 2017, 7(6): 373.

[20] Akinwole P O, Kan J, Kaplan L A, et al. Spatial variability in streambed microbial community structure across two watersheds[J]. Microbiology Spectrum, 2021, 9(3): e01972-02021.

[21] Badia-Fabregat M, Lucas D, Tumivirta T, et al. Study of the effect of the bacterial and fungal communities present in real wastewater effluents on the performance of fungal treatments[J]. Science of the Total Environment, 2017, 579, 366-377.

[22] Baker B H, Kröger R, Brooks J P, et al. Investigation of denitrifying microbial communities within an agricultural drainage system fitted with low-grade weirs[J]. Water Research, 2015, 87: 193-201.

[23] Barrero-Canosa J, Moraru C, Zeugner L, et al. Direct-gene FISH: a simplified protocol for the simultaneous detection and quantification of genes and rRNA in microorganisms[J]. Environmental Microbiology, 2016, 19(1): 70-82.

[24] Baselga I, Zafra O, Lago E P, et al. An AFLP based method for the detection and identification of indigenous yeast in complex must samples without a microbiological culture[J]. International Journal of Food Microbiology, 2017, 241: 89-97.

[25] Borchardt M A, Boehm A B, Salit M, et al. The environmental microbiology minimum information (Emmi) guidelines: qPCR and dPCR quality and reporting for environmental microbiology[J]. Environmental Science & Technology, 2021, 55(15): 10210-10223.

[26] Brenes-Guillén L, Vidaurre - Barahona D, Morales S, et al. Novel cyanobacterial diversity found in costa rican thermal springs associated with Rincon de la Vieja and Miravalles volcanoes: a polyphasic approach[J]. Journal of Phycology, 2021, 57(1): 183-198.

[27] Burgener M, Candrian U, Gilgen M. Comparative evaluation of four large-volume RNA extraction kits in the isolation of viral RNA from water samples[J]. Journal of Virological Methods, 2003, 108(2): 165-170.

[28] Cui D Y, Kong L C, Wang Y, et al. In situ identification of environmental microorganisms with Raman spectroscopy[J]. Environmental Science Ecotechnology, 2022, 11: 100187.

[29] de Melo Pereira G V, de Carvalho Neto D P, Maske B L, et al. An updated review on bacterial community composition of traditional fermented milk products: what next-generation sequencing has revealed so far?[J]. Critical Reviews in Food Science and Nutrition, 2022, 62(7): 1870-1889.

[30] Dekas A E, Connon S A, Chadwick G L, et al. Activity and interactions of methane seep microorganisms assessed by parallel transcription and FISH-NanoSIMS analyses[J]. The ISME Journal, 2016, 10(3): 678-692.

[31] Dodo K, Fujita K, Sodeoka M. Raman spectroscopy for chemical biology research[J]. Journal of The American Chemical Society, 2022, 144(43): 19651-19667.

[32] Elhadi N, Yamani L Z, Aljeldah M, et al. Serological and antibiotic resistance patterns as well as molecular characterization of *Vibrio parahaemolyticus* isolated from coastal waters in the eastern province of Saudi Arabia[J].

Journal of Epidemiology and Global Health, 2022, 12(4): 524-540.

[33] Forster L, Forster P, Lutz-Bonengel S, et al. Natural radioactivity and human mitochondrial DNA mutations[J]. Proceedings of the National Academy of Sciences of the United States of America, 2002, 99(21): 13950-13954.

[34] Fuentes C, Guix S, Pérez-Rodriguez F J, et al. Standardized multiplex one-step qRT-PCR for hepatitis A virus, norovirus GⅠ and GⅡ quantification in bivalve mollusks and water[J]. Food Microbiology, 2014, 40: 55-63.

[35] Gandolfi I, Sicolo M, Franzetti A, et al. Influence of compost amendment on microbial community and ecotoxicity of hydrocarbon-contaminated soils[J]. Bioresource Technology, 2010, 101(2): 568-575.

[36] Hubas C, Monti D, Mortillaro J M, et al. Chlordecone-contaminated epilithic biofilms show increased adsorption capacities[J]. Science of the Total Environment, 2022, 825: 153942.

[37] Kim Y T, Heo H Y, Oh S H, et al. Microchip-based forensic short tandem repeat genotyping[J]. Electrophoresis, 2015, 36(15): 1728-1737.

[38] Lakay F, Botha A, Prior B J J, et al. Comparative analysis of environmental DNA extraction and purification methods from different humic acid-rich soils[J]. Journal of Applied Microbiology, 2007, 102(1): 265-273.

[39] Lin B, Hui J N, Mao H G. Nanopore technology and its applications in gene sequencing[J]. Biosensors, 2021, 11(7): 214.

[40] Moraru C, Lam P, Fuchs B M, et al. GeneFISH—an in situ technique for linking gene presence and cell identity in environmental microorganisms[J]. Environmental Microbiology, 2010, 12(11), 3057-3073.

[41] Musat N, Halm H, Winterholler B, et al. A single-cell view on the ecophysiology of anaerobic phototrophic bacteria[J]. Proc Natl Acad SciUSA, 2008, 105(46): 17861-17866.

[42] Nagaraju G P, Chalikonda G, Merchant N, et al. DNA fingerprint technology: Its application in detecting pancreatic cancer[J]. Critical Reviews in Oncogenesis, 2019, 24(2): 133-137.

[43] Nagl N, Taski-Ajdukovic K, Barac G, et al. Estimation of the genetic diversity in tetraploid alfalfa populations based on RAPD markers for breeding purposes[J]. International Journal of Molecular Sciences, 2011, 12(8): 5449-5460.

[44] Nair A V, Joseph N, Krishna K, et al. A comparative study of coastal and clinical isolates of *Pseudomonas aeruginosa*[J]. Brazilian Journal of Microbiology, 2015, 46(3): 725-734.

[45] Porebski S, Bailey L G, Baum B R. Modification of a CTAB DNA extraction protocol for plants containing high polysaccharide and polyphenol components[J]. Plant Molecular Biology Reporter, 1997, 15(1): 8-15.

[46] Preite V, Snoek L B, Oplaat C, et al. The epigenetic footprint of poleward range-expanding plants in apomictic dandelions[J]. Molecular Ecology, 2015, 24(17): 4406-4418.

[47] Rahali F Z, Lamine M, Gargouri M, et al. Metabolite profiles of essential oils and molecular markers analysis to explore the biodiversity of Ferula communis: Towards conservation of the endemic giant fennel[J]. Phytochemistry, 2016, 124: 58-67.

[48] Ramakodi M P. Effect of amplicon sequencing depth in environmental microbiome research[J]. Current Microbiology, 2021, 78(3): 1026-1033.

[49] Ravenscroft C H, Whitlock R, Fridley J D. Rapid genetic divergence in response to 15 years of simulated climate change[J]. Global Change Biology, 2015, 21(11): 4165-4176.

[50] Rocha D, Castro T L P, Aguiar E, et al. Gene expression analysis in bacteria by RT-qPCR[J]. Methods in Molecular Biology, 2020, 2065: 119-137.

[51] Sanchez-Cid C, Tignat-Perrier R, Franqueville L, et al. Sequencing depth has a stronger effect than DNA extraction on soil bacterial richness discovery[J]. Biomolecules, 2022, 12(3): 364.

[52] Schirripa Spagnolo C, Luin, S. Choosing the probe for single-molecule fluorescence microscopy[J]. International Journal of Molecular Sciences, 2022, 23(23): 14949.

[53] Shen J P, Cao P, Hu H W, et al. Differential response of archaeal groups to land use change in an acidic red soil[J]. Science of the Total Environment, 2013, 461/462: 742-749.

[54] Sogin M L, Morrison H G, Huber J A, et al. Microbial diversity in the deep sea and the underexplored “rare

biosphere"[J]. Proceedings of the National Academy of Sciences of the United States of America, 2006. 103(32): 12115-12120.

[55] Soon W W, Hariharan M, Snyder M P. High-throughput sequencing for biology and medicine[J]. Molecular Systems Biology, 2013, 9: 640.

[56] Tiedge T M, Nagachar N, Wendt F R, et al. High-throughput DNA sequencing of environmentally insulted latent fingerprints after visualization with nanoscale columnar-thin-film technique[J]. Science & Justice, 2021, 61(5): 505-515.

[57] Tiwari A, Ahmed W, Oikarinen S, et al. Application of digital PCR for public health-related water quality monitoring[J]. Science of the Total Environment, 2022, 837: 155663.

[58] Todorova N H, Mironova R S, Karamfilov V K. Comparative molecular analysis of bacterial communities inhabiting pristine and polluted with polycyclic aromatic hydrocarbons Black Sea coastal sediments[J]. Marine Pollution Bulletin, 2014, 83(1): 231-240.

[59] Verma P, Yadav A N, Khannam K S, et al. Appraisal of diversity and functional attributes of thermotolerant wheat associated bacteria from the peninsular zone of India[J]. Saudi Journal of Biological Sciences, 2019, 26(7): 1882-1895.

[60] Wang F, Kong W, Ji M, et al. Grazing greatly reduces the temporal stability of soil cellulolytic fungal community in a steppe on the Tibetan Plateau[J]. Journal of Environmental Sciences, 2022, 121: 48-57.

[61] Wang Y, Hayatsu M, Fujii T. Extraction of bacterial RNA from soil: challenges and solutions[J]. Microbes and Environments, 2012, 27(2): 111-121.

[62] Ward R M, Schmieder R, Highnam G, et al. Big data challenges and opportunities in high-throughput sequencing[J]. Systems Biomedicine, 2013, 1(1): 29-34.

[63] Wenderoth D F, Rosenbrock P, Abraham W R, et al. Bacterial community dynamics during biostimulation and bioaugmentation experiments aiming at chlorobenzene degradation in groundwater[J]. Microbial Ecology, 2003, 46(2): 161-176.

[64] Wombacher R, Cornish V W. Chemical tags: applications in live cell fluorescence imaging[J]. Journal of Biophotonics, 2011, 4(6): 391-402.

[65] Wu Q, Hu Y, Li S Q, et al. Microbial mechanisms of using enhanced ecological floating beds for eutrophic water improvement[J]. Bioresource Technology, 2016, 211: 451-456.

[66] Xie S T, Ding L J, Huang F Y, et al. VFG-Chip: A high-throughput qPCR microarray for profiling virulence factor genes from the environment[J]. Environment International, 2023, 172: 107761.

[67] Xin Z G, Chen J P. A high throughput DNA extraction method with high yield and quality[J]. Plant Methods, 2012, 8(1): 26.

[68] Yakoob J, Fan X G, Hu G L., et al. Polycolonization of *Helicobacter pylori* among Chinese subjects[J]. Clinical Microbiology and Infection, 2001, 7(4): 187-192.

[69] Yu Y, Shi K X, Li X X, et al. Reducing cadmium in rice using metallothionein surface-engineered bacteria WH16-1-MT[J]. Environmental Research, 2022, 203: 111801.

[70] Yu Z Y, Fredua-Agyeman R, Hwang S F, et al. Molecular genetic diversity and population structure analyses of rutabaga accessions from Nordic countries as revealed by single nucleotide polymorphism markers[J]. BMC Genomics, 2021, 22(1): 442.

[71] Zhang S X, Li X, Wu J P, et al. Molecular methods for pathogenic bacteria detection and recent advances in wastewater analysis[J]. Water, 2021, 13(24): 3551.

[72] Zhuang J J, Yin J X, Lv S, et al. Advanced "lab-on-a-chip" to detect viruses—Current challenges and future perspectives[J]. Biosensors and Bioelectronics, 2020, 163, 112291.

第 7 章 分子生物学技术在环境中的应用

7.1 在土壤微生物研究中的应用

7.1.1 分子生物学技术在土壤微生物研究中的应用

土壤微生物在整个生态系统中发挥着至关重要的作用，土壤微生物的多样性在调节陆地生态系统功能过程中尤其重要。近年来，工业化、城市化以及农业集约化的快速发展使得大面积土壤遭到严重破坏，土壤微生物多样性和群落结构受到污染物的威胁。土壤微生物多样性的研究方法较多，可以大致分为以下几类（图 7-1）：①传统微生物的平板分离培养法；②微生物碳源利用的 Biolog 微平板分析法；③磷脂脂肪酸分析法；④分子生物学分析方法；⑤其他方法。其中，建立在核酸分析基础上的分子生物学方法对传统微生物分离培养技术起到补充作用，从分子水平揭示了土壤微生物生物多样性和群落结构，其逐渐成为学术界的热点之一。

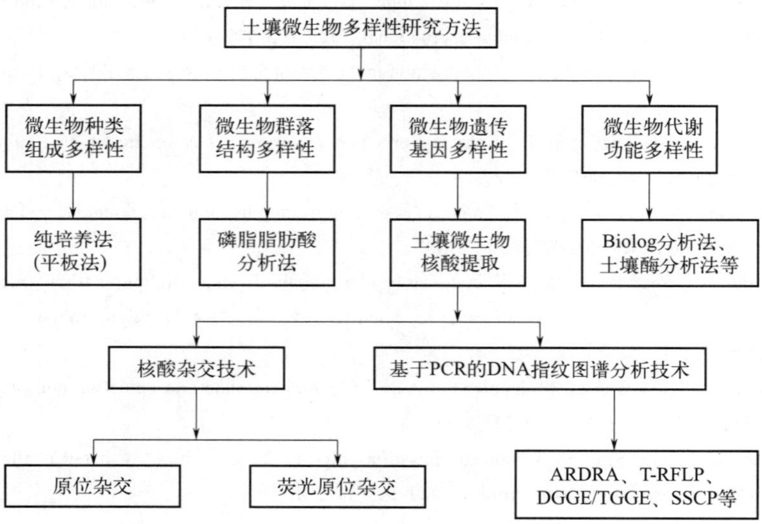

图 7-1 土壤微生物多样性的研究方法

ARDRA—扩增核糖体 DNA 限制性分析；T-RFLP—末端限制性片段长度多态性；DGGE/TGGE—变性梯度凝胶电泳 / 温度梯度凝胶电泳；SSCP—单链构象多态性

7.1.1.1　核酸杂交分析技术

（1）原位杂交技术

1988 年，Giovannoni 等首次将原位杂交（ISH）技术应用到细菌学的研究中，利用放射性标记 rRNA 寡核苷酸探针，特异性探针进入待测样品的细胞中与 DNA 或者 RNA 杂交，以确定探针的互补序列在细胞内的定位，从而对目标微生物在样品中的组成以及分布情况进行分析。近年来，该技术因高度特异性和高灵敏度被广泛用到土壤环境微生物多样性的研究中。研究土壤微生物多样性常用的探针包括：代谢酶基因探针、抗性基因探针以及 rRNA 基因探针等。16S rRNA 或 23S rRNA 基因探针是目前核酸杂交技术中常用的探针，主要是因为其具有种属特异性。目前针对不同种属的微生物已经设计出了多种特异性 rRNA 基因探针，主要包含 α 变形菌 ALF1b 探针、古菌 ARCH915 探针、β 变形菌 BET42a 探针以及细菌 EUB338 探针等。应用抗性探针对污染的土壤样品进行杂交也是目前检测污染土壤微生物群落的有效方法之一，尤其是受到重金属污染的土壤样品。研究和应用较为广泛的抗性探针主要包括抗 Cu 基因 *cop* 探针、抗 Cr 基因 *chr* 探针和抗 Hg 基因 *merA* 探针等。此外，相关研究用编码特异污染物降解酶的基因探针（如编码石油、三氯乙烯和四氯乙烯降解酶的基因探针）研究土壤中污染物降解菌的组成和分布。

（2）荧光原位杂交技术

1989 年 De-Long 等首次在核酸杂交技术中引入具有荧光标记的寡核苷酸探针，荧光技术结合原位杂交技术形成荧光原位杂交（FISH）技术。相比于放射性探针技术，荧光探针技术具有安全、高效、实用等优点，被广泛运用到环境微生物的检测中。该技术主要包括以下 7 个步骤：①样品的固定；②样品预处理；③预杂交；④探针和样品变性；⑤杂交；⑥漂洗以去除未结合的探针；⑦检测杂交信号。在环境样品上直接进行原位杂交，不仅能够测定无法培养微生物的形态特征和丰度，还能够对它们的空间和数量分布进行原位分析。Yang 和 Zeyer 利用 FISH 技术对四氯乙烯（PCE）污染地区降解菌 *Dehalococcoides* 的丰度进行了检测。Matturro 等通过酶联荧光原位杂交（catalyzed reporter deposition-FISH, CARD-FISH）联合实时定量 PCR 技术，定性定量分析了含氯溶剂污染场地中有机氯降解菌的分布与活性，明确了该污染场地中存在脱氯菌群以及还原脱氯活性。

在环境微生物学的应用中，FISH 技术也存在着局限性，例如清晰度较低以及荧光信号弱等。针对上述问题，必须将 FISH 技术和其他技术进行结合，如酪胺信号放大（tyramide signal amplification, TSA）技术和 CARD-FISH 技术等。随着分子生物学技术和科学仪器设备研制技术的不断进步，FISH 技术将会为污染生态学的研究提供更加广阔的前景。

7.1.1.2　基于 PCR 的 DNA 指纹图谱分析技术

（1）扩增核糖体 DNA 限制性分析

扩增核糖体 DNA 限制性分析（ARDRA）是一种基于 PCR 技术分析 rDNA 片段选择性扩增产物的一种简便有效的方法。其原理是利用限制酶对微生物 rDNA 的 PCR 扩增产物进行切割，随后电泳鉴定酶切产物并且分析限制性片段长度的多态性。此方法不受菌株能否纯培养的限制，不受宿主的干扰，其具有强特异性以及高效的优点。因此，被广泛运用于微生物多样性的研究。其缺点是工作量大，当样品量过多时，该方法费时耗力。

Smit 等利用 ARDRA 方法研究了铜对土壤微生物群落多样性变化的影响，发现铜促使土壤中微生物群落的多样性下降，并且微生物群落的结构发生了很大的变化，而氨氧化菌未受到影响。夏月等利用不同浓度的镉和铅对土壤微生物群落进行 ARDRA 分析，研究发现，5mg/kg 镉和 500mg/kg 铅污染对土壤微生物群落有一定的影响，而低于该浓度没有显著影响。

（2）末端限制性片段长度多态性

末端限制性片段长度多态性（T-RFLP）是现有的 ARDRA 技术的拓展，其操作过程类似于 ARDRA 技术，其差异是 PCR 扩增 16S rRNA 基因过程中一个引物需要用荧光标记，PCR 产物经限制性内切酶消化后用 DNA 测序仪分离，经过激光扫描后得到荧光标记端片段的图谱，图谱中条带（或波峰）的多少代表群落的复杂度，峰面积的大小表示该片段的浓度，也就是相应群落的相对数量。相比于其他指纹图谱技术，T-RFLP 技术具有高通量、快速、灵敏、重复性好以及结果数据化等优势，对分析复杂群落的结构优势更加明显。但是，该技术所产生的末端限制性片段在数据库中的匹配度较低，无法确定至种以及属水平。

Liu 等首先将 T-RFLP 技术应用在微生物群落分析中，经过计算机模拟以及实际群落分析比较发现，T-RFLP 技术是在评价和比较不同生态条件下微生物群落结构多样性方面最有力的工具之一。Tom-Petersen 等利用 T-RFLP 技术研究了铜对土壤中细菌群落多样性的影响，研究发现，铜能够显著改变整个土壤细菌群落的结构，影响土壤根瘤菌、土壤农杆菌和嗜胞菌类微生物的多样性。Kaplan 和 Kitts 利用 T-RFLP 技术研究了石油污染土壤中微生物群落的动态变化，修复的前 3 周石油能够被迅速降解，而随后的 21 周内降解速度变慢，末端限制性片段显示土壤中石油的降解速率与细菌群落结构的变化一致。不同修复时期对末端限制性片段序列进行对比的实验表明，黄杆菌属（*Flavobacterium*）、假单胞菌属（*Pseudomonas*）为石油快速降解期的优势类群。

（3）变性梯度凝胶电泳

变性梯度凝胶电泳（DGGE）是一种特殊的聚丙烯酰胺凝胶电泳，能够辨别分子量相同或相近、碱基序列存在差异的 DNA 片段。DGGE 凝胶中存在浓度呈线性增加的变性剂（尿素和甲酰胺），相应浓度的变性剂促使电泳中核酸的片段发生空间构型变化，使得迁移率不同，从而分离核酸片段。DGGE 拥有极高的分辨率，理论上能够分辨一个碱基的差异。近年来，DGGE 因可靠性强、重现性高和方便快捷等优点，已发展成为研究微生物群落遗传多样性以及动态变化的强有力工具。但是，该技术也存在较多的缺点，例如条带的共迁问题、分析的片段较小（≤ 1kb）和 PCR 造成的突变等。

Tu 等利用 PCR-DGGE 技术对植物修复多氯联苯污染的土壤中细菌群落结构和多样性进行研究。在利用紫花苜蓿修复 2 年后的土壤中发现 DGGE 条带增加，通过测序鉴定和信息比对发现，上述新增条带分别与已知的联苯降解菌放线菌、绿弯菌和变形菌属的微生物同源性较高，揭示种植该植物对根际土壤微生物群落结构和多样性有显著的影响，对联苯降解菌的生长与活性有促进作用。张晶等利用 PCR-DGGE 技术对生物表面活性剂强化植物-微生物联合修复多环芳烃污染土壤中微生物群落结构的研究显示，在添加鼠李糖强化修复过程中，土壤细菌群落多样性的组成和结构发生了变化，细菌群落中的优势以及特征性条带分别与芽孢杆菌、假单胞菌以及鞘氨醇单胞菌等对多环芳烃的降解密切相关。

7.1.2　系统生物学技术在土壤微生物研究中的应用

微生物群落作为一个复杂系统，针对单个微生物的研究已经无法满足人类的需求，系统方法学对解决环境微生物生态学问题起着关键作用。系统生物学（systems biology）是研究生物系统中的所有成分和一定条件下这些组分间的相互关系，利用计算生物学构建数学模型来定量描述和预测生物表型、行为以及功能的一门学科。系统生物学的研究主要包括基因组学、转录组学、蛋白质组学以及代谢组学等，它们分别代表了生命信息传递的几个层次，即在 DNA、mRNA、蛋白质以及代谢产物水平对各种分子进行检测和鉴定并且研究其功能。

7.1.2.1　宏基因组学

1991 年 Pace 首次提出了环境基因组学概念并且同年构建了第一个环境样品中的 DNA 噬菌体文库，环境基因组学（微生物环境基因组学）、元基因组学、宏基因组学和生态基因组学的相关研究一直受到广泛的关注。

土壤宏基因组通常是指土壤中所有细菌、真菌、古菌、小型或者微型原生生物基因组的总和。土壤基因组学以基因组学技术为基础，主要程序为直接提取土壤中的 DNA 并且克隆至合适的载体，随即载体转化至宿主细菌以构建土壤宏基因组文库并且对文库进行分析和筛选。该方法最初的目的是开发和利用无法培养的微生物资源，从而获得新的生物活性物质和功能基因。近年来，土壤宏基因组学技术正逐渐渗透到各个领域。土壤宏基因组学在环境保护以及污染修复方面的应用主要包括：①发现具有污染物降解功能的基因和菌株进行生物修复；②研究微生物种群多样性以检测和评价环境健康。

Sul 等结合宏基因组学与 DNA 稳定同位素标记，从多氯联苯污染的沉积物中筛选出能够降解多氯联苯的土著微生物以及基因，通过建立沉积物中土著细菌的 ^{13}C-16S rRNA 基因文库，发现沉积物中的优势微生物为不动杆菌和假单胞菌。此外，^{13}C-DNA 中的苯环双加氧酶基因通过 PCR 扩增出来以构建宏基因组文库，随后从该文库中筛选出相似度较高的联苯双加氧酶基因 *bphAE* 基因簇。研究发现，虽然许多联苯降解微生物无法在实验室条件下培养，但是自然界中参与联苯代谢的相关双加氧酶基因是存在的。

Liang 等通过 GeoChip 基因芯片土壤宏基因组学技术，对我国五个受石油污染土壤中的微生物群落结构和功能基因进行研究。结果发现土壤中的微生物群落结构与油田的地理分布有关，所有的油田土壤中均能够检测出较高丰度的有机物降解基因，其中芳烃和烷烃的单加氧酶以及双加氧酶的基因丰度最高。通过主成分分析发现，不同油田土壤中的功能微生物与土壤的基本理化性质有关，如土壤氮磷含量、石油污染物浓度等。该结果对探明污染条件下土壤微生物的结构和功能有着重要的意义，从而为石油污染土壤的生物修复提供科学指导。

7.1.2.2　宏蛋白质组学

1994 年，澳大利亚学者 Wilkins 和 Willhams 提出了蛋白质组（proteome）概念以后，2004 年，Rodriguez-Valera 基于宏基因组学的概念提出了宏蛋白质组学（metaproteomics，也称元蛋白质组学），即环境混合微生物群落中生物蛋白质组的总和。虽然宏基因组学技术在微生物种群的研究中取得了很大的成功，但其缺点也显现出来，例如无法通过宏基因组学对复杂环境中的微生物基因特性表达以及功能进行研究，而该信息往往是生态环境中较为重要的部分。宏蛋白质组学的出现克服了该弊端，通过鉴定具有关键酶活性的蛋白质，进一步了解环境污染胁迫下微生物的代谢过程。然而，目前通过蛋白质组对复杂微生物群体进行研究还存在一定的挑战，例如环境样品中蛋白质的有效分离等。在得到感兴趣的目标蛋白后，如何揭示其在生态环境中的动态功能将是今后研究的热点。

Singleton 等通过宏蛋白质组学研究了镉污染土壤中微生物量与蛋白质含量的关系。研究发现，镉污染土壤的总蛋白质含量明显低于未受污染的土壤，SDS-PAGE 电泳分析发现镉污染土壤中明显存在大量的小分子蛋白，揭示镉胁迫可以诱导土壤微生物合成较低分子量的应激蛋白。相比于微生物生物量法，宏蛋白质组学技术在研究土壤微生物时更敏感更精确。

Li 等利用 SDS-PAGE、MALDI-TOF-MS、2D-PAGE 技术从蛋白质组学水平阐述了铜的吸收累积和耐性解读的分子机理。研究表明，海州香薷在适应缺铜或高铜的胁迫时，均能够诱导一些功能蛋白的差异表达，但是这些蛋白在面对两种胁迫时对铜离子的处理机制不同。

7.1.2.3 代谢组学

代谢组学（metabolomics）从诞生至今得到了迅速发展，现在已经成为系统生物学的一个重要组成部分。研究过程中，代谢组被定义为在给定的生物系统以及给定的条件下合成的所有代谢产物。

微生物降解是修复环境污染的主要途径，对污染物在生物体内的代谢途径进行全面了解将有助于优化微生物的降解条件，从而提高生物修复的效率。Luan 等通过固相微萃取衍生化技术结合 GC-MS 同时测定多种多氯联苯代谢物，开展了细菌和微藻降解多氯联苯的研究。在单一菌株和混合菌群的培养基中，同时检测到了多氯联苯的代谢产物，发现多氯联苯的降解过程中存在许多复杂的动力学过程。通过研究标志性代谢产物的组成和动态变化，阐明了代谢物水平上多氯联苯微生物共代谢的降解机制。Mckelvie 等利用核磁共振和 GC-MS 等技术研究了化学杀虫剂污染土壤中蚯蚓代谢组学的响应。研究结果表明，在 DDT 和硫丹的暴露下，改变了蚯蚓代谢产物中丙氨酸、亮氨酸和麦芽糖的比例。

稳定性同位素探测技术是将稳定性同位素标记技术和分子生物学方法结合的一种代谢组学新技术。稳定性同位素探测技术的基本原理和技术路线是环境样品暴露于稳定性同位素标记过的基质中，该样品中的一些微生物能够以基质中的同位素为碳源或氮源进行代谢并且满足自身生长的需求。微生物将基质中的稳定性同位素吸收进自身体内，参与一些特定物质的合成，例如核酸（DNA、RNA）以及磷脂脂肪酸等，这些生物标志物经过提取、分离、纯化以及分析，使得环境中的微生物功能与其功能结合，加深了对不同环境中微生物功能及其参与的特定生物地球化学过程的认识。

7.2 在水环境中的应用

近年来，研究人员根据每种技术的特点，在不断完善分析方法的基础上减少了有关分析的局限性，从而促进分子生物学技术在水环境微生物研究领域中取得较大进步。微生物在生态系统中扮演着分解者的角色，在水体修复和自净过程中的作用极为重要。但是，在水华、赤潮等现象背后也发现了微生物的作用，因此，微生物在环境保护和治理的过程中具有两面性，水环境与微生物之间存在着微妙的联系，即相互依存、相互影响。

7.2.1　分子生物学技术在水环境研究中的应用

海洋作为地球上最大的天然水体，受到人类活动的影响。宋志刚等利用 PCR-ARDRA 技术对中国东海海洋微生物进行研究，发现东海海洋微生物的菌种和菌株均具有较高的多样性。随着人类的频繁活动，近海海域承受的环境压力逐年增加，人类活动所引发的污染直接导致了沿海海域中微生物结构和种群的变化。Laura B. Fandino 等利用 DGGE 和 16S rDNA 测序技术研究了南加利福尼亚沿岸发生甲藻水华期间微生物种群结构的变化，发现微生物的种群结构、代谢和海洋中富营养化的变化紧密相关，而水华中游离和附着的菌群之间存在显著差异，并且游离细菌占到细菌总数的 90% 以上，16S rDNA 克隆分析的 24 个结果中包含 7 种噬纤维菌（*Cytophaga*），其中 6 种属于变形菌门 α 亚纲，5 种为变形菌门 γ 亚纲，并且一些类 *Cytophaga* 菌属具有降解高分子有机物的作用。信艳娟等人对大连湾原油污染的海域进行研究，通过 16S rRNA 克隆文库分析共获得了 22 个属的 50 株菌，其中 45 株菌具有石油降解性能。

污水处理相对较为落后的区域，河流较易受到人类以及动物粪便的污染，其中粪便中的病菌会直接对人类身体健康造成威胁，将分子生物学技术用于病原体的检测是分子生物学技术的一项重要应用，相比于传统技术具有较大的优势。Anouk Martellini 等人首次将线粒体 DNA 序列作为标记引物经过单 PCR、多重 PCR 以及巢式 PCR 对生活污水、农业径流、养猪污水以及两条受污染河流进行研究，基因标记技术可以快速识别粪便污染源。Nico Boon 等人以 16S rRNA 作为引物，利用 DGGE 技术和统计学方法对生活污水、造纸厂污水、高含碳工业废水以及食品厂废水等污水中的活性污泥微生物群落结构进行研究，发现该技术不仅可以用于比较微生物群落间的差异还可以监测和控制污水的处理过程，改进不同种类废水的活性污泥工艺。人工湿地作为一种有效的污水净化手段，有助于研究者深入研究其中微生物多样性。Xie 等人针对上海梦清园芦苇人工湿地的进出口微生物多样性进行分析，发现硝化细菌、反硝化细菌以及异养菌在各个季节的分布存在差异，微生物中功能群的分布与湿地中不同的营养水平联系较为紧密。地下水作为水环境生态系统中重要的成分，面临着进一步被污染的风险，田杨捷等人利用核糖体间隔基因分析（RISA）技术对垃圾填埋场的地下水进行分析，发现细菌在空间上的差异显著高于时间上的变化，不同深度和位置的地下水 RISA 图谱存在明显差异，在垃圾渗滤液向地下水环境扩散时，发现了更多具有对应降解能力的合适细菌。

水环境中存在许多致病菌，对人体健康造成严重威胁，传统检测方法是依靠分离和培养技术，但是耗时费力并且无法检测一些难以培养的细菌，从而低估了细菌种类和数量。Tsen 等利用 PCR 技术分析发现大肠杆菌的检测灵敏性较高，以大肠杆菌细胞计，检测线能够达到每 100mL 水中检测 1 个细胞。马颖等利用 PCR 技术快速检测经过 3 种方式消毒的水样，研究发现 PCR 技术对经臭氧和氯剂消毒的水样检测效果较好，其测定效果的一致性较好，但是经过紫外线消毒的水样中可能出现假阳性。王大勇等通过基因芯片技术对含金黄色葡萄球菌、霍乱弧菌、肠炎沙门菌、大肠杆菌和军团菌等的水体中的致病菌进行检测，研究发现该方法能够同时特异性地快速检测多种细菌，并且该技术具有灵敏度高、稳定性好、操作简单和重复性好等优点。

水体中的病毒感染性强、致病剂量小并且检测较为困难，上述缺点使其成为较为危险的一种病原体。常规的检测技术是通过富集培养随后利用电镜观察，该方法周期长、费用较高并且精度较低，而目前的基因探针技术提供了一种重要的方式。Chung 等通过 PCR 技术对水样中的肠道病毒和甲型肝炎病毒进行检测，相比于传统的细胞培养方式缩短了 50% 的时间。Brooks 等利用 RT-PCR 技术对海水中的甲型肝炎病毒进行了检测，该方法具有较高的灵敏度并且定量分析的准确度较高。此外，Greening 等指出 PCR 法能够反映受病毒污染的水样情况，虽然无法进一步辨别病毒的感染性，但从速度、敏感度、特异度和经济等因素全面考虑，该技术在预防病毒传播和评估水环境质量等方面具有重要的意义。

水环境中的病原微生物含有芽孢和孢子囊，可以抵抗外界的极端环境但容易造成饮水安全风险，其数量较低、难以培养、检测困难，分子生物学技术恰好能够克服上述缺点。Hallier 等利用免疫磁珠分离 PCR 方法进行超敏感和快速分子测定隐孢子虫卵囊，结果发现其能够在 5 ～ 100L 的饮用水中检测出 1 个隐孢子虫。孟静等通过改良美国国家环境保护局 1622 法和巢式 PCR 方法分别对当地河流和自来水中的隐孢子虫进行检测，结果发现该地河流中能够检测出小鼠隐孢子虫，而自来水中未检测出。

蛔虫、蛲虫、钩虫、肝吸虫、绦虫等通常寄生于人体且会引发蠕虫病，在我国较为高发，一般使用显微镜对虫卵进行检测，因此研究者将分子生物学技术应用于检测蠕虫，以便获得更加快速和准确的检测方法。Garedaghi 等通过随机扩增多态性 DNA-PCR 方法对蠕虫的遗传变异进行了研究，发现种群之间存在基因差异，表明遗传存在多样性，在流行病学研究和有效控制感染方面具有重要的作用，同时也表明该技术能够检测水中的蠕虫。刘志刚等人构建了肝吸虫虫卵的 DNA 提取和 PCR 检测方法，为特异性、快速检测虫卵和防止蠕虫污染水质提供了理论指导。

硝化细菌、氨氧化细菌的数量和空间分布与微生物硝化反硝化过程紧密相关，其可以作为调控污水脱氮工艺的参数，传统的检测步骤主要包括分离、富集、分类和鉴定等，较为烦琐耗时。Yapsakli 等利用实时荧光定量 PCR 技术研究了垃圾渗滤液中的厌氧氨氧化细菌（AOA）和好氧氨氧化细菌（AOB）等多种脱氮微生物。马斌等通过实时定量 PCR 技术对升流式厌氧污泥床（UASB）厌氧氨氧化（ANAMMOX）工艺效果进行研究，发现 30℃和 16℃的情况下混合液中的厌氧氨氧化细菌的丰度存在差异，并且在降温过程中的优势菌种也会发生变化。针对硝化细菌的 FISH 检测方法已经较为完善，Winkler 等通过 FISH 技术对缺氧 / 好氧颗粒污泥反应器同步短程硝化 -厌氧化工艺中的细菌进行了研究，结果发现 AOB 主要分布于颗粒污泥的外部，并且厌氧氨氧化菌存在于内部而 Candidatus *Brocadia fulgida* 为优势菌属。

污水处理过程主要依靠聚磷菌厌氧释磷和好氧吸磷实现，利用分子生物学技术对微生物的代谢特性进行深入的研究，这有助于进一步了解除磷机理和优化工艺。王伟等通过 PCR-DGGE 技术对不同条件下除磷污泥的微生物群落进行研究，发现碳源类型或电子受体在微生物的种群结构中具有重要作用，并且碳源对反硝化除磷污泥的影响较为明显。亢涵等利用 FISH 技术研究了序批式活性污泥反应器中微生物启动阶段的特征，发现快速增殖期聚磷菌的菌体较小、结构较松散，随即菌体体积持续变大并且形成致密团状，此时的处理效果较好。Zeng 等利用 FISH 技术对 2 个反应器中富集培养的优势菌进行检测，结果表明富集培养的聚磷菌和反硝化聚磷菌是同一菌属。

对于湖泊微生物多样性的研究有助于加深人们对湖泊微生物分布特征和功能机制的了解，对深入了解湖泊具有重要的意义。罗明等利用 ARDRA 方法对罗布泊嗜盐细菌的群落结构进行多样性分析，其中优势菌群分别为盐单胞菌属 *Halomonas*、色盐杆菌属 *Chromohalobacter* 和嗜盐芽孢杆菌属 *Halobacillus*。ERIC 为肠杆菌基因间重复共有序列，利用 ERIC-PCR 技术对优势菌群 *Halomonas* 各菌株的基因组进行分析，发现了 21 种指纹图谱。研究结果显示，罗布泊嗜盐细菌不仅多样性高，还包含着极具地域特点的新菌种资源。然而，湖泊非常容易受到人类活动的影响，尤其是富营养化的问题，对湖泊的生态功能以及水环境质量造成严重的危害。刘庆等在富营养化的滇池、太湖和巢湖等分别选取 4 个采样点，利用 16S-23S rRNA 之间的 ITS 为标记引物，对蓝藻的种群结构和多样性进行 T-RFLP 分析，发现蓝藻与电导率、总有机碳、磷酸盐和 pH 等存在显著的相关性。

7.2.2 系统生物学技术在水环境研究中的应用

水体宏基因组学主要关注海洋和极端环境。海洋宏基因组学作为功能基因组学的一个重要部分，重点关注海洋生物群落的组成、生理生化特征以及生态功能等。通过宏基因组学的手段对海洋生态系统进行研究，不仅能够获取有关海洋生物生理生化特征以及生物功能的详细信息，还能够了解生物体对环境胁迫的响应。

近几十年来，海洋生态环境遭到了很大的破坏，对海洋生物造成了极大的影响。通过基因组学改善海洋环境是环境学者们所面临的潜在机遇和挑战，已经成为环境学的研究热点。分析海洋生物全基因组的功能信息，能够深入了解有关生物对海洋环境的调控机制并将其运用于海洋灾害防治中。

Venter 等人对大西洋附近贫营养 Sargasso 海的微生物环境基因组进行研究，经过 2000000 次的随机测序获得了由 16 亿个碱基对构成的原始序列，这其中包括 1200000 个新基因和 1000000kb 以上的非重复序列。研究发现上述 DNA 片段分别来自 1800 种不同的基因组，主要包括 148 个未知的细菌系统发育类型，并且确定了细菌物种的丰富度以及不同取样点的相对丰度。其中，功能未明确的基因有 794061 个，参与能量传递的有 69718 个，而 782 个基因编码视紫红质蛋白。相较于之前的认识，该发现使视紫红质蛋白基因数量提高了将近 10 倍，表明其对该海域的光氧化作用非常重要。对该研究的进一步分析足以提高研究者对海洋生态系统中生物地球化学的认知，传统观念一致认为海洋硝化作用是由细菌所介导的，而该研究则发现大量的古菌中含有大量氨氮氧化酶，表明古菌也能够参与硝化、反硝化作用。此外，Sargasso 海中的环境基因组包含一些其他基因，该基因类似于极端环境中受磷酸盐限制的多聚磷酸盐和焦磷酸盐基因，表明该海域中的微生物同样能够利用多聚磷酸盐、焦磷酸盐等物质，因此，上述功能基因大大提高了微生物在磷缺乏环境中的生存机会。

Feder 和 Mitchell-Olds 构建了一套海洋微生物基因文库，通过 DNA 微阵列技术对微生物的基因表达图谱进行鉴定分析，能够将基因组学数据和生态学以及发育生物学紧密地结合起来。基于基因组的整体水平全面了解被遗忘的大多数微生物生理生化特征以及生态功能，并且得到了大量的新数据。

近年来，各种生态环境中的宏基因组序列以及生物全基因组的序列被公开，各种蛋白质序列以及数据库正逐渐被丰富，上述工作都为宏蛋白质组的研究提供了基础。Ehlers 等人通过 SDS-PAGE 技术对活性污泥系统中的总蛋白质运行状况进行连续监测。通过分析电泳条带的相似性，发现处理系统中的总蛋白质几乎没有变化，表明了试验过程中活性污泥微生物结构的稳定性。生物除磷技术在废水处理中得到了较为广泛的应用，但大多数微生物以及生物化学的变化尚不清楚，通过该研究设计的整个处理过程均是在序批式活性污泥中运行的，分别对不同时期活性污泥中宏蛋白质组的表达情况进行研究。除磷效果好的反应器和一般的反应器进行对比，厌氧和好氧段的污泥表达蛋白质差异较小，表明厌氧和好氧交替的条件下聚磷菌种的蛋白质较为稳定，有利于生物除磷的进行。

JinjunKan 等人研究了 Chesapeake 海湾中的微生物群落在不同流域海水中宏蛋白质组的表达差异。通过 2D 电泳技术分析发现，该海湾的不同水域中宏蛋白质组的差异较大，其中中上游差异达到 71.8%，并且在同一取样点两次取样间的宏蛋白质组差异可达 8.3%。通过对表达存在差异的 7 种蛋白质谱进行分析，并且对比数据库，发现 4 种蛋白质没有任何的匹配记录，因此表明该方法对未知蛋白质的研究潜力巨大。利用 DGGE 技术对所采集的样品微生态结构和宏蛋白质组的试验结果进行比对，发现宏蛋白质组的差异很有可能是微生态之间的结构差异所造成的。

7.3 在大气研究中的应用

随着社会的不断进步，大气环境问题逐渐引起人们的关注。近年来，大气环境污染检测技术得到了很大提高。目前国内外的研究主要集中在物理和化学性质的污染，而关于大气微生物的问题研究较少。大气中的微生物无处不在，大气微生物污染是大气中的某一微生物在适宜条件下大量繁殖，导致一定时间范围内的数量剧增的现象，从而造成该区域免疫力较低的人或动物感染，并且导致疾病的大范围传播，严重威胁人们的生命安全。

7.3.1 大气微生物的来源及种类

大气中的微生物主要来自自然界的土壤、动植物以及人类本身，养殖场、垃圾填埋场和污水处理厂等场所也会产生大量的微生物。空气中的土著微生物大多是非病原性腐生菌，Wright 研究发现，球菌、芽孢杆菌分别占到 66% 和 25%，此外还包括霉菌、病毒、放线菌、微球藻、少量厌氧芽孢杆菌和原虫等。医院中包含除自然微生物以外的各种病原菌。由于受到环境因素的影响，不同地区空气中的微生物种类也存在差异。Shaffer 等分别研究了城市、乡村、海岸和森林的空气，发现微生物主要以革兰氏阳性菌为主，而芽孢杆菌则是室外空气的主要优势菌属。

空气中的微生物大多附着于灰尘粒子上，以微生物气溶胶的形式存在于空气中。气溶胶微生物（aerosol microorganisms）是指位于气体介质中的细小颗粒或液滴气溶胶中的微生物。气溶胶微生物广泛存在于自然环境中，对人类的健康极为重要，对气溶胶微生物的研究对城市治理和公共卫生安全有着重要的意义和价值。气溶胶微生物对大多数呼吸系统疾病和过敏性疾病的传播发挥着重要的作用。不同环境中收集到的气溶胶微生物差异较大。一般情况下，细菌的丰富度最高，大约占到 80%，并且不同的细菌粒径也存在差异，但大多数细菌的粒径分布在 0.1 ～ 5.0μm。空气中的细菌造成的健康风险主要体现在部分存在感染性和致病性的细菌在高浓度条件下会造成相关疾病的发生。例如，革兰氏阴性菌内毒素的高促炎性给人类带来了健康风险。

自然界中最多的微生物是真菌，并且存在于空气中的真菌孢子是主要的生物源性气溶胶粒子。通常真菌的尺寸大于细菌，并且粒径分布较宽，一些稍大的菌丝碎片和多细胞孢子的粒径大于 10μm，单细胞孢子的粒径为 1 ～ 10μm，一些孢子粒径小于 1μm。空气中的真菌造成的危害主要是过敏和哮喘，此外，通过呼吸道吸入的毛霉菌和曲霉菌等，能够进一步引起真菌性肺炎。

气溶胶微生物中病毒的占比较低，但对公共卫生具有重要的意义。病毒能够以飞沫和气溶胶的形式在人群中快速传播，气溶胶的粒径决定着气溶胶的物理稳定性、沉积部位和保留程度，在病毒传播和扩散过程中发挥着重要作用。空气中的病毒主要是借助气溶胶和飞沫传播，通过呼吸道侵入人体，导致传染性疾病的发生并且在人群中快速传播。根据相关研究，能够引起上呼吸道感染的病毒达到 200 多种，其中最常见的病毒是鼻病毒、冠状病毒、腺病毒以及呼吸道合胞病毒。

7.3.2　气溶胶微生物的分析检测方法

气溶胶微生物主要存在于气体介质的细小颗粒和液滴中，由于气溶胶微生物的浓度较低，回收空气微生物的有效率有限，空气中的微生物群落多变，并且标准化的采样方法较少，针对气溶胶微生物的研究存在很大的挑战。气溶胶微生物的检测方法主要分为传统的分离培养方法和分子生物学方法。

7.3.2.1　分离培养方法

微生物的分离培养方法是目前最基础也是常使用的一种气溶胶微生物检测技术，其主要功能是微生物计数和定性检测。一般先对采集的气溶胶微生物样本进行培养随即进行计数，以达到对气溶胶微生物浓度的了解。

传统的分离培养方法通常被广泛用于微生物的集落生成单位（colony-forming unit, CFU）计数、形态学的观察以及生化鉴定。其中，分离培养方法的优点主要包括适用范围广、操作简单、价格低廉等。但是该方法仅对存活的微生物进行检测，部分微生物使用这种方法对其周期进行检测。这种方法容易受到培养基的种类、采样器的类型和采样的时间等因素的影响。同时，传统的方式对分离培养的微生物的检测效果有限。

7.3.2.2　分子生物学方法

分子生物学的方法主要是通过对不同微生物相似基因碱基序列之间的差异进行比较来

分析进化关系，包括扩增子测序和宏基因组测序等高通量测序技术。

扩增子测序过程中，针对细菌的测定主要针对 16S rDNA/16S-23S rDNA 区间序列，酵母是针对 18S rDNA/26S rDNA（D1/D2）序列，丝状真菌通常是 18S rDNA/ITS1-5.8S-ITS2 序列。宏基因组测序是对环境中微生物 DNA 的总和进行测序，能够发现更为丰富的微生物而不受限于已经明确的基因序列。

通过高通量测序分析气溶胶微生物物种的多样性指标，其中包括 α、β 和 γ 多样性分析。各种高通量测序技术之间的差异是研究不同种类气溶胶微生物的重要内容。扩增子测序是对编码核糖体亚基 rRNA 的 DNA 序列进行研究，一般利用 16S rDNA 测序对细菌和古菌等的多样性进行分析，18S rDNA 测序一般用于真核生物之间的比较，ITS 测序一般是对气溶胶微生物中真核生物多样性进行分析。宏基因组测序是对样本总 DNA 进行研究，相比于扩增子测序，宏基因组测序不需要进行 PCR 扩增，两种测序方法的结果一般较为一致。

相比于其他分子生物学技术，PCR 技术应用最为广泛。PCR 检测技术是通过对采集的空气气溶胶样本进行 DNA 或 RNA 提取、PCR 扩增以及对凝胶电泳图谱进行分析等，从而达到检测的目的。近年来，不断发展出新的 PCR 技术，如实时荧光定量 PCR 技术、不加探针使用新型荧光染料（SYBR Green）的荧光 PCR 技术，均能很好地检测微生物气溶胶。普通的 PCR 技术首先对特定的核苷酸片段进行指数级的扩增，然后掺入放射性核素再通过扫描标记后的光密度进行定量分析。Schafer 和 Wan 检测到了分枝杆菌；Sawyer 首次报道了医院空气中的水痘 -带状疱疹病毒。普通 PCR 技术的特异性和灵敏度较高，耗费时间较短，但是它是对 PCR 的终产物进行分析，而不是样本的初始浓度，所以对最初空气微生物的定量分析较为困难，无法对污染程度进行科学的评价。同时，PCR 的检测结果并不能代表空气中的微生物活性，这也就限制了它的应用。

实时荧光定量 PCR 技术是对扩增反应中循环产物的荧光信号全部进行实时监测并且对扩增相关的荧光信号进行连续的分析，以实现对样本初始物定量和定性分析，弥补了普通 PCR 的不足。相比于其他技术，实时荧光定量 PCR 技术还有其他优点：①效率较高，不再需要后期处理，在 2 ～ 3h 内即可获取试验数据；②操作简便并且安全，所有实验均在密闭的系统内完成，尽可能地减少外界因素的干扰；③对靶序列设计的特异性探针具有极高的准确性，并且特异性好；④灵敏度得以大幅度提高。因此，实时荧光定量 PCR 技术在空气微生物的检测中具有非常好的应用前景。Haugland 利用实时荧光定量 PCR 的方法快速对真菌 *Stachybotrys chartarum* 气溶胶的浓度进行定量分析；Souichi 检测出了空气微生物采样液中的炭疽杆菌细胞；Yadav 对工作环境中的空气气溶胶进行了检测，确定了分枝杆菌和假单胞菌的总数；Fallshissei 等发现禽舍空气中的沙门菌也可以利用实时荧光定量 PCR 技术进行检测。然而，目前实时荧光定量 PCR 检测技术还不够成熟，仍需要不断地改善和优化。

随着微生物核糖体数据库数据的不断更新，16S rRNA 序列分析技术已经逐渐运用到细菌的分类和鉴定中。周煜等对气相色谱分析法和 16S rRNA 序列分析法进行比较发现，两者获得的鉴定结果基本一致，并且后者的准确度较高，分析时间较快并且不依赖于细菌的生长状态等，表明该技术能够用于空气微生物气溶胶的监测。

生物组件是生物传感器的主要功能性元件，通过测量微生物的浓度并且依据一定的规律将其转换为可识别的信号。目前，根据识别元件的不同，将生物传感器分为组织传感器、酶传感器、DNA 生物传感器、细胞传感器等，生物传感器具有成本低、灵敏度高和选择性高等优势，能够对多个生物信号识别位点的病原微生物进行检测。夏涵等对表皮葡萄球菌设计了一种基于 HRP-DAB 的酶生物信号放大系统的压电石英晶体 DNA 传感器微阵列，相比于常规培养方法，它的灵敏度可以达到 95.5%，特异度达到 84.6%，耗时 6 ～ 8h，是一种简便并且快速的新方法。赵渝徽等在 pH 为 7.6 的缓冲液以及 0.64mol/L 的 NaCl 溶液中研究发现，产气荚膜梭菌 α 毒素能够通过压电石英晶体生物传感器检测。Shiroaki 等对自养微生物和氧电极的 CO_2 传感器进行研究，发现传感器对浓度范围在 2% ～ 3% 的 CO_2 较为灵敏。Suzuki 等人通过半导体技术研究出了一种更为方便的 CO_2 生物传感器。Charles 等利用多孔渗透膜、固定化硝化细菌和氧电极组成微生物传感器，用此传感器对样品中的亚硝酸盐含量进行测定，从而间接测定空气中 NO_x 的浓度，并且检出限为 1×10^{-8}mol/L。但是生物传感器的使用条件非常有限，并且空气中的微生物样品浓度较低、杂质较多，阻碍了生物传感器的发展。一般对液体冲击式采样器收集的微生物气溶胶而言，首先进行荧光染料染色，随即利用流通式血细胞计数仪对其进行计数。相比于荧光显微镜，流通式血细胞计数仪的灵敏度可以达到 50% ～ 100%，其他因素造成的误差率远低于其他仪器。

7.4　在固废资源化中的利用

7.4.1　分子生物学技术在堆肥微生物研究中的应用

人类的生产和生活中产生了大量有机固体废弃物，主要包含农作物秸秆、城市生活污泥、生活垃圾以及畜禽粪便等。好氧堆肥因具有良好的环境效应、生物处理的可持续性以及废弃物的资源化利用等特点，得到了许多国家和地区的广泛认可，现已经成为处理有机固体废弃物的主要方式之一。堆肥就是利用自然界广泛存在的细菌、真菌和放线菌等，在控制环境的条件下对有机物进行降解并将其转化为稳定腐殖质的生物化学过程，这一系列反应过程是群落结构迅速演替的动态过程。

分子生物学是对分子水平的生命本质进行研究，其研究对象是核酸和蛋白质等生物大分子的结构、遗传信息和细胞信息，是当前生命科学中发展最为迅速并且与其他学科广泛交叉和渗透的重要领域。分子生物学技术的快速发展弥补了传统方法的不足，为堆肥过程中微生物的研究提供了新手段，也为更好地筛选堆肥复合菌系、控制堆肥进程开辟了新的途径。

7.4.1.1　16S/18S rRNA/DNA 序列分析技术在堆肥微生物中的应用

16S/18S rRNA/DNA 序列分析技术是由环境微生物样品总 DNA 的提取、引物和探针的设计、PCR 扩增、遗传指纹技术、16S rRNA 基因（rDNA）克隆文库的构建、序列测定、序列分析与系统树构建、核酸杂交等一系列技术组成。结合实际情况，可以根据研究对象和目的单独或组合使用上述技术。

（1）16S/18S rRNA/DNA 序列分析技术的应用

16S/18S rRNA/DNA 序列分析技术不需要对微生物进行分离培养，能够以动态的形式对微生物群落多样性进行研究，以达到真实反映微生物的生存状态的目的。随着核酸序列数据库的不断完善，研究者能够对复杂环境微生物进行快速、微量、准确和简便的分类和监测。C. R. Woese 通过使用该技术定义并且构建了古菌界，生物界被重新划分为 3 主干 6 界系统。目前，该技术在堆肥微生物的研究领域得到了广泛应用。该技术的关键在于：要有足以代表实际生存环境微生物组成的基因组 DNA 和足够数量的克隆子，对环境样本的实际微生物进行测定，建立 16S/18S rRNA 基因文库，随后进行 16S/18S rDNA 分析。

16S/18S rRNA/DNA 序列分析技术不仅能够用于研究分子特性，而且能够用于数量检测，对自然进化关系和物种分类进行预测。P. Partanen 等研究了生产性和中试阶段生活垃圾堆肥过程中细菌的多样性，分析了得到的超过 1500 条近全长 16S rRNA 序列，发现其中超过 500 条序列在检测的样品中仅仅出现了一次，此外，大多数序列和堆肥中已经发现的微生物序列较为相似，但是仍然有一些细菌的系统发育型是首次发现。对上述结果进行统计分析，预测生活垃圾堆肥过程中可能存在超过 2000 种不同的细菌发育类型，并且中试阶段和生产性阶段的生活垃圾堆肥微生物在属水平上较为类似，但在种以及菌株水平上的差异较大。

（2）变性梯度凝胶电泳技术及其应用

Fischer 等人在 1979 年检测 DNA 片段中的点突变时提出了 DGGE 技术。1993 年，G. Muyzer 等利用该技术对微生物的生态学进行研究，证实了其在自然界微生物群落的遗传多样性和演替规律方面的研究所具有的优势。DGGE 技术不需要培养，不会受到培养基的影响，能够快速、重复分析多个样品，已经得到了广泛的关注。目前，该技术被广泛应用于河流、活性污泥、堆肥等环境样品，对环境样品微生物的多样性进行检测并且分析群落结构的演替，现已经成为研究堆肥过程中微生物多样性的重要技术之一。该技术不仅适用于通过普通培养方法得到的微生物，还能够对难以或者无法使用常规方法培养的细菌、厌氧菌、混合微生物群落中含量极低的 DNA 序列、分离培养堆肥过程中的好氧菌和厌氧菌以及目前无法分离培养的微生物动态和多样性进行分析。

目前，将 DGGE 技术和其他技术（传统微生物培养技术、构建 rDNA 克隆文库、PCR 等）结合，能够弥补各个技术之间的缺陷，在堆肥微生物的研究中得到广泛应用。王伟东等将 DGGE 技术和平板计数法结合研究了堆肥过程中微生物的区系动态变化，结果表明堆肥过程中微生物数量总的趋势是细菌最多，放线菌次之，真菌最少，堆肥过程中嗜温微生物的数量也有明显的变化，DGGE 分析表明，发酵过程中细菌的种类发生明显的更迭。

PCR 和 DGGE 结合的 PCR-DGGE 技术能够通过图谱对系统中微生物群落的变化规律进行分析，克服了传统微生物研究方法的局限。党秋玲等在生活垃圾堆肥过程中，对不同阶段进行强化接种功能微生物菌剂，利用 PCR-DGGE 技术并且结合聚类分析和 Shannon-Weaver 指数的变化对堆肥不同阶段微生物菌剂导致细菌群落结构的变化进行研究，多阶段接种能够有效提高降温期以及二次发酵的温度，并且提高半纤维素、纤维素和木质素的降解率。

单链构象多态性（SSCP）和 DGGE 技术均能够提供类似的信息，但是在描述一些过程方面还存在略微的差异，其中 DGGE 技术对细菌群落结构的变化更加敏感。叶凝芳等人针对细菌群落的 16S rDNA V3 区域，分别使用 DGGE 和 SSCP 技术对蔬菜类废物堆肥过程中嗜温菌进行分析，通过比较微生物群落结构和动态变化的解析水平，发现细菌群落在嗜温阶段存在显著的变化，随着堆肥的进行，总体呈现简单到复杂的趋势，通过主成分分析发现，好氧堆肥过程中各个阶段的生物质组成和细菌群落的结构演替具有相关性。

7.4.1.2　分子标记技术在堆肥微生物研究过程中的应用

16S/18S rRNA/DNA 序列分析技术虽然能够量化环境中的各种微生物，但是测序的工作量大，时间周期长并且费用较高，还需要有足够的克隆子数才能够准确真实地反映环境中的微生物群落结构。分子标记技术能够用于监测微生物的群落结构和动态变化过程，这逐渐得到了科研工作者的关注。

（1）DNA 单链构象多态性分析及应用

SSCP 技术主要用于各种点突变、短核苷酸序列的缺失和插入等突变的检测中。1989 年，M. Orita 等首次提出该技术，并且 D. H. Lee 首次将该技术应用于微生物群落组成的分析。随后，F. Schwieger 等改进了该技术，提高了其图谱谱带类型的分辨率以及可读性，使其更适合复杂微生物群落的结构分析。该技术具有简便、快速、灵敏、适用于大样本的筛查并且无需特殊仪器等优点，目前已经在堆肥微生物的检测中得到了广泛应用。

章戴荣等将 PCR-SSCP 技术应用于堆肥细菌和真菌的变化过程研究中，研究发现堆肥过程中细菌和真菌构成的微生物群落发生了极大的变化，前期细菌的优势地位在 15d 以后被真菌所取代，因此，提高堆肥效率的措施应该重点关注堆肥后期。N. Abid 等利用 PCR-SSCP 技术对活性污泥反应器堆肥中微生物的群落演替进行了研究，结果发现细菌群落结构的多样性高于真核生物群落，堆肥 60d 以后，堆肥中的微生物群落逐渐趋于稳定。

但是，PCR-SSCP 技术也存在局限性，随着分析长度的逐渐增加，分析的灵敏度逐渐降低，大于 500bp 的片段中检测出的变异为 10% ～ 30%，并且该技术对样本中优势菌群的分析具有一定的优势，一些单链 DNA 可以形成至少一个稳定的构象，导致对微生物多样性的估计过高。选择合适的引物并且对 DNA 片段扩增合适的长度有助于弥补灵敏度的不足。

（2）限制性片段长度多态性分析及其应用

限制性片段长度多态性（RFLP）技术能够使用限制性内切酶进行 DNA 切割，形成长短不一、数目存在差异的限制性切割片段，从而 DNA 样品的限制性内切酶产物可通过电泳技术或者特定的探针杂交进行分析，根据 DNA 序列的限制性片段长度多态性进行微生物种群的遗传多样性分析，或者通过一系列的探针对生物的进化和分类关系进行确定。喻曼等通过 RFLP 技术对农业固体废弃物堆肥过程中的微生物多样性以及动态变化进行了研究，结果发现不同阶段接种黄孢原毛平革菌对堆肥造成的影响存在差异。接种黄孢原毛平革菌能够迅速影响堆肥细菌的群落结构，而二次接种能够较好地巩固第一次的接种效果。该技术具有简单快捷、自动化程度高、准确率高等优点，但是存在的问题是图谱的谱带多于扩增 DNA 的谱带，导致群落的成员数被高估。

（3）随机扩增多态性 DNA 分析及其应用

基于 PCR 技术构建了随机扩增多态性 DNA（RAPD）技术，以一系列碱基顺序随机排列，不同的寡聚核苷酸单链为引物，对所研究的基因组 DNA 进行 PCR 扩增。RAPD 技术继承了 PCR 技术高效、样品需求量少、高灵敏度以及检测容易等优势，同时也有其独到之处，主要为操作简单、无需特殊仪器的辅助、不需 DNA 探针，仅仅需要少量的 DNA 样品，一个引物就能够扩增出较多的片段，并且成本低、多态性丰富，因此，与微生物种群的快速检测非常契合。相关研究表明，RAPD 技术存在较好的种群特异性，可以用于微生物遗传多样性的研究。陈杰娥等利用 RAPD 方法对厌氧氨氧化污泥驯化过程中的微生物遗传性质进行分析，发现不同反应器中的微生物遗传变异较大，通过对比分析，得到了更好的驯化途径。

RAPD 技术在微生物的分类和鉴定方面有着显著的优势，在 *Frankia* 菌中，16S rRNA 扩增、重复基因外回文序列-聚合酶链式反应、扩增核糖体 DNA 限制性分析等都是以属间或原核生物普遍存在的高度保守序列为基础设计引物，对变异程度和同源相关性进行比较，进而对系统发育和鉴别物种进行评价。由于极强的产物同源保守性，给种内或亚种的区分鉴别造成了影响。RAPD 技术不需要设计特异的引物，一次就能够获得大量 DNA 多态性片段，给同一属（或群）的分类鉴别提供了有效可行的办法。RAPD 分析最大的问题是重复性低，工作量大，容易受到各种因素的影响。随着分子技术的发展，在实际应用过程中，它的缺点将会得到克服或者通过其他方式弥补完善。

（4）扩增的限制性片段长度多态性分析及其应用

扩增限制性片段长度多态性（AFLP）技术是以 PCR 技术扩增基因组 DNA 的限制性片段分子标记技术为基础。该技术可以在预先不知道 DNA 片段序列信息情况下同时对多数 DNA 酶切片段进行 PCR 扩增。一般反应程序主要包括制备模板 DNA、扩增酶切片段以及凝胶电泳分析 3 个基本步骤。

AFLP 分析技术结合了 RFLP 和 PCR 技术，因此，它除了具备重复性强以及可信度高等优点外，还包括 RFLP 技术的可靠性以及 PCR 技术高效性的特点，目前被认为是 DNA 指纹图谱技术中多态性最为丰富的一项技术。作为一种可以检测遗传多样性、构建高密度遗传图谱以及定位克隆目的基因的理想分子标记技术，AFLP 技术在真菌的分类和基因标定、微生物遗传的多样性、细菌的分类和鉴定以及确定菌株之间亲缘关系等方面应用较为广泛，并且在对堆肥微生物种质资源的鉴定与评估、堆肥微生物种群内和菌群间的多样性水平的评估以及种下水平遗传关系的描述方面起重要作用。

7.4.2 分子生物学技术在厌氧发酵中的应用

厌氧发酵技术作为处理有机固体废弃物的另一种关键技术，发酵的产物中碳素含量低，富含氮、磷、钾等各种微量元素，并且伴随氨基酸、维生素以及生长素等物质形成，因此沼液可以作为植物生长发育的肥料。此外，厌氧发酵过程还能够产生一些清洁能源，例如氢气和甲烷等。

传统的纯培养分离技术在研究混合菌发酵过程中存在着较多的缺陷和不足，例如无法对反应器中微生物的实时信息进行提示，难以获得微生物群落结构和空间分布等信息。而分子生物学技术，例如聚合酶链式反应（PCR）、荧光原位杂交（FISH）、变性梯度凝胶电泳（DGGE）等技术，为实现上述传统纯培养分离技术提供了可能。此外，重组 DNA 技术构建的基因工程菌对于培育优良产氢功能菌群、提高发酵效率、降低成本以及工业化等方面均有重要的意义。

7.4.2.1　电泳技术

带电荷的物质在电场中的趋向运动被称为电泳。其中凝胶电泳技术因为操作简单、快速和灵敏等优点，逐渐成为分离、鉴定、提纯核酸的首选标准方法。除了熟知的聚丙烯酰胺凝胶电泳方法和琼脂糖凝胶电泳方法以外，还存在一些特殊的电泳分离技术，例如变性梯度凝胶电泳（DGGE）、单链构象多态性（SSCP）和温度梯度凝胶电泳（TGGE）等，通过一系列的变性条件来改变 DNA 的双螺旋结构。

变性梯度凝胶电泳（DGGE）是目前研究微生物群落最为有力的分子生物学技术之一。1993 年，Muyez 将该技术应用在微生物的生态学研究中，随后被迅速应用于各种环境微生物的生态研究中，如生物膜、土壤、湖泊、海洋等环境。目前，国内外大多学者已经将 DGGE 技术应用于厌氧发酵过程中微生物群落多样性的研究中；Ueno 等利用 DGGE 技术对静态试验中活性污泥人工富集培养的产氢微生物多样性进行研究；Fang 等通过 DGGE 技术对产氢颗粒污泥的微生物组成进行了研究；邢德峰等利用双梯度 -DGGE 技术对生物制氢反应器的微生物种群动态变化以及多样性进行了监测，并且利用 DGGE 技术监测了连续流制氢反应器 CSTR 运行过程中的微生物群落结构和演替。此外，Fang 等采用 DGGE 技术对产氢菌的核糖体核酸进行了研究，得到了一些关于此类微生物的重要遗传学和分类学信息，随即在此基础上开展了探针的相关工作。

7.4.2.2　核酸分子杂交技术

核酸分子杂交技术是 20 世纪 70 年代发展起来的，它是基于 DNA 分子碱基互补配对原理，是常用的分子生物学技术之一。荧光原位杂交技术因其不需要进行 RNA 提取而成为目前最为常用的方法。

Zhang 等通过 FISH 技术对废水中淀粉的高温发酵过程中厌氧污泥的微生物结构进行了研究，分别采用了 2 种寡聚核苷酸探针进行分析，研究表明中温种泥和高温淀粉降解的污泥中均存在丰富的真菌，而高温淀粉降解种泥中缺少溶组织梭菌 *Clostridium histolyticum*。Syutsudo 等对 UASB 反应器中高温颗粒污泥的厌氧微生物的变化规律进行了研究，发现 FISH 技术对厌氧细菌微生物学的信息以及它们的种群结构进行了详细的揭示，可以起到提高、优化生物系统效率的作用。FISH 技术能够达到较高的精确性和可靠性主要是依赖于寡核苷酸探针的特异性，因此对探针的设计相当重要，并且针对某一种群微生物设计的探针不一定代表该种类所有的微生物。

7.4.2.3　聚合酶链式反应

聚合酶链式反应（PCR）技术是 Mullis 发明的一种能够在体外快速扩增某一基因或 DNA 序列的方法。邢德峰等采集制氢反应器中的污泥，并且通过细胞裂解直接提取基因组的 DNA，以细菌 16S rDNA 基因的通用引物对 V3 高变异区进行 PCR 扩增，得到大小约为 200bp 的 PCR 产物，随后通过其他分子生物学技术对制氢反应器中微生物的多样性进行分析。Shin 等对 16S rDNA 进行 PCR 扩增，随后通过 DGGE 分析了 pH 在餐厨垃圾厌氧发酵过程中对产氢微生物的影响。

PCR 技术也存在着一些缺点，例如不相关的核酸分子中存在极为相似的序列时，PCR

极有可能给出假阳性的结果。PCR 技术的灵敏度极高，因此在操作过程中试剂、试验设备等可能会造成污染，操作过程要尤为小心。若想得到质量较高的 PCR 重复性，试剂的选择极其重要。此外，PCR 技术在样品处理、DNA 提取、引物选择、核酸扩增等过程中均存在误差，上述问题都应该在实际操作过程中解决，通过不断摸索，找到适合自己所在实验室的解决方式。

7.4.2.4 DNA 序列测定技术

DNA 序列测定技术是基于高分辨率变性聚丙烯酰胺凝胶电泳技术发展起来的一种技术，是对个体间遗传差异进行区分以及彻底揭示 DNA 多样性的一种方法。随着荧光标记核酸自动测序仪的普及以及分子信息学的发展，目前已经存在许多功能基因以及特定 DNA 序列的数据库软件可以用于进行序列比较，从而使得 DNA 序列测定技术揭示高水平的多态性。邢德峰等对 16S rDNA 和 16S-23S rDNA ITS 序列进行同源性分析，结合形态学的特征和生理生化指标等，分离鉴定了一种新的高效产氢菌。研究表明，该株细菌与最相近的种属纤维梭菌 *Clostridium cellulosi* 以及乙酸厌氧杆菌 *Acetanaerobacterium* 等的基因序列同源性在 94% 以下，16S-23S rDNA 的间隔区基因序列比对基因序列显示保守区域仅仅为 tDNA-Ala 以及 tDNA-Ile 序列，而其他的可变部位不存在同源性区域，该株细菌为新属 *Ethanologenbacterium* sp.。Wang 等从污泥中分离出了一株产氢菌，通过 PCR 和 16S rDNA 序列分析鉴定为 *Clostridium bifermentans*。Oh 等通过 RISA 方法对膜生物制氢反应器中的微生物种类进行了分析，发现随着时间的增加，产氢菌也随之增加并且属于 *Clostridium* sp. 和 Flexibacteraceae，还对产氢变化与反应器中的微生物变化之间的关系进行了分析。此外，DNA 序列分析也能够分析相关氢酶。

7.4.2.5 基因重组技术

厌氧发酵产氢过程中，利用该技术能够筛选出多种高效产氢菌，以提高底物的产氢率和扩大底物的应用范围。Woodward 等使用商业酶促使戊糖磷酸盐循环并且耦合氢酶的产氢过程，从而使得每 1mol 葡萄糖产氢达到 11.6mol，该结果充分体现了人工建立的代谢途径在产氢方面的巨大潜力。但是，目前该方法还仅仅能够在体外进行，并且成本较高。目前，已报道的发酵制氢的产氢途径包括甲酸途径、丙酮途径以及 NADH（还原型烟酰胺腺嘌呤二核苷酸）途径等，其中 NADH 途径的开发潜力巨大。基因重组技术的关键问题是以何种方式在细胞代谢过程中形成大量的 NADH，通过代谢途径直接给氢酶提供产氢的还原力。此外，利用该技术构建的新的产氢微生物、产氢过程中关键酶的改造以及扩大可利用底物的范围，将是提高产氢率和工业化的重要突破口。

分子生物学技术结合相关领域的研究成果，能够较为准确地揭示厌氧发酵产氢微生物的种群结构和动态变化的规律，使研究者对产氢反应器中的微生物种群结构和代谢过程有了全面的了解，使得调控反应器更加有依据和效率，并且对全面揭示厌氧发酵的机理起着关键作用。对新的产氢微生物进行构建，能够提高产氢速率，加速工业化的进程。但是该类技术也有缺陷，例如 PCR 的重复性问题、污染问题以及核酸杂交技术的假阳性问题等。针对上述问题，应该探索更加优化的试验条件，设计出更具有代表性的探针并且与其他试验手段充分结合，以便更好地揭示厌氧发酵产氢的机理，调控生物反应器以及构建工业化格局。

课后习题：

1. 请简要描述土壤微生物多样性的研究方法。
2. 请简要描述 16S rRNA 技术在环境应用中的挑战。
3. 水环境中关于病毒的常规检测技术有哪些？
4. 基因组学在改善淡水环境方面具有哪些贡献？
5. 气溶胶中的微生物检测方法有哪些？
6. 分子标记技术在固废资源化利用过程中存在哪些优势？

参考文献

[1] 程春泉，贺学礼，赵丽丽，等．分子生物学技术在 AM 真菌多样性研究中的应用 [J]. 贵州农业科学，2014，42（08）：129-134.

[2] 邓闵，李露，宋康．水环境中致病菌快速检测技术及应用研究进展 [J]. 环境科学研究，2023，36（10）：1835-1844.

[3] 黄艳霞．土壤微生物多样性分析技术研究进展 [J]. 安徽农业科学，2009，37（32）：15924-15925，15943.

[4] 金明．土壤微生物多样性分析方法的研究进展 [J]. 农业技术与装备，2016（04）：18-20.

[5] 刘鹏，车子凡，张徐祥．水环境中病毒检测技术研究进展 [J]. 环境监控与预警，2021,13（03）：1-7.

[6] 沈燕，贾舒宇，李紫涵，等．水环境中致病菌分子生物学检测技术研究进展 [J]. 环境监控与预警，2020，12（05）：1-13.

[7] 谭益民，何苑皞，郭文平．基于分子技术的土壤微生物多样性研究进展 [J]. 中南林业科技大学学报，2014，34（10）：1-9.

[8] 涂晨，骆永明，马露瑶，等．分子生物学与系统生物学技术在土壤污染微生物生态研究中的应用 [J]. 土壤学报，2013，50（03）：609-617.

[9] 吴丽莉．浅谈分子生物学在土壤微生物多样性研究中的应用 [J]. 黑龙江教育，2017（Z2）：76-77.

[10] 燕艳，陈健，燕昌江，等．利用分子生物学技术鉴定土壤微生物的方法 [J]. 东北农业大学学报，2008（03）：129-133.

[11] 张海滨，孟海波，沈玉君，等．好氧堆肥微生物研究进展 [J]. 中国农业科技导报，2017，19（03）：1-8.

[12] 周小军，付莹莹，王红昌，等．大气气溶胶微生物群落的分子生物学检测和监测方法的研究进展 [J]. 中国生物制品学杂志，2022，35（07）：867-873.

[13] 朱鹏，严小军．运用分子生物学技术监测水环境中产毒蓝藻 [J]. 生态学杂志，2011，30（02）：363-368.

[14] Ahn J H, Kim Y J, Kim T, et al. Quantitative improvement of 16S rDNA DGGE analysis for soil bacterial community using real-time PCR[J]. Journal of Microbiological Methods, 2009, 78(2): 216-222.

[15] Baldrian P, Head I M, Prosser J I, et al. Ecology and metagenomics of soil microorganisms[J]. FEMS Microbiology Ecology, 2011, 78(1): 1-2.

[16] Blanco M A,Artero R. A practical approach to FRET-based PNA fluorescence in situ hybridization[J]. Methods, 2010, 52(4): 343-351.

[17] Ding X F, Wu C D, Huang J, et al. Eubacterial and archaeal community characteristics in the man-made pit mud revealed by combined PCR-DGGE and FISH analyses[J]. Food Research International, 2014, 62: 1047-1053.

[18] Feng J P, Zhang Q, Tan B, et al. Microbial community and metabolic characteristics evaluation in start-up stage of electro-enhanced SBR for aniline wastewater treatment[J]. Journal of Water Process Engineering, 2022, 45: 102498.

[19] Hematzadeh A, Haghkhah M. Biotyping of isolates of *Pseudomonas aeruginosa* isolated from human infections by RAPD and ERIC-PCR[J]. Heliyon, 2021, 7(9): e07967.

[20] Malla M A, Dubey A, Kumar A, et al. Unlocking the biotechnological and environmental perspectives of microplastic degradation in soil-ecosystems using metagenomics[J]. Process Safety and Environmental Protection, 2023, 170:

372-379.

[21] Balázs M, Rónavári A, Németh A, et al. Effect of DNA polymerases on PCR-DGGE patterns[J]. International Biodeterioration & Biodegradation, 2012, 84: 244-249.

[22] Mikkelsen D, Kappler U, McEwan A G, et al. Probing the archaeal diversity of a mixed thermophilic bioleaching culture by TGGE and FISH[J]. Systematic and Applied Microbiology, 2009, 32(7): 501-513.

[23] Muyzer G. DGGE/TGGE a method for identifying genes from natural ecosystems[J]. Current Opinion in Microbiology, 1999, 2(3): 317-322.

[24] Myrold D D, Zeglin L H, Jansson J K. The potential of metagenomic approaches for understanding soil microbial processes[J]. Soil Science Society of America Journal, 2014, 78(1): 3-10.

[25] Pantier R, Chhatbar K, Alston G, et al. High-throughput sequencing SELEX for the determination of DNA-binding protein specificities in vitro[J]. STAR Protocols, 2022, 3(3): 101490.

[26] Piaskowski K, Świderska-Dabrowska R, Dabrowski T. Impact of cationic polyelectrolytes on activated sludge morphology and biological wastewater treatment in a Sequential Batch Reactor (SBR)[J]. Journal of Water Process Engineering, 2023, 52: 103500.

[27] Pylro S V, Fulthorpe R, Roesch L F W. Editorial: microbe-mediated processes in soils[J]. Frontiers in Environmental Science, 2020, 8: 124.

[28] Ren Z Y, Li N, Yu L L, et al. An Illumina MiSeq sequencing-based method using the *mreB* gene for high-throughput discrimination of *Pseudomonas* species in raw milk[J]. LWT, 2022, 163:113573.

[29] Restrepo-Ortiz C, Merbt S, Barrero-Canossa J, et al. Development of a 16S rRNA-targeted fluorescence in situ hybridization probe for quantification of the ammonia-oxidizer *Nitrosotalea devanaterra* and its relatives[J]. Systematic and Applied Microbiology, 2018, 41(4): 408-413.

[30] Trap J, Bonkowski M, Plassard C, et al. Ecological importance of soil bacterivores for ecosystem functions[J]. Plant and Soil, 2016, 398(1/2): 1-24.

[31] Wang X L, Li L, Zhao J X, et al. Effects of different preservation methods on inter simple sequence repeat (ISSR) and random amplified polymorphic DNA (RAPD) molecular markers in botanic samples[J]. Comptes Rendus Biologies, 2017, 340(4): 204-213.

[32] Wen X M, Hong Y G, Wu J P, et al. Optimization of a method for diversity analysis of anammox bacteria using high-throughput sequencing of 16S rRNA gene amplicon[J]. Journal of Microbiological Methods, 2020, 178: 106066.

[33] Zhao B A, Zhao X, Yang D, et al. A high-throughput analytical method for multiple DNA targets based on microdroplet PCR coupled with DGGE[J]. Journal of Pharmaceutical and Biomedical Analysis, 2022, 216: 114812.

[34] Zhu H F, Fu Y T, Yu J S, et al. Metagenomic insight on consortium degradation of soil weathered petroleum and its supplement based on gene abundance change[J]. Enzyme and Microbial Technology, 2023, 169: 110285.

第 8 章 微生物组数据的统计分析和可视化

8.1 微生物组数据的统计分析

物种和功能组成表是扩增子以及宏基因组分析过程中最重要的输出文件。研究人员通过使用相关分析技术能够揭示一些科学问题：微生物群落中存在哪些微生物？不同组的alpha 多样性以及 beta 多样性水平是否存在显著差异？哪些物种、基因以及功能的通路是各微生物组的生物标志物？上述问题的解决需要对微生物组的数据进行统计分析以及可视化分析。整体的可视化能够用于揭示 alpha 多样性和 beta 多样性以及物种分类学组成的差异。其中，细节的分析可能涉及生物标记识别、网络分析、相关性分析以及机器学习等。

8.1.1 扩增子序列变体（ASV）分析

① ASV 分类学分析：通过 classify-consensus-vsearch（Vsearch）、classify-sklearn（Naive Bayes）、classify-consensus-blast（Blast）或 RDP classifier 贝叶斯算法得到 ASV 在分类水平的注释信息。

② Pan/Core 物种分析：Pan 物种，也称泛物种，指样本中的物种总数；Core 物种，也称核心物种，指样本中的共有物种数目。该分析用于对物种总量以及核心物种量与样本量之间关系的描述，针对环境中总物种丰富度和核心物种数进行评估以判断测序样本量是否充足。

③ Rank-abundance 曲线：可以对物种丰富度以及群落均匀度进行描述，曲线在横轴的范围越宽，物种的丰富度就越大，曲线越趋于平缓，物种的分布就越均匀。该曲线是对微生物的多样性进行分析。

8.1.2 群落多样性分析

8.1.2.1 alpha 多样性分析

① alpha 多样性主要用于某一生境或样本群落多样性分析，可以通过评估 alpha 多样

性指数获得物种丰富度、多样性等信息，具体如下。

a. 反映群落丰富度的指数包括：ACE、Chao、Sobs；

b. 反映群落多样性的指数包括：Shannon、Simpson；

c. 反映群落均匀度的指数包括：Shannoneven、Simpsoneven；

d. 反映群落覆盖度的指数包括：Coverage；

e. 反映群落谱系多样性的指数包括：PD。

② alpha 多样性指数组间的差异检验。alpha 多样性指数可以反映物种的丰富度、多样性以及覆盖度等信息，而组间差异检验的方法能够检测到至少两组以上的 alpha 多样性指数。组间差异的检验方法分为多组比较 One-way ANOVA、Kruskal-Wallis 秩和检验。

③ 稀释曲线分析。该曲线是样本在测序深度不同时构建的微生物多样性指数。其能够对所有样本中物种的丰富度、均一性或者多样性进行比较，从而反映出样本测序的数据量是否合理。稀释曲线（rarefaction curve）是通过随机抽到的序列数与其所对应的物种数目或者多样性指数而构建的。当多样性指数是 Sobs 并且曲线较为平缓时，则表明数据量较为合理，随着数据量的增加也仅仅出现少量的新物种。假如其他多样性指数的曲线较为平坦，表明测序数据量较大，此时能够对样本中大多数微生物的多样性进行反映。

8.1.2.2 beta 多样性分析

① 样本的层级聚类分析。可以通过距离来量化分析各个样本间物种丰度的差异，计算各样本之间的距离并且得到距离矩阵，其对 beta 多样性的分析极其重要。用于样本间分析的方法通常包括 Bray-Curtis、Jaccard、UniFrac 等。Bray-Curtis 和 Jaccard 的距离算法主要对象是独立的物种分类单元（如 ASV、属等）。利用非加权计算方法的 Jaccard 算法主要是对物种的有无进行评估，而采用加权计算方法的 Bray-Curtis 则需要对物种的有无以及丰富度同时考虑。名称中包含“unifrac”的算法需要构建各个物质的系统进化树，根据进化树各物质的系统发育能够进化的关系进行计算，从而得到样本间的距离。样本间是否存在变化可以通过“unweighted UniFrac”算法进行检测，而“weighted UniFrac”算法是在计算树枝长度的过程中通过加权计算序列的丰度信息，这可以定量检测样本之间不同谱系上所发生的变异。

② PCA 分析。也称为主成分分析，该分析是对分析数据进行简化，简便并且不存在参数的限制是其较大的优点。利用该方法可以找出数据中最为主要的元素和结构，并且对复杂的数据进行降维，以揭示复杂数据后的简单结构。通过群落组成之间的分析以得到样本间的差异和距离，PCA 能够利用方差分解对多组数据之间的差异进行揭示，例如 PCA 图的距离会随着样本组成的类似而接近。

③ PCoA 分析。即主坐标分析，是一种非约束性的数据降维方式，首先对特征值以及特征向量进行排序，随后将排位靠前的特征值体现在坐标系中，PCoA 分析仅仅是对坐标系统进行了改变，并没有对样本点的位置进行改变。

④ NMDS 分析。即非度量多维尺度分析，它是把研究对象简化至低维空间再对其进行定位、分析以及归类，并且保留各个对象间的原始关系。此方法对于研究对象之间的等级关系较为明显的数据效果较好。首先把对象间的相似性或者相异性数据当作点间的距离单调函数，再将替换后的原始数据用于分析度量型多维尺度。该方法是把样本信息以点的

形式反映在多维空间上，通过点与点之间的距离体现样本之间的差异度。

⑤ PERMANOVA 分析（Adonis 分析）。其通过度量或半度量距离矩阵对总方差进行分解，以此揭示不同分组之间对样品差异的贡献度，并对划分统计学意义的显著性进行置换检验。

⑥ 样本菌群分型分析。该分析通过统计聚类对不同样本优势菌群结构的分型情况进行研究。通过该分析可以对优势菌群结构相似的样本进行聚类。

8.1.2.3 群落组成分析

① 物种 Venn 图分析：可以对不同样本中所共有的物种数目进行统计，该方法能够直观地反映样本的物种组成相似性以及重叠情况。

② 群落 Bar 图和 Pie 图：各分类水平中的群落组成情况可以通过群落 Bar 图分析得知，可以明确哪一种水平上存在哪些微生物以及样本中微生物的相对丰度。群落 Pie 图可以对不同分类水平上的各个样本物种的丰度以及群落组成进行呈现。

③ 群落 Heatmap 图：这是以表格或矩阵中的数据对物种信息进行呈现的图形，对具有相似性的样本或物种进行聚类，在 Heatmap 中显示。

④ 群落 Circos 图：是对每个样本的优势物种比例以及各优势物种在不同样本之间的分布进行呈现。

8.1.2.4 物种差异分析

物种差异分析基于群落丰度数据，以统计学和差异检验方法，对不同组（或样本）微生物群落之间的物种进行假设检验，以评估物种丰富度差异的显著性，以此来获得组间差异较为显著的物种。

（1）多组比较分析

① One-way ANOVA，也被称为单因素方差分析，能够对多组样本之间的均值进行检验。该分析可以对至少 3 组以上存在显著性差异的物种进行 post-hoc 检验，发现多组中存在差异的样本组。

② Kruskal-Wallis H test，简称克氏秩和检验，它是对两个独立样本的 Wilcoxon 秩和检验应用至多组独立样本进行非参数检验的方法。

③ 多重检验校正，是对 *P* 值进行多重检验校正的方式，主要包括 FDR、BH 等。

④ post-hoc 检验，是对多组的组别进一步进行两两比较，对多组中存在差异的样本组进行检测，检验的方式包括 Scheffe、Tukeyramer、Welch's uncorrected、Games-Howell。

（2）两组比较分析

① Student T 检验（方差相等），当两组数目的方差一致时即可检验均值是否相同。此分析可以对 *P* 值进行校正并且判断物种在样本组中是否存在显著性的差异。

② Welch T 检验（方差不等），即 Welch's test，当两组数目的方差不相同时可以对样本的均值进行检验，判断是否相同。此分析同样可以校正 *P* 值，并且观察物种之间是否存在显著差异性。

③ Wilcoxon 秩和检验，也称为曼-惠特尼 U 检验，当两组数目的方差不相同时对样本均值进行检验。该分析也可以对 *P* 值进行校正并且分析两组样品中的显著性差异。

④ Wilcoxon 符号秩和检验，主要用于检验两组配对样本，对来自两组相关性样本的中位数进行推断，判断是否相等。其假设两组配对样本之间差值的中位数为 0，依据等级差值的绝对值从小到大进行编秩，并且依据差值表明正负号，分别对正负秩次进行求和，进行假设检验，从而对两组样本总体的分布进行分析。该分析能够校正 P 值并且对两组样本的差异性进行分析。

⑤ 多重检验校正，是对 P 值进行多重检验的校正方法，包括 FDR、BH、Bonferroni、None。None 代表不校正，默认为 FDR。

⑥ 单双尾检验，用于指定所求置信区间的类型，可以选择左尾检验和右尾检验。

⑦ CI 计算法，对置信区间进行计算的方法，主要包括 Bootstrap、Students's Inverted、Welch's Inverted，其中 Wilxocon 符号秩和检验和 Wilxocon 秩和检验、Student's T 检验以及 Welch T 检验分别对应 Bootstrap、Student's Inverted 和 Welch's Inverted。

（3）LEfSe 分析

两组及以上样本之间的差异物种特征的解释一般利用线性判别分析 LEfSe 以及影响因子，并且研究其特征对组间差异的影响程度。通常，物种分类学谱系等多层次的生物学标识以及特征分析适用于 LEfSe。一般含有三大步骤：①利用非参数 Kruskal-Wallis（KW）Sum-Rank Test 得到差异显著的物种；②使用 Wilcoxon Rank-Sum Test 对差异物种在不同分组中的差异一致性进行检验；③通过 LDA 线性判别分析估计差异物种对组间的区别情况。

8.1.2.5 相关性分析

（1）VIF 方差膨胀因子分析

一些与样本菌群组成相关的环境因子需要进行筛选以避免后续的关联分析。自变量间的线性关系会随着 VIF 值的增加而增强。若 VIF 值超过 10，环境因子被认为可以忽略，因此要对环境因子进行反复的筛选过滤直至 VIF 值小于 10。

（2）RDA/CCA 分析

RDA 即冗余分析，被环境因子约束的 PCA 分析，能够在同一个二维排序图上对样本和环境因子的关系进行直观的反映。CCA 即典范对应分析，是在对应分析发展的基础上形成的一种排序方法。RDA/CCA 通常用于分析环境因子和物种之间的相互关系，对环境因子、菌群以及样本三者间的关系或两两之间的关系进行检测。

（3）相关性 Heatmap 图

相关性 Heatmap 图是对微生物分类和环境变量之间的相互关系进行分析，依据相关系数如 Pearson、Spearman 等评估微生物分类和环境变量之间的相互关系。基本的输出是相关性矩阵，代表群落中每个微生物分类和环境因子变量之间的关系。

（4）排序回归分析

通过回归分析对一个或多个自变量和因变量之间的关系进行确定的一种统计分析方法。进行环境因子排序回归分析时以环境因子的大小作为 x 轴，依据排序分析的结果在第一排序轴上的分值或者 alpha 的多样性指数为 y 轴，随之进行线性回归，并作散点图，标注 R^2 以评价二者间的相互关系。其中 R^2 是决定系数，代表了变异回归直线解释比例。为了提高分析效果，应该增加样品的数量至少达到 10 个以上。

（5）相关性网络图

相关性网络图是通过计算物种-物种或物种-环境因子间相关性建立的，当物种-物种或者物种-环境因子之间的相关系数符合某一阈值时存在一条直线，最后通过图论知识构建网络图。通过对网络节点度的分布、网络的直径以及平均的最短路径、紧密系数、节点联通性以及介数的中心性等属性进行计算，以获得物种-物种或者物种-环境因子的相关信息，从而全面高效地分析数据。

一些主要的拓扑特征包括联通性、紧密系数、介数中心性、度中心性、度分布、传递性以及网络直径。

（6）Mantel Test 分析

这是对两个矩阵相关关系的非参数进行检验的统计方法。一般运用于检验生态学中群落距离矩阵和环境变量距离矩阵间相关性。Partial Mantel Test 在控制矩阵 ***C*** 的效应下检验 ***A*** 矩阵的残留变异与 ***B*** 矩阵之间的相关性。该分析是对两个数值型矩阵进行分析，通过选择因子对第三个控制矩阵进行确定。

（7）VPA 方差分解分析

VPA 方差分解分析是对两组或多组（2 ～ 4 组）环境因子变量对响应变量的单独解释度或共同解释度进行评估，通常与 RDA/CCA 联用。

8.1.2.6　模型预测分析

① Random Forest 分析：其作为一种机器学习算法，它的分类结果是对不同决策树的各个维度的属性进行检测并且进行判定，最终对所有的结果进行综合考量以给出分类，能够快速挑选对样本分类最关键的物种类别。

② ROC 分析：它是对敏感性和特异性进行反映的综合指标特征曲线。ROC 曲线中一系列敏感性和特异性均来自不同的临界值，通常曲线的横坐标为特异性，纵坐标为敏感性。

8.1.2.7　进化分析

通过某一分类水平上序列间碱基的差异构建进化树。

① 系统发生树：依据最大似然法（maximum likelihood method, ML）、最大简约法（maximum parsimony, MP）或邻接法（neighbor-joining method, NJ）对某一分类学水平上序列之间碱基的差异构建进化树，最终的结果以进化树、读长丰度组合图的形式进行呈现。

② 个性化系统发生树：该方法可以对上传外源参考的物种序列信息和未知测序结果分类学信息的 ASV 一起分析，随即对这些未知分类学信息的 ASV 进行明确的注释，通过邻接法（NJ）、最大似然法（ML）或最大简约法（MP）等构建进化树。

8.1.2.8　功能预测分析

（1）PICRUSt2 功能预测

PICRUSt2 是一款能够标记基因（16S/18S/ITS）的序列且预测功能丰度的软件，这里的“功能”一般是指基因家族（gene family），例如 KEGG ORTHOLOGY（KO）、COG 等。

PICRUSt2 首先将比对后的 ASV 置于对应的参考树中，再对每个 ASV 基因家族的拷贝数以及 ASV 的基因含量进行推断，对每个样本的基因家族丰度进行确定，随后对基因家族信息和对应的功能数据库进行对比，得到每个样本中所对应的功能信息以及丰度信息。

PICRUSt2 对基因组预测进行了优化并且增加了准确性，其关键的改进如下。

① 将待预测的序列置于软件中已经存在的系统发育树中，并不是将 ASV 序列进行直接的分类学注释；

② 扩大了参考基因组的数据库，在 PICRUSt1 的基础上提高至少 10 倍；

③ 依赖于 MinPath，其预测过程对代谢通路（pathway）丰度的推断更加严谨；

④ 能够预测真菌 ITS 或 18S 的扩增子测序数据；

⑤ 输出 MetaCyc 的本体预测，与普通宏基因组学得到的结果进行比较。

其中，16S 的数据是提供 KEEG、MetaCyc 以及 COG 的功能预测结果，ITS 和 18S 是提供 KEEG 和 MetaCyc 功能预测的结果。

eggNOG 数据库可作为同源聚类基因群的一种专业注释数据库。该数据库（v4.0）拥有 170 万个直系的同源类群，覆盖了 3686 个物种，给定了 107 个不同分类级别的同源群。

KEEG 数据库是一个具有系统分析基因功能、功能信息以及基因组信息的大型数据库，其中包含了代谢通路、合成通路、信号传递、细胞周期、膜转运和疾病相关的通路等。而 KEEG Module 是基于生物学解释和基因组注释的数据库。KO 系统也借助了基因组中相互连接的分子网络信息，对跨物种提供注释流程。

（2）Tax4Fun 功能预测

这是一种针对 16S rRNA 数据库执行功能预测的软件包。首先将 Silva 数据库中的 16S 分类谱系转化为 KEEG 数据库中的原核生物分类谱系，随后再用 16S 拷贝数对原核生物的丰度进行标准化，最后运用均一化丰度数据对原核生物的微生物群落 KEEG 功能进行预测。通过 KEEG 数据库的信息，能够得到 KO 以及 pathway 的信息并且进行各功能类别丰度的计算。

（3）FUNGuild 功能预测

这是通过微生态功能群（guild）对真菌群落进行分类分析的一款工具，guild 中所涉及的一类物种能够通过相似的途径对同类资源进行利用。

根据 FUNGuild 真菌能够分为三大类：①对宿主细胞进行损坏获得营养的病理营养型；②对宿主细胞进行资源交换获得营养的共生营养型；③对死亡宿主细胞进行降解以获得营养的腐生营养型。上述三大类又可以被细分为 12 个 guild。依据生物信息学的方法将真菌物种和功能 guild 结合，就能够实现真菌的功能分类。

（4）BugBase 功能预测

BugBase 是一种分析微生物组的工具，能够对微生物组中存在的高水平表型进行确定，也可以对表型进行预测。BugBase 首先通过预测的 16S 拷贝数将 OTU 进行归一化，随后利用提供的预先计算文件对微生物表型进行预测。

（5）FAPROTAX 功能预测

FAPROTAX 是一个人工构建的数据库，将原核生物分类群映射至代谢或其他生态相关功能上。例如，如果一个细菌属内的所有培养物均被确定为反硝化细菌，FAPROTAX 假设该属内全部没有被培养的微生物也都是反硝化菌。FAPROTAX 的功能主要集中在海洋、湖泊的生物地球化学循环中，而其他功能（例如植物致病性）也包括在内。FAPROTAX 涵盖的功能组完整列表和使用的所有文献都能够在数据库中找到。目前，已经收集到了 4600 多个原核微生物的 80 多个功能分组和 7600 多条功能注释信息，并且还在不断更新中。样本的 ASV 表通过 Python 脚本转换成六个表，分别是：样本的功能表、每个功能分组的 ASV、过程报告、分析过程所用到的注释信息、每个功能分组重叠的表、输入样本 ASV 表的子表。

8.2　微生物组数据统计及可视化实例

特征表的统计分析以及可视化工具一般包括 Excel、Graph 以及 Sigma plot，但是以上商业软件较难快速重现结果。通常使用 R Markdown、Python Notebooks 等工具对全部的分析代码以及参数进行记录，并且将它们存储在 GitHub 等版本的控制管理系统中。这些工具具有免费、开源、可跨平台以及操作简便等优势。通常建议在 R Markdown 的文件中将所有微生物组的统计分析以及可视化方法进行记录。R Markdown 文档中一般包含代码、图片以及表格，能够输出为 PDF、网页或者 Word 等格式的报告，方便读者阅读。这样既提高了微生物组数据的处理效率，也使得分析过程透明并且易于理解。

8.2.1　R 语言执行 PCA 分析

① 数据标准化：以 R 语言自带的 iris 数据集为例，对主成分分析进行介绍（图 8-1）。

```
> data<-iris
> head(data)
  Sepal. Length  Sepal. Width  Petal. Length  Petal. Width  Species
1          5.1          3.5           1.4          0.2  setosa
2          4.9          3.0           1.4          0.2  setosa
3          4.7          3.2           1.3          0.2  setosa
4          4.6          3.1           1.5          0.2  setosa
5          5.0          3.6           1.4          0.2  setosa
6          5.4          3.9           1.7          0.4  setosa
> # 对原数据进行z-score归一化:
> dt<-as.matrix(scale(data[,1:4]))
> head(dt)
     Sepal. Length  Sepal. Width  Petal. Length  Petal. Width
[1,]    -0.8976739   1.01560199     -1.335752     -1.311052
[2,]    -1.1392005  -0.13153881     -1.335752     -1.311052
[3,]    -1.3807271   0.32731751     -1.392399     -1.311052
[4,]    -1.5014904   0.09788935     -1.279104     -1.311052
[5,]    -1.0184372   1.24503045     -1.335752     -1.311052
[6,]    -0.5353840   1.93331463     -1.165809     -1.048667
```

图 8-1　数据标准化示例

R 自带的范例数据集 iris 被储存为变量 data：

data<-iris

head(data)

对原数据进行 z-score 归一化：

dt<-as.matrix(scale(data[, 1: 4]))

head(dt)

② 计算相关系数（协方差）矩阵：需要对变量两两之间的协方差进行计算以分析主成分，相应变量的方差也就是协方差矩阵对角线上的数值，依据相关系数的计算公式能够得到相关系数相等于协方差（图 8-2）。

```
>rm1<-cor(dt)
>rm1
              sepa1.Length  sepal.width  Peta1.Length  Petal.width
sepa1.Length   1.0000000    -0.1175698   0.8717538     0.8179411
Sepa1.width   -0.1175698    1.0000000   -0.4284401    -0.3661259
Peta1.Length   0.8717538   -0.4284401    1.0000000     0.9628654
peta1.width    0.8179411   -0.3661259    0.9628654     1.0000000
>#1.3求相关系数矩阵的解特征值和相应的特征向量:
>rs1<-eigen(rm1)
>rs1
eigenO decomposition
$Svalues
[1]2.918497820.91403047 0.14675688 0.02071484
$vectors
          [ ,1]        [ ,2]        [ ,3]        [ ,4]
[1, ]   0.5210659   -0.37741762   0.7195664    0.2612863
[2, ]  -0.2693474   -0.92329566  -0.2443818   -0.1235096
[3, ]   0.5804131   -0.02449161  -0.1421264   -0.8014492
[4, ]   0.5648565   -0.06694199  -0.6342727    0.5235971
```

图 8-2　相关系数（协方差）矩阵示例

计算相关系数矩阵：

rm 1<-cor (dt)

rm 1

③ 计算特征值和相应的特征向量。

rs 1<-eigen (rm 1)

rs 1

提取结果中的特征值，也就是各主成分的方差（图 8-3、图 8-4）：

```
>val <-rs1$values
>#换算成标准差(Standard deviation) ;
>(standard_deviation <- sqrt(va1))
[1]1.7083611  0.9560494  0.3830886  0.1439265
>#计算方差贡献率和累积贡献率;
>(Proportion_of_variance <- va1/sum(va1))
[1]0.729624454 0.228507618 0.036689219 0.005178709
>(cumulative_Proportion <- cumsum(Proportion_of_variance))
[1]0.7296245   0.9581321   0.9948213   1.0000000
```

图 8-3　提取特征值示例

val<-rs1$values

换算成标准差（standard deviation）：

(standard_deviation<-sqrt(va1))

计算方差贡献率和累积贡献率：

(Proportion_of_variance<-va1/sum(va1))

(cumulative_Proportion<-cumsum(Proportion_of_variance))

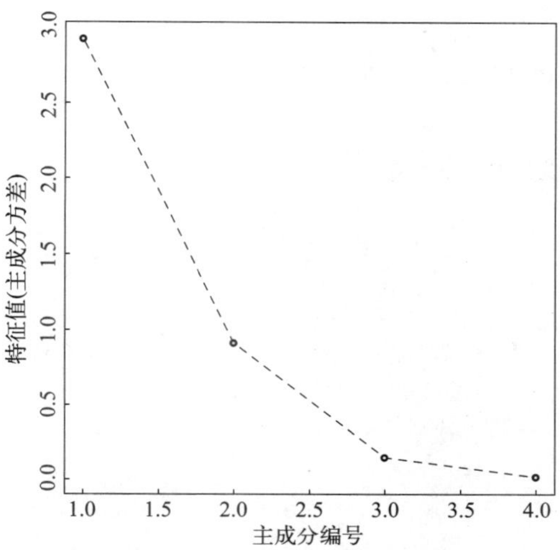

图 8-4　特征值（主成分方差）示例

碎石图绘制：

par(mar=c(6,6,2,2))

plot(rs1$values,type="b")

cex=2,

cex.lab=2,

cex.axis=2,

lty=2

lwd=2

xlab= “主成分编号”，

ylab= “特征值（主成分方差）”

④ 主成分得分的计算。对结果中的特征向量进行提取（也称为 loadings，载荷矩阵），如图 8-5 所示。

```
>(U<-as.matrix(rs1$vectors))
          [,1]        [,2]       [,3]        [,4]
[1,]  0.5210659  -0.37741762  0.7195664   0.2612863
[2,] -0.2693474  -0.92329566 -0.2443818  -0.1235096
[3,]  0.5804131  -0.02449161 -0.1421264  -0.8014492
[4,]  0.5648565  -0.06694199 -0.6342727   0.5235971
>#进行矩阵乘法,获得PC score:
>PC <-dt %*%U
>colnames(PC)<- c("PC1" , "PC2",  "PC3" , "PC4")
>head(PC)
          PC1         PC2          PC3           PC4
[1,]  -2.257141  -0.4784238   0.12727962   0.024087508
[2,]  -2.074013   0.6718827   0.23382552   0.102662845
[3,]  -2.356335   0.3407664  -0.04405390   0.028282305
[4,]  -2.291707   0.5953999  -0.09098530  -0.065735340
[5,]  -2.381863  -0.6446757  -0.01568565  -0.035802870
[6,]  -2.068701  -1.4842053  -0.02687825   0.006586116
```

图 8-5　载荷矩阵计算示例

(U<-as.matrix(rs1$vectors))

执行矩阵乘法，获得 PC score：

```
PC<-dt%*%U
colnames(PC)<-c( "PC1","PC2","PC3","PC4")
head (PC)
```

⑤ 主成分散点图的绘制（图 8-6）。

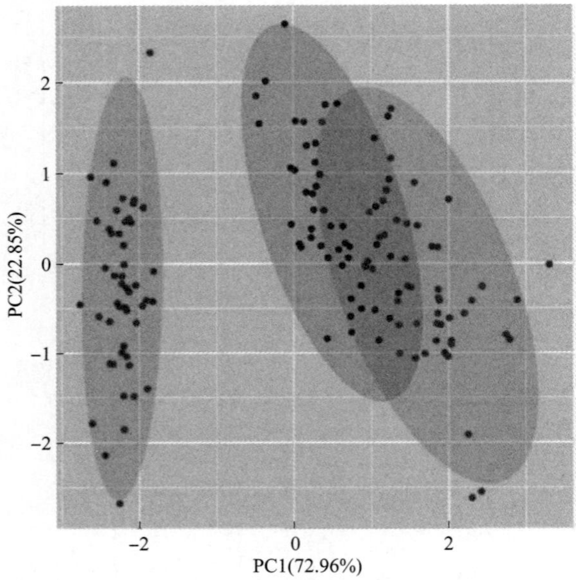

图 8-6 主成分散点图示例

将 iris 数据集的第 5 列数据合并：

```
df<-data.frame (PC,iris$Species)
head (df)
```

载入 ggplot2 运行包：

```
library (ggplot2)
```

主成分方差贡献率的提取，生成坐标轴的标题：

```
xlab<-paste0("PC1(",round(Proportion_of_Variance[1]*100,2),"%)")
ylab<-paste0("PC2(",round(Proportion_of_Variance[2]*100,2),"%)")
```

绘制散点图并且添加置信椭圆：

```
pl<-ggplot(data=df,aes(x=PC1,y=PC2,color=iris.Species))+
state_ellipse(aes(fill=iris.Species),type="norm",geom= "polygon",alpha=0.2,color=NA)+geom_point()+labs(x=xlab,y=ylab,color= "")+guides(fill=F)
```

⑥ 3D 主成分散点图（图 8-7）。

载入 scatterplot3d 包：

```
Library (scatterplot3d)
color=c(rep("purple",50),rep("orange",50),rep("blue",50))
scatterplot3d(df2[,1: 3],color=color,pch=16,angle=30,box=T,type= "p", lty.hide=2, lty.gide=2)
```

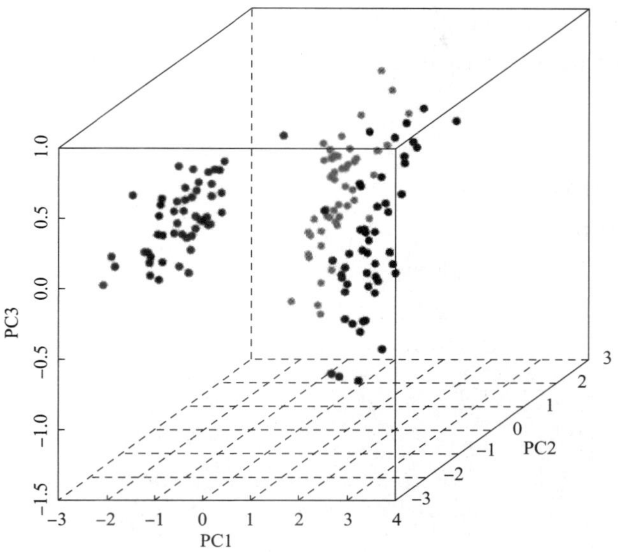

图 8-7　3D 主成分散点图示例

legend(“topleft”,c(“Setosa”, “Versicolor”, “Virginica”),fill=c(“purple”,“orange”,“blue”), box.col=NA)

8.2.2　R 语言绘制环状热图

通过 R 语言绘制环状热图主要用到 ComplexHeatmap 包以及 circlize 包中的 circos.heatmap（）函数，使得热图由“直”拉“弯”。

所需包的安装和载入：

install.packages(“circlize”)

install.packages(“ComplexHeatmap”)

library(ComplexHeatmap)

library(circlize)

设置工作目录以及载入数据（图 8-8）：

	X3107	X888	X375	X624	X1938	X1866	X1290	X2523	X1182	X1858	X2224	X261
gene1	93.7129	97.2793	105.6338	96.0681	95.1989	72.1765	70.7125	78.2386	71.6590	77.1367	80.9307	81.1135
gene2	37.3750	39.0635	39.4590	40.9336	36.4584	27.5755	29.0785	25.1764	26.2936	27.8820	24.0155	35.9067
gene3	181.6320	183.6634	193.7214	200.3361	203.9049	138.1786	132.0015	123.1640	129.5811	139.0059	116.1223	180.6286
gene4	127.6173	117.8934	110.9012	107.5575	122.1804	93.0600	91.4324	93.7551	96.5520	90.5300	96.1875	106.2833
gene5	40.5244	43.3400	39.3872	44.3019	40.2707	28.2804	31.5025	30.0749	32.5767	29.5296	29.3145	43.3356
gene6	112.3004	106.9457	97.2669	96.4695	114.9746	76.3394	73.1743	73.5980	77.4230	76.0881	78.1830	110.6875
gene7	42.9032	40.7106	41.0518	41.9619	37.1643	32.4355	34.2403	30.6578	31.7806	32.4787	35.0725	33.8049
gene8	132.6179	141.6917	137.2787	148.2839	142.7082	104.4444	115.0465	119.1802	111.9754	107.5559	119.0284	140.0567
gene9	53.6086	54.6814	60.4733	52.6880	55.5331	43.5013	42.7309	44.7372	45.4766	43.7514	40.0690	52.4980
gene10	1520.4839	1576.3112	1367.1191	1258.9926	1598.2487	2005.8819	1943.4213	2164.2620	2279.0508	1973.9344	2153.7735	1762.1140
gene11	52.2669	53.9714	48.8125	55.4833	54.4787	36.4142	37.7515	42.3856	44.4968	39.4582	45.6277	64.2507
gene12	161.9298	142.6764	166.8805	145.2826	153.5688	130.2777	116.3759	120.6677	108.9379	1167.706	107.557	107.5449
gene13	72.3012	81.5164	67.7067	69.5018	76.7937	54.7781	49.2531	53.3681	54.5444	55.6474	47.6620	74.4351

图 8-8　热图数据示例

setwd（“C：/Users/Desktop/ 环形热图”）

data<-read.csv(“circle heatmap eg.csv”,header=T,row.names=1)

head(data)

转化为矩阵并且归一化：

madt<-as.matrix(data)

madt2<-t(scale(t(madt)))

默认参数进行热图绘制（图 8-9）：

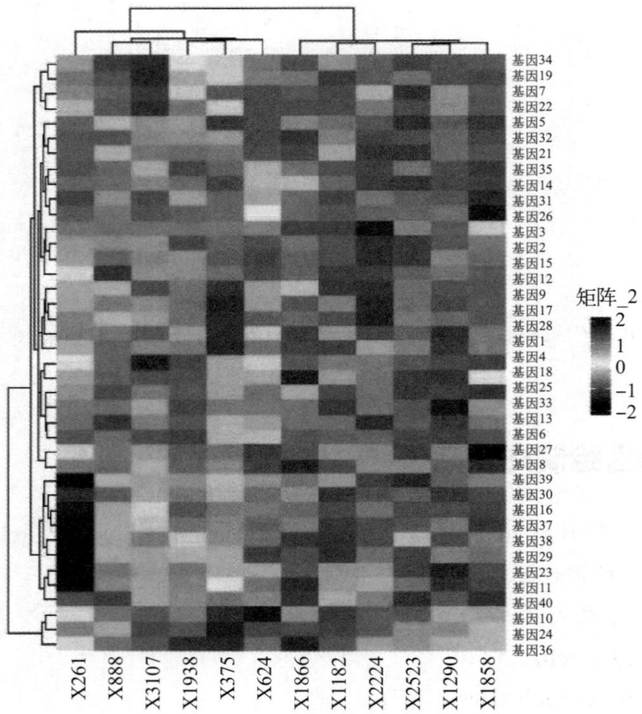

图 8-9　普通热图示例

Heatmap（madt2）

对数据大小范围进行计算：

range（madt2）

对热图的颜色梯度进行重新定义：

Mycol=colorRamp2(c(-1.7,0.3,2.3),c(“blue”, “white”, “red”))

基础环形热图的绘制：

circos.heatmap(madt, col=mycol)

绘制结束时需要利用 circos.clear（）函数清除布局。

在 circos.heatmap（）中添加相关参数调整和美化环形热图：

circos.par(gap.after=c(50))

circos.heatmap(madt, col=mycol, dend.side=“inside”, rownames.side= “outside”, rownames.col= “black”, rownames.cex=0.9, rownames.font=1, cluster=TRUE) circos.clear（）

circos.par（）：对圆环首尾间的距离进行美化，其中数值越大，距离越宽。

dend.side：控制聚类树的方向，inside 表示圆环内圈，outside 表示圆环外圈。

rownames.side：控制矩阵名的方向，类似于 dend.side，但是两者无法存在于同一侧，只能是一内一外。

cluster=TRUE：对行聚类，而 cluster=FALSE 一般不显示聚类。

聚类树的调整以及美化需要用到以下两个包：

install.packages(“dendextend”)，调整颜色。

install.packages(“dendsort”)，聚类树的回调。

library(dendextend)

library(dendsort)

circos.par(gap.after=c(50))

circos.heatmap(madt2, col=mycol, dend.side=“inside”,rownnames.side=“outside”,track height=0.38)

rownames.col=“black”,

rownames.cex=0.9,

rownames.font=1,

cluster=TRUE,

dend.track.height=0.18,

dend.callback=function ((dend,m,si){color_branches(dend, k=15,col=1:15)})

track.height：轨道的高度，通常数值越大，圆环越粗。

dend.track.height：调整行聚类树高度。

dend.callback：一般用于聚类树的回调，即对聚类树进行重新排序，或者增添颜色。

包含的三个参数：dend 为扇区的树状图；m 为扇区所对应的子矩阵；si 为扇区的名称。

color_branches（）：对聚类树的颜色进行修改。

添加标签等：

lg=legend(title= “Exp”, col_fun=mycol, direction=c(“vertical”))

grid.draw(lg)

添加列名：

Circos.track(track.index=get.current.track.index(),panel.fun=function(x,y){if(CELL_META$sector.numeric.index=1){cn=colnames(madt2)n=length(cn)circos.text(rep(CELL_META$cell.xlim[2], n)+convert_x(0.8, “mm”)}})

x 坐标：7.8+(1: n)*1.1。*y* 坐标：cn, cex=0.8, adj=c(0, 1), facing= “inside”, bg.border=NA

circos.clear（）

更改热图颜色，然后重新绘图（图 8-10）。

代码和上文相同，仅仅对颜色以及 circos.par（圆环首位的距离）进行修改：

mycol2=colorRamp2(c(-1.7, 0.3, 2.3), c(“#57ab81”, “white”, “#ff9600”))

circos.par(gap.after=c(22))

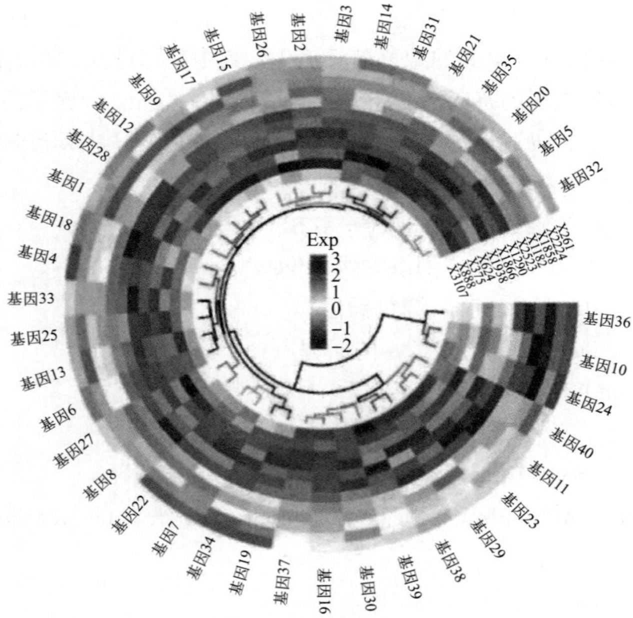

图 8-10 聚类树热图示例

circos.heatmap(madt2, col=mycol2, dend.side="insiede", rownames.side="outside", track.height=0.38, rownames.col= "black", rownames.cex=0.9, rownames.font=1, cluster=TRUE, dend.track.height=0.18, dend.callback=function(dend, m, si){color_branches(dend, k=15, col=1:15)})

lg=Legend(title= "Exp", col_fun=mycol2, direction=c("vertical"))

grid.draw(lg)

circos.track(track.index=get.current.track.index(),panel.fun=function(x,y){if(CELL_META$sector.numeric.index=1){

Cn=colnames(madt2)n=length(cn)circos.text(rep(CELL_META$cell.xlim[2], n)+convert_x(0.8, "mm")}})

x 坐标：7.8+(1:n)*1.1。*y* 坐标：cn, cex=0.8, adj=c(0, 1), facing= "inside", bg.border=NA

circos.clear()

8.2.3 R 语言绘制结构方程模型

构造数据并且实现分段模型构建（图 8-11）。

library（piecewiseSEM）（若无此包，需自行安装）。

set.seed(119)

dat<-data.frame(xl=runif(50),

  yl=runif(50),

  y2=runif(50),

构造数据：

  y3=runif(50))

指定模型关系：

Model<-psem(lm(y1~xl+y2, dat), (y2~x1, dat), lm(y3~y1, dat))

提取结果 summary（model, .progressBar=F）

出图（图 8-11）plot（model）。

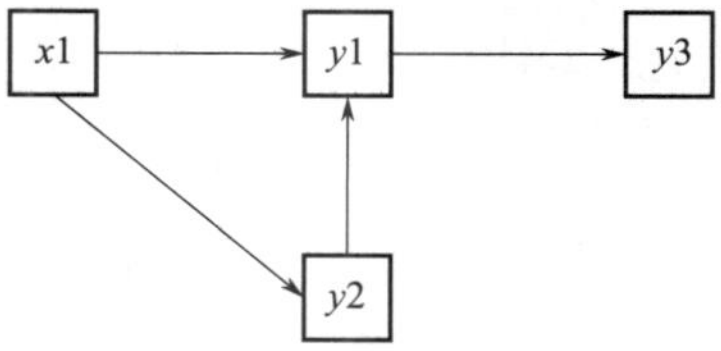

图 8-11　结构方程示例图

分段结构方程是对每一分段做线性回归，随后全面整体地评估模型，这就体现了分段结构方程的意义，结果如下（图 8-12、图 8-13）。

```
>Summary(model, .progres5Ba =F
Structural Equation Model of model

call:
y1 ~x1 +y2
y2 ~x1
y3 ~y1
          AIC       BIC
        28.468    47.588
---
Tasts of directed separation :
      Tndepend.Claim      Test.Type DF    Crit.Value    P.valuey
        y3 ~y1+...          coef 47        1.9981       0.0515
        y3~y2+...           coef 46       -1.0898       0.2815
Global goodness-of-fit:
   Fisher 's C = 8.468 with P-value = 0.076 and on 4 dagr es of freedom
---
Coefficients :
         Response   Predictor  Estimate   Std.Error DF  Crit.Value  P.Value   Std.EEtimate
            y1          x1     -0.1743    0.177447     -0.9824     0.3309    -0.1431
            y1          y2      0.0093    0.141347      0.0660     0.9476     0.0096
            y2          x1     -0.1729    0.179548     -0.9632     0.3403    -0.1377
            y3          y1      0.1134    0.122348      0.9272     0.3555     0.1326

        Signif. codes:0'===' 0.001'=='0.01 '='0.05
---
Individua7  R-squared :

    Rcsponse     method    R.squar ed
       y1         none       0.02
       y2         none       0.02
       y3         none       0.02
```

图 8-12　结构方程输出结果示例图

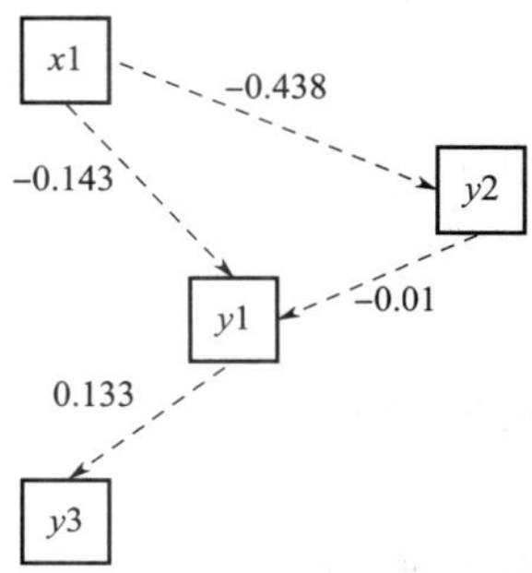

图 8-13　结构方程出图示例

若 $x1$ 和 $y2$ 均会对 $y3$ 造成影响，那么再构建两个不同的模型（图 8-14）。

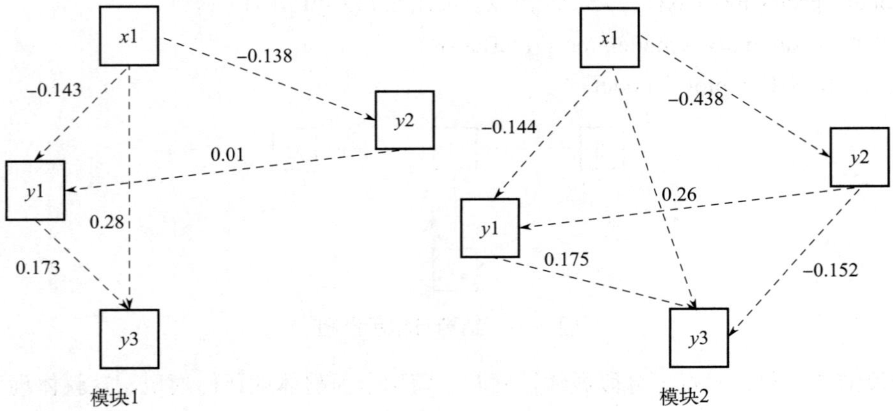


```
> anova (model, model1, model2)
Chi-square Difference Test

        AIC    BIC  Fisher.C  Fisher.C.Diff  DF. diff  P.value
1      24.536 45.568   2.536
vs  2  24.536 45.568   2.536              0        0       1
vs  3  22.108 43.140   0.108          2.428        0       0 ***
---
Signif. codes:     0 '***' 0.001    '**' 0.01    '*' 0.05
```

图 8-14　结构方程输出结果

泊松分布：

```
set. seed(123)
data.frame(x1=runif(50),
yl=runif(50),
    y2=runif(50),
y3=runif(50))
glmsem<-psem(
glm(y1~xl, "poisson", glmdat),
glm(y2~xl, "poisson", glmdat),
lm(y3~y1+y2, glmdat))
```

线性混合模型：

```
summary(glmsem, conserve=TRUE)
```

需要用到以下两个包：

```
library（nlme）
library（lme4）
```

查看数据：

```
data（shipley）
```

创建无嵌套的混合效应模型结构方程模型（图 8-15）。

```
Shipley.psem<-psem(
lme(DD~lat, random=~1 |  site, na.action=na.omit,
data=shipley),
```

```
>sunaryCshipley.oser, .propressBar =F)
boundary (singular) fit: see ?issingular
Structural Equation Model of shipley. ps em
ca11;
DD -Tat
Date ~ DD
Gowth~ Date
Live ~ Gr owth
   AI      Brc
 45.972   124.064
---
Tests of directed separ stion:
     Independ.C1aim   Test.Type    DF   Crit.Value    P.Value
      Date ~ 1At+...     coef       18     0.2361      0.51 60
      Growth ~1at +...   coef       18    -0.1328      0.8958
     Live ~7at + ...     coef      1431      0.8580     0.3909
    Growth ~ DD+...      coef      1409     2.1484     0.0318=
     Live ~ DD+...       coef       1431     1.0036     0.3156
     Live - Date+...     coef      1431     -1.5613    0.1184
G1obal coodness-of -fit:
  Fisher 's c = 15.972 with p-value = 0.193 and on 12 degrees of freedom
---
Coefficients:
          Response  Predictor  Estimate  Std.Error DF  Crit.Value   P. value  Std.Estimate
            DD        lat      -o.8460   0.1175    18  -7.2028      0         -0.6964 ***
           Date       DD       -0.4674   0.0195  1410 -23.9652      0         -0.5899 ***
          Growth     Date       0.1357   0.0263  1410   5.1589      0          0.1726 ***
           Live     Growth      0.3278   0.0415  1431   7.9318      0               - ***
Signif. codes:  0 "***" 0.001 "**" 0.01 "*" 0.05
---
Individual R-squared :
   RcSporsc  method  Marginal   Conditional
      DD      none     0.50        0.68
     Datc     none     0.37        0.70
    Growth    ncne     0.03        0.35
     Live     delta    0.11        0.11
```

图 8-15　结构方程模型输出路径系数示例图

```
lme(Data~DD, random=~1 | site, na.action=na.omit,
data=shipley),
lme(Growth~Data, random=~1 | site, na.action=na.omit,
data=shipley),
glmer(Live~Growth+(1 | site),
family=binomial(link= "logit"), data=shipley)
)
```

查看结果：

```
summary(shipley.psem, .progressBar=F)
```

如图 8-15，方框中为建模结果的系数和 P 值，R 中无法对没有数值的变量进行绘图，因此，可以借助其他软件进行图形的绘制，标明路径系数以及 P 值即可。

8.2.4　R 语言绘制网络图

（1）生成物种相关性矩阵

该步骤需要在 R 中运行，主要是 psych 包，输入文件是 OTU 表或属水平的丰度矩阵（图 8-16）。

输入文件 FH_CK.txt 文件格式，CK 为空白对照的重复；FH 为处理组的 5 个重复；G1-G148 为丰度大于 0.2% 的属。

	G1	G2	G3	G4	G5	G6
CK1	0.045947	0.025964	0.027169	0.01299	0.019254	0.01659
CK2	0.065866	0.02559	0.030881	0.01148	0.018759	0.011688
CK3	0.054542	0.0222	0.025189	0.015911	0.033754	0.016773
CK4	0.051432	0.027693	0.025287	0.016153	0.025915	0.01646
CK5	0.04741	0.020305	0.027059	0.015622	0.025714	0.016362
FH1	0.027189	0.025766	0.034504	0.016502	0.032756	0.01627
FH2	0.026895	0.030841	0.028187	0.015489	0.030513	0.014369
FH3	0.024253	0.03923	0.02844	0.019479	0.032284	0.010947
FH4	0.030291	0.049172	0.026165	0.019679	0.028559	0.013278
FH5	0.039276	0.012334	0.035253	0.020159	0.034064	0.011541

图 8-16 网络图数据整理示例

安装需要的包：

install.packages("psych")

加载包：

library(psych)

读取 otu-sample 矩阵，行为 sample，列为 otu：

otu=read.table("FH_CK. Txt", head=T, row.names=1)

对 OTU 之间的两两相关系数矩阵进行计算。若数据量小，则可以用 psych 包 corr.test，当数据量大时，可以使用 WGCNA 中的 corAndPvalue, 但需要校正 P 值。

occor=corr.test(otu, use= "pairwise", method= "spearman", adjust= "fdr", alpha=0.05)

取相关性矩阵 R 值：occor.r=occor$r

取相关性矩阵 P 值：occor.p=occor$p

确定物种间存在相互作用关系的阈值，将相关性 ***R*** 矩阵中不符合的数据转换成 0：

occor.r[occor.p>0.05 | abs(occor.r)<0.6]=0

将 occor.r 保存为 csv 文件：

write.csv(occor.r, file= "FH_CK_0.05occor.csv")

（2）利用 Gephi 生成边、点文件

打开 Gephi0.9.2，点击“文件—打开”，选择“FH_CK_0.05occor.csv”文件，选择“无向的”。然后点击“数据资料”，出现对应的边和点的信息，点击数据表格左上角的“边”，点击“输出表格”，则输出边文件。点击数据表格左上角的“节点”，点击“输出表格”，则输出点文件。

（3）边、点文件注释

打开边文件，能够添加正负属性等（图 8-17）。

	A	B	C	D	E	F	G	H	I
1	Source	Target	Type	Id	Label	timeset	Weight	PN	NO
2	G99	G3	Undirecte	749			0.69697	P	0.69697
3	G99	G10	Undirecte	750			0.721212	P	0.721212
4	G99	G18	Undirecte	751			-0.68485	N	0.684848
5	G99	G35	Undirecte	752			0.684848	P	0.684848
6	G99	G98	Undirecte	753			-0.81818	N	0.818182
7	G99	G99	Undirecte	754			1	P	1
8	G98	G13	Undirecte	746			-0.70909	N	0.709091
9	G98	G70	Undirecte	747			-0.66061	N	0.660606
10	G98	G98	Undirecte	748			1	P	1
11	G97	G4	Undirecte	735			-0.74546	N	0.745455
12	G97	G6	Undirecte	736			0.793939	P	0.793939
13	G97	G15	Undirecte	737			-0.66061	N	0.660606
14	G97	G27	Undirecte	738			0.69697	P	0.69697
15	G97	G32	Undirecte	739			-0.68485	N	0.684848
16	G97	G39	Undirecte	740			0.866667	P	0.866667

图 8-17 边文件输出示例

打开点文件，能够添加物种分类信息等（图 8-18）。

A	B	C	D	E
Id	Label	timeset	Phylum	
G99	G99		Proteobacteria	
G98	G98		Bacteroidetes	
G97	G97		Actinobacteria	
G96	G96		Proteobacteria	
G95	G95		Actinobacteria	
G94	G94		Proteobacteria	
G93	G93		Chloroflexi	
G92	G92		Firmicutes	
G91	G91		Chloroflexi	
G90	G90		Proteobacteria	
G9	G9		Actinobacteria	
G89	G89		Planctomycetes	
G88	G88		Proteobacteria	
G87	G87		Bacteroidetes	
G86	G86		Planctomycetes	
G85	G85		Actinobacteria	
G84	G84		Bacteroidetes	
G83	G83		Proteobacteria	
G82	G82		Proteobacteria	

图 8-18　点文件输出示例

（4）网络图点、边进行美化

在“概览”界面的“布局”中，选择“Fruchterman Regingold”，待图形运行稳定后，点击“停止”。在“外观”中，点击“节点”“颜色”，“Partition”选择“Phylum”，点击应用，颜色代表不同节点的门分类。“外观”中，点击“节点”“大小”“Ranking”选择“度”，点击应用，即以不同度来区别不同节点的大小。若大小变化不明显，调整尺寸大小。在“外观”中，点击“边”“颜色”“Partition”选择“pn”，点击应用，即颜色可以区分正负。可在“预览设置”中选择“显示标签”“刷新”，即可完成网络图的绘制（图 8-19）。

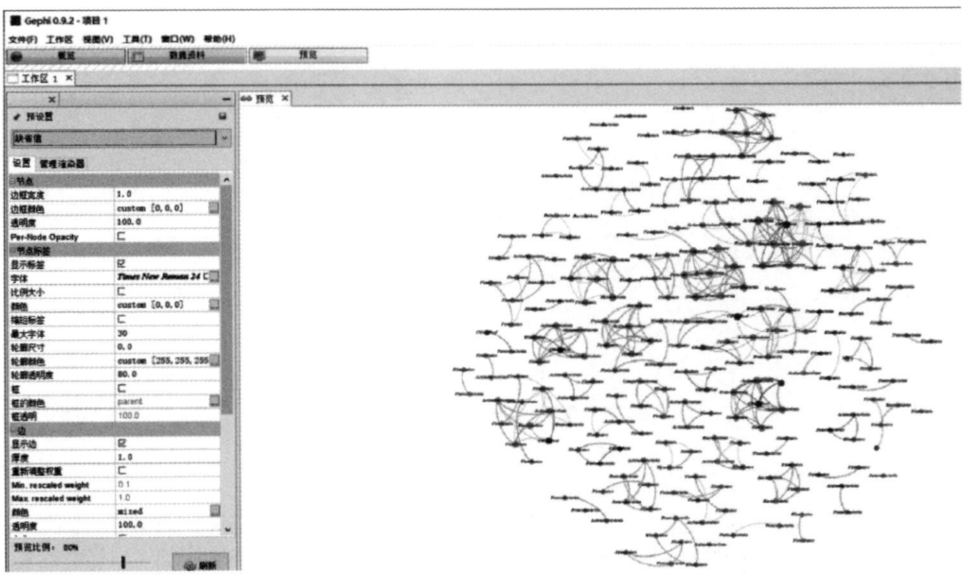

图 8-19　输出界面示例图

8.2.5 R 语言进行随机森林分析

R 语言进行随机森林分析需要 randomForest 包以及 party 包，其中 randomForest 是基于传统决策树生成的随机森林，而 party 中的 cforest（）函数是在条件推断树的基础上生成的随机森林。

以 R 自带的数据集 iris 作为示例，形成随机森林并且寻找影响 iris 的重要变量（图 8-20）。

```
>
> round(importance(iris.rf), 2)#保留两位小数查看变量重要性
             setosa versicolor virginica MeanDecreaseAccuracy MeanDecreaseGini
Sepal.Length   7.28       8.76      9.03                11.93            11.06
Sepal.Width    4.97       2.57      4.76                 6.02             2.60
Petal.Length  21.37      33.65     27.19                33.61            42.40
Petal.Width   22.73      30.39     32.20                32.87            43.16
> |
```

图 8-20 结构方程“MeanDecreaseAccuracy”和“MeanDecreaseGini”示例

```
library(randomForest)
data(iris)
set.seed(71)
Iris.rf<-randomForest(Species~., data=iris, importance=TRUE,
na.action=na.roughfix, proxmity=TRUE)
```

na.action=na.roughfix 是将缺失值替换成对应列的中位数。

保留两位小数查看变量的重要性：round（importance（iris.rf）, 2）

如图 8-20，前 3 列为对应的 iris 物种，研究者主要关注“MeanDecreaseAccuracy”以及“MeanDecreaseGini”。两个变量的值越大，说明其对应的变量越重要。如图 8-21 进行作图展示：ImpPlot（iris.rf, main=“Variable Importance”）。

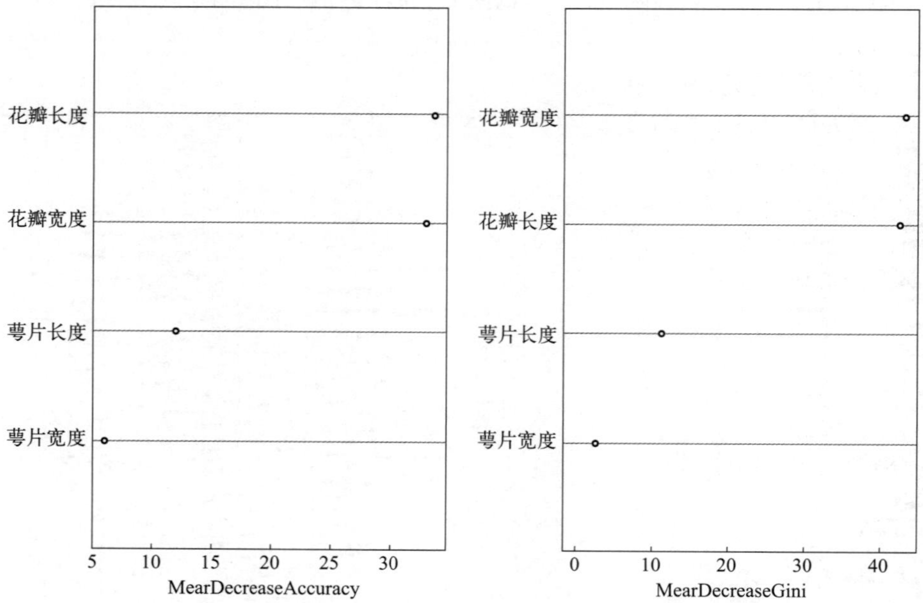

图 8-21 Petal Length 和 Petal Width 输出示例图

如图 8-21 所示，两个物种中最重要的变量是 Petal Length（花瓣长度），其次是 Petal Width（花瓣宽度），即在区分 iris 的品种时，需要重点关注。

使用 vegan 包的内置数据 varespec，将其改造成研究者熟悉的 OTU 数据，随后在改变后数据中寻找重要的“OTU”。

library(vegan)

加载数据：data(varespec)

定义数据：otu<-varespec

列名 -细菌：colnames(otu)<-paste(“OTU”, 1:44, sep= “_”)

添加分组：group<-c(rep(“sitel”, 8), rep(“site2”, 8), rep(“site3”, 8))

组合成新数据：otu_rf<-cbind（otu, group）

接下来模仿随机森林的正常算法，将数据分成训练样本和预测样本。

set.seed(123)

有 24 个样：train_data<-sample(24, 24*0.7)

train_data1<-otu_rf[train_data,]

test_data<-otu_rf[-train_data,]

接下来为随机森林计算：

set.seed(123)

spe_rf<-randomForest(group~., data=train_data1, importance=TRUE)

查看结果：imp<-data.frame(round(importance(spe_rf), 2))

imp<-imp[order(imp$MeanDecreaseAccurancy, decreasing=TRUE),] 排序后结果如图 8-22。

```
> imp <- imp[order(imp$MeanDecreaseAccuracy, decreasing = TRUE), ]
> imp
       site1 site2 site3 MeanDecreaseAccuracy MeanDecreaseGini
OTU_22  2.18 -0.70  4.59                 4.38             0.66
OTU_2  -1.64  4.07  2.37                 2.88             0.55
OTU_39 -0.90  0.92  4.08                 2.75             0.45
OTU_24  0.11  1.86  3.09                 2.36             0.50
OTU_29  0.38  1.66  2.27                 2.09             0.33
OTU_36 -1.58  1.85  2.82                 1.95             0.35
OTU_14  1.42  1.48  1.00                 1.78             0.16
OTU_12 -0.71 -1.90  3.87                 1.44             0.48
OTU_40  1.00  1.00  0.00                 1.40             0.04
OTU_19 -0.74  0.64  2.76                 1.23             0.49
OTU_28 -0.01  0.35  2.47                 1.10             0.38
OTU_26  1.63 -1.02  0.88                 0.77             0.44
OTU_6  -1.22 -2.12  3.48                 0.67             0.34
OTU_15  1.14 -0.81  1.79                 0.54             0.43
OTU_30  0.98  0.13 -2.04                 0.50             0.36
OTU_13 -0.85  0.67  0.83                 0.42             0.17
OTU_23  0.95  1.66 -1.95                 0.42             0.34
OTU_9   0.20  0.82  0.00                 0.39             0.11
OTU_5  -0.94  1.64 -0.08                 0.23             0.29
OTU_11 -1.58  0.58  1.34                 0.14             0.10
OTU_16  0.21 -0.48  1.00                 0.14             0.21
OTU_44  0.00  0.00  0.00                 0.00             0.04
OTU_37 -0.85 -0.51 -0.45                -0.31             0.11
OTU_18  1.34 -1.39 -1.00                -0.36             0.04
OTU_1   0.10 -1.62  1.79                -0.54             0.17
OTU_43 -1.27  0.00 -0.58                -0.57             0.15
OTU_31 -1.47  1.98 -0.81                -0.81             0.30
OTU_7  -0.28  0.00 -0.85                -0.85             0.04
OTU_8  -1.00  0.00  0.00                -1.00             0.02
OTU_33 -1.00  0.00  0.00                -1.00             0.02
OTU_38 -1.00  0.00  0.00                -1.00             0.04
OTU_4  -0.62 -0.91 -1.64                -1.08             0.23
```

图 8-22 随机森林计算输出示例图

如图 8-22，出现负值是因为样本量较小，而造成了较多的负值，实际预测过程中，排序后的 OTU 重要性的负值可以舍去。

imp_data<-as.data.frame(imp[1:10,])

library(ggplot2)

p<-ggplot(imp_data, aes(x=MeanDecreaseAccurancy, y=reorder(rownames(imp_data), MeanDecreaseAccurancy)))+geom_bar(stat= “identity”, width=0.7, position= “dodge”, fill= “#31aab5”)+labs(x= “MeanDecreaseAccurancy”, y= “”, size=10)+theme(panel.grid.major=element_blank(), panel.grid.minor=element_blank())+theme(axis.text.x=element_text(color= “black”, size=10))+theme(axis.text.y=element_text(color= “black”, size=10))

实际中，图 8-22 并没有很好地展示出本次随机森林结果的准确性，重新展示如图 8-23。

```
> spe_rf

Call:
 randomForest(formula = group ~ ., data = train_data1, importance = TRUE)
               Type of random forest: classification
                     Number of trees: 500
No. of variables tried at each split: 6

        OOB estimate of  error rate: 81.25%
Confusion matrix:
      site1 site2 site3 class.error
site1     1     5     0   0.8333333
site2     5     1     0   0. 333333
site3     2     1     1   0.7500000
```

图 8-23　随机森林计算准确性验证示例

如图 8-23 所示，OOB 值较大，表明大约 81.25% 的数据在分析过程中没有被采样到，说明本次的分类器模型并没有很好地将两组数据分开。如果不将数据分作两组结果会发生什么样的变化？单组随机森林计算的准确性实例如图 8-24 所示。

```
> spe_rf

Call:
 randomForest(formula = group ~ ., data = otu_rf, importance = TRUE)
               Type of random forest: classification
                     Number of trees: 500
No. of variables tried at each split: 6

        OOB estimate of  error rate: 50%
Confusion matrix.
      site1 site2 site3 class.error
site1     3     3     2       0.625
site2     4     4     0       0.500
site3     1     2     5       0.375
```

图 8-24　单组随机森林计算准确性验证示例

数据从上面的 otu_rf<-cbind（otu, group）后开始。

otu_rf

随机森林计算：

set.seed(123)

spe_rf<-randomForest(group~., data=otu_rf, importance=TRUE)

spe_rf

上述结果发现，如果不分组，那么随机森林计算出的 OBB 值降低了 30%。这可能是样本数量较少所致。

课后习题：

1. 请简要描述 alpha 多样性和 beta 多样性。

2. 请简要描述功能预测的目的及种类。
3. 请简要描述微生物数据可视化的重要性。
4. 执行 R 语言代码过程中的注意事项有哪些？

参考文献

[1] 丁敏，叶董，刘志涛，等 . 微生境对大兴安岭岛状沼泽林地表节肢动物 beta 多样性影响 [J]. 生态学杂志，2024，43（12）：1-8.

[2] 赖政，盛颖，肖力婷，等 . 鄱阳湖越冬白鹤肠道微生物群落结构及功能预测分析 [J]. 微生物学报，2023，63（11）：4302-4314.

[3] 刘超，李奇，宋子洋，等 . 低温下磁性载体 MBBR 系统微生物群落特征和功能预测分析 [J]. 环境科学，2023，44（02）：889-899.

[4] 莫俊超，金昊坤，郭丹丹 . 一种基于 R 语言的生物降解试验数据处理和绘图方法 [C]// 中国环境科学学会 . 中国环境科学学会科学技术年会论文集（第四卷）. 上海：上海化工研究院有限公司；上海化学品公共安全工程技术研究中心，2020.

[5] 彭柯，董志，邸琰茗，等 . 基于 16S rRNA 高通量测序的北运河水体及沉积物微生物群落组成对比分析 [J]. 环境科学，2021，42（11）：5424-5432.

[6] 尚家起，刘婧，李佳颖，等 . 菌群 16S rRNA 基因测序的聚类分析方法研究进展 [J]. 中国微生态学杂志，2023，35（07）：864-869.

[7] 王强，戴九兰，吴大千，等 . 微生物生态研究中基于 BIOLOG 方法的数据分析 [J]. 生态学报，2010，30（03）：817-823.

[8] 王韬 . R 语言实战 [M]. 北京：人民邮电出版社，2023.

[9] 芯智，龙胜 . R 语言数据可视化：科技图表绘制 [M]. 北京：清华大学出版社，2024.

[10] 徐可，陆嘉惠，李新，等 . 不同盐渍化生境野生乌拉尔甘草土壤细菌群落结构及功能预测分析 [J]. 微生物学报，2024，64（05）：1-16.

[11] 钟辉，刘亚军，王滨花，等 . 分析方法对细菌群落 16S rRNA 基因扩增测序分析结果的影响 [J]. 生物技术通报，2022，38（06）：81-92.

[12] 周婷婷，胡文革，钟镇涛，等 . 不同季节艾比湖湿地盐角草根际 *nirS*-型与 *nirK*-型反硝化细菌群落组成分析 [J]. 生态学报，2022，42（13）：5314-5327.

[13] Abdo Z, Schuette U M E, Bent S J, et al. Statistical methods for characterizing diversity of microbial communities by analysis of terminal restriction fragment length polymorphisms of 16S rRNA genes[J]. Environmental Microbiology, 2006, 8(05): 929-938.

[14] Anderson M J, Walsh D C I. PERMANOVA,ANOSIM,and the Mantel test in the face of heterogeneous dispersions:What null hypothesis are you testing?[J]. Ecological Monographs, 2013, 83(04): 557-574.

[15] Chen J, Zhang X Y. D-MANOVA:fast distance-based multivariate analysis of variance for large-scale microbiome association studies[J]. Bioinformatics, 2021, 38(1): 286-288.

[16] Faust K. Open challenges for microbial network construction and analysis[J]. The ISME Journal, 2021, 15(11): 3111-3118.

[17] Forcino F L, Ritterbush K A, Stafford E S. Evaluating the effectiveness of the Mantel test and Procrustes randomization test for exploratory ecological similarity among paleocommunities[J]. Palaeogeography, Palaeoclimatology, Palaeoecology, 2015, 426: 199-208.

[18] Ghosh T, Zhang W M, Ghosh D, et al. Predictive modeling for metabolomics data[J]. Methods in Molecular Biology(Clifton,N.J.), 2020, 2104: 313-336.

[19] He Z L, Zhang P, Wu L W, et al. Microbial functional gene diversity predicts groundwater contamination and ecosystem functioning[J]. mBio, 2018, 9(01): e02435-e02517.

[20] Kang S, Van Nostrand J D, Gougu H L, et al. Functional gene array-based analysis of microbial communities in heavy metals-contaminated lake sediments[J]. FEMS Microbiology Ecology, 2013, 86(02): 200-214.

[21] Kelly B J, Gross R, Bittinger K, et al. Power and sample-size estimation for microbiome studies using pairwise distances and PERMANOVA[J]. Bioinformatics, 2015, 31(15): 2461-2468.

[22] Simon S M, Paul G, Valdovinos F S. Interpreting random forest analysis of ecological models to move from prediction to explanation[J]. Scientific Reports, 2023,13(1):3881.

[23] Manjarrés-Martínez L M, Gutiérrez-Estrada J C, Hernando J A, et al. The performance of three ordination methods applied to demersal fish data sets:stability and interpretability[J]. Fisheries Management and Ecology, 2012, 19(03): 200-213.

[24] Pilloni G, Cao F, Ruhmel M, et al. Proteins identified through predictive metagenomics as potential biomarkers for the detection of microbiologically influenced corrosion[J]. Journal of Industrial Microbiology Biotechnology, 2022, 49(1): kuab068.

[25] Shade A, Handelsman J. Beyond the Venn diagram:the hunt for a core microbiome[J]. Environmental Microbiology, 2012, 14(01): 4-12.

[26] Zhang H T, Guo W Y, Wang W T. The dimensionality reductions of environmental variables have a significant effect on the performance of species distribution models[J]. Ecology and Evolution, 2023, 13(11): e10747.